U0362737

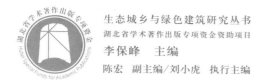

生态城乡与绿色建筑研究丛书

湖北省学术著作出版专项资金资助项目

李保峰 主编

陈宏 副主编／刘小虎 执行主编

Appropriate Technology System and Construction Mode
for Rural Architecture

乡村建筑
适宜技术体系和建造模式

谭刚毅 著

华中科技大学出版社

http://www.hustp.com

中国·武汉

图书在版编目(CIP)数据

乡村建筑适宜技术体系和建造模式/谭刚毅著.—武汉:华中科技大学出版社,2021.12
(生态城乡与绿色建筑研究丛书)
ISBN 978-7-5680-6841-3

Ⅰ.①乡… Ⅱ.①谭… Ⅲ.①农业建筑-建筑设计-研究-中国 Ⅳ.①TU26

中国版本图书馆 CIP 数据核字(2021)第 232032 号

乡村建筑适宜技术体系和建造模式 谭刚毅 著
Xiangcun Jianzhu Shiyi Jishu Tixi he Jianzao Moshi

策划编辑:易彩萍
责任编辑:简晓思
封面设计:王 娜
责任校对:刘 竣
责任监印:朱 玢
出版发行:华中科技大学出版社(中国·武汉) 电话:(027)81321913
    武汉市东湖新技术开发区华工科技园 邮编:430223
录 排:华中科技大学惠友文印中心
印 刷:湖北金港彩印有限公司
开 本:710mm×1000mm 1/16
印 张:25.50
字 数:393 千字
版 次:2021 年 12 月第 1 版第 1 次印刷
定 价:298.00 元

作者简介 | About the Authors

谭刚毅

　　华中科技大学建筑与城市规划学院教授、博士生导师、副院长；华中卓越学者（教学Ⅰ类岗）、《新建筑》副主编；中国建筑学会民居建筑学术委员会秘书长、中国建筑学会建筑教育分会副主任委员；香港大学和英国谢菲尔德大学访问学者。

　　主要从事建筑历史理论、文化遗产保护和建筑设计等方面的研究；出版学术著作5本，在国内外期刊和会议发表论文逾60篇；主持国家自然科学基金3项、英国国家学术院基金项目1项（中方负责人）；曾获全国优秀博士学位论文提名奖、联合国教科文组织亚太地区文化遗产保护奖"杰出项目奖"、中国建筑学会建筑设计奖（乡村建筑）一等奖，以及其他竞赛和设计类奖项；获得2019年度"宝钢优秀教师奖"；多次指导学生在国内外设计竞赛和论文竞赛中获奖。

前言^①

乡村衰退,而乡建如荼。如今美丽乡村建设似乎成为承启田园文明、唤醒文化乡愁的重要方式,其内涵已远远超出建筑学的范畴。美丽乡村的建设多会面临土地(制度)、农业(产业)、乡村治理、形态风貌等问题,应是经济、政治、社会和文化等方面的永续发展。

为何进行乡建?乡建是一种资本的转移,权力舞台的转移?经济或社会问题的转移?或是建筑师、规划师业务的转移?从城乡统筹、社会主义新农村、新型城镇化、美丽乡村等一系列政策中可以看出国家建设中心的转移,但在新型城镇化政策推动下,许多昔日的美丽乡村却日渐消失了。历史村落的保护、激活、建设应如何进行?村镇经济、社会治理是乡村建设的"软科学"还是"硬道理"?城与乡的关系又将如何发展?乡村建设关乎经济形态、社会形态、空间形态,如今与三者相对应的、用以维系过往田园文明的农耕劳作体系、乡贤宗法体系、风水匠作体系几近崩塌,而社会的、经济的转变会投射到空间形态,所以大家看到的现状是"谁人故乡不沦落"。乡建是为了有着农民情结的城里人,还是本土的乡里人,抑或其他的资本商或新旧文化人?乡里人以及进城后回到乡里的人如何在乡村生存发展?

谁在进行乡建?现在投身乡建热潮的主要是哪些群体?乡建的主体应该是谁?是政府、资本的投入者,还是当地的农民?规划师和建筑师所做的事或许是美丽乡村建设的最后一个环节,但如今的建筑师等纷纷下乡,是被迫还是出于乡土情怀?职业建筑师参与的新农村建设是传承延续,抑或协调创新?不管是外来人士还是返乡的本土精英的出现,都有其积极意义,一如田园文明离不开文人、士大夫,就好比过去的乡绅贤达。美丽乡村一定不是千村一面的,应该有众多的模式。面对如此丰富的村落类型和自然条件,

---

① 原文刊发在《新建筑》2016 年第 4 期刊首语(谭刚毅,罗德胤)。

我们的乡村规划和所谓的风貌设计该如何开展？能不能被规划和被设计？如果方向错了，效率和"全覆盖"只会适得其反！

乡建对于建筑学意味着什么？仅仅是"乡村"这一概念的衍生品？其建筑学内核和命题是什么？始于20世纪60年代的乡土建筑建设热潮，让我们关注到"没有建筑师的建筑"，今天在传统的匠作体系不复存在的情况下，有了建筑师的乡土建筑会呈现怎样的变革？在新的时代，适应并引导新乡居生活的新民居、新的"乡土"材料和新的建造方式，需要设计的智慧、历史的考量和时代的承传。

为什么乡村建设等问题会变成关注的重点？乡村是乡民生存、生活和发展之地，是在全球范围内解决贫困问题，实现人更平等以及普遍发展目标的前线；乡村是共同构建（或者是在转型时期重构）城乡关系的另一端，是反思工业化消费社会的不可持续、探索人与自然的和谐共生关系的基地；乡村是自然农耕等乡村文化的载体，是抵御全球性同质化浪潮、维系人类文化多样性的后方。① 由此再来检视我们的乡村建设举措、模式以及方方面面，或许能更好地把握方向，只是把手放在心上。

---

① 翟辉.乡村地文的解码转译[J].新建筑,2016(4):4-6.

目　　录

第一章 现实境遇:当代乡村建设的问题

"宅院古井、小桥流水、稻田麦浪、瓜果飘香、鸡犬相闻",这些田园牧歌的景象是众人心中的理想乡村。在阡陌桑田的背景下,传统古村的青砖黛瓦、老房宅邸的雕梁画栋,这种"如画式"(picturesque)[①]的风貌(图1-1)才能满足人们对乡村建筑的想象。诚然中国有着难以计数的美丽乡村,但在城镇化的洪流中,在造城运动、商业资本的袭击下,传统村落不断消失,"插花式"的新楼不断侵入古村。乡村建设也绝不仅仅是审美的问题。事实上更多的乡村是再普通不过、新旧并存的,且没有什么自然或文化遗产。虽然这些乡村(建筑)越来越无美感,但它们依然是居住在这里的乡亲或是从这里走出去的人的故土和乡愁寄托之地。难道真的应了那句"谁人故乡不沦落"吗?

图 1-1　符合人们对乡村及乡村遗产想象的徽州村落[②]

---

① "picturesque"一词在 1703 年出版的 *Oxford English Dictionary* 中的解释是"in the manner of a picture;fit to be made into a picture",与本书所述田园牧歌式的想象和加上风格烙印的意趣颇为吻合。

② 文中未注明出处的图片、表格,均为笔者及研究团队拍摄或绘制。

　　乡村住宅的建造从来都是量大面广。自 20 世纪 80 年代以来,乡村地区的年住房竣工面积基本维持在 6 亿～9 亿平方米。如此大规模的乡村建造活动自然会给乡村带来翻天覆地的变化。2014 年全国农村住房竣工建筑面积 8.38 亿万平方米,而全国商品住宅房屋竣工建筑面积 8.09 亿平方米。据统计,在 1978—2018 年,乡村地区新建住宅的人均面积均大于城市地区[①]。同时乡村建筑的改造或重建的需求依然巨大,根据住房和城乡建设部村镇建设司提供的各省"十三五"期间农村危房改造任务计划表和各省录入系统的危房数据可以看出,"十三五"期间农村危房改造任务量(图 1-2)相当巨大。这充分表明,适于我国乡村情况的适宜的建造模式和危旧房屋的改造研究具有重要价值。

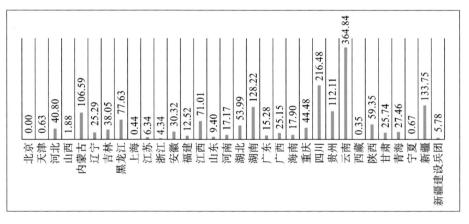

图 1-2 　"十三五"期间农村危房改造任务量统计图(单位:万户)

(数据源自中华人民共和国住房和城乡建设部村镇建设司)

第一节　乡村风貌:自毁和他毁

　　今天的乡村越来越没有美感,不仅仅表现在对传统特色的破坏、地域风格的缺失,还表现在乡村越来越不像乡村,存在着对自身价值不认同的问

----

①　国家统计局.中国统计年鉴 　2019[M].北京:中国统计出版社,2019.

题,也有时代发展和社会因素侵扰的问题,所以借用梁漱溟先生的表述,"自毁和他毁"造成今天乡村风貌的诸多问题。

一、传统村落价值的认同和认异

作为美丽乡村象征的传统村落或历史文化名村在今天面临着重大挑战,或攫取式的开发再利用,或在门庭冷落中慢慢老去……1999 年 10 月,国际古迹遗址理事会第十二届全体大会在墨西哥通过的《关于乡土建筑遗产的宪章》定义乡土建筑是社区自己建造房屋的一种传统和自然的方式,是一个社会文化的基本表现,是社会与它所处地区关系的基本表现,同时也是世界文化多样性的表现。乡土建成遗产是书写在中国广袤大地上的文化篇章,遗产保护大众化是实现大规模乡村遗产保护的前提,能激发民众"自下而上"的主观能动性。文化遗产与国家民族认同感密切相关,当文化遗产与国家、个体都产生密切关系时,遗产保护就实现了大众化。遗产的主体并不一定拥有主体地位,而村民作为乡村的主体也并不一定具有主体意识。主体意识就是个人对于自身定位、能力和价值观的一种自觉性。而今不仅是乡村,全国各地对自身文化和价值的认可度都相对较低,村民的自觉性整体也处于相对较低的水平。乡村遗产的主体——村民大多数还不能认同保护理念。众多学者认为,乡村遗产保护面临的最大困难,不是技术问题,而是观念问题[①]。

一方面是存在价值认同的问题,另一方面又似乎没有"价值认异"的土壤,即不强求越来越趋同的"传统风格",与古为新和多样性都可以存在。

对乡土建成遗产主体的认知决定了(遗产)建筑师和村民对乡土遗产的态度和策略。参与遗产保护过程的主体来自社会的不同领域、阶层,有着不同的文化背景,他们的观念和取向很难达成一致,自然就会导致"价值认异"。"差异性理论认为,人们根据自己区别于其他人的东西来界定自己的身份。价值认异可定义为不同的主体(个人或群体)在交往过程中,首先确认自己与他者的价值差异性,同时认可和接受,并以宽容的态度对待这一差

---

① 罗德胤.村落保护:关键在于激活人心[J].新建筑,2015(1):23-27.

异性。"①因此,"价值认异"成为调和矛盾的必要思路,是主体价值差异的动态均衡。无论价值得到认同还是"认异",都可以多样化的形式存在。基于对乡土建成遗产主体的保护,只有激发遗产主体——村民的主体意识,才能在价值判断上使得从事遗产保护的建筑师和相关对象达成某种一致和差异的动态均衡。

一定数量或比例的真实历史遗存是进行遗产保护十分重要的基础条件,也是体现传统风貌、历史沧桑感的基本要素。一般历史性建筑群所构成的良好的整体风貌环境也是值得保护的对象,因为以古村、古镇为典型代表的乡土建成遗产的最大价值不在于其中的任何个体,而在于由大量普通民居共同组成的整体景观。但现实境况往往是为了保护传统村镇,而将新旧并存、保存状况"参差不齐"的老街或古村全部修缮成"古色古香"的风貌。美丽乡村建设也是"涂脂抹粉",使得村中不多的历史遗存淹没在仿古式的"新乡土"风貌中。还有"向乡土学习"造成的城乡都是乡土风格的泛滥境况。此所谓看似"整体"实则并不真实,真实而不"多样",这便是新农村向古村学习的尴尬境遇。

二、风貌杂乱:从古村到新村

除了各种新建住宅"侵入"传统村落,普通村落的建筑也缺少地域特征。我国的乡村数以万计,根据我国住房和城乡建设部发布的《2018年城乡建设统计年鉴》,我国行政村有52.6万个,传统村落有1.2万余个,仅占全部村落的2.3%左右②,而且大部分的传统村落实际上并不被普通群众所认可。拆祖屋,建"洋房",不仅破坏了乡村的传统风貌,而且很多"舶来品"也让乡村不像乡村。一方面,采用传统工艺建造的房屋面临着因工匠缺失、工艺无以为继而逐渐破败的困境。另一方面,随着新材料、新技术的采用,村民在新建房屋时选择模仿城市建筑的式样。各种小洋房、"现代"别墅和一些不符合法式尺度的仿古建筑充斥着乡村,风貌杂乱。

---

① 刘菊.价值认异[D].南京:南京师范大学,2006.
② 中华人民共和国住房和城乡建设部.2018年城乡建设统计年鉴[Z].2020-03-27.

乡村建筑风貌之杂乱,通过简单的统计调查就能清楚地反映出来。2016 年间笔者团队对江西暘霁村(列入"第五批中国传统村落名录")进行调研发现,尽管该村是传统风貌保存较好的村落,但村里民宅使用的建筑材料依旧杂乱,包括青砖、土坯、红砖等,还有瓷砖贴面或者水泥抹面等极不协调的立面处理方式(图 1-3、表 1-1、表 1-2)。

青砖建筑
土坯建筑
石灰抹面
水泥抹面
红砖建筑
瓷砖贴面

北　村口

村口

村口

图 1-3　江西暘霁村总平面及各类材料风貌的建筑分布

表 1-1　江西暘霁村各类风貌的建筑统计

建筑材料	青砖建筑	土坯建筑	石灰抹面	水泥抹面	红砖建筑	瓷砖贴面	总计
建筑户数/户	23	43	2	2	37	2	109
比例/(%)	21.10	39.44	1.84	1.84	33.94	1.84	100

表 1-2　旸霁村不同风貌建筑的建造时间

建造时期	立面形式	实景照片
清末、民国、新中国成立初期	青砖、土砖  	
20 世纪 70 年代至 20 世纪 90 年代	清水红砖、（黏土）石灰抹面  	
20 世纪 90 年代至今	瓷砖贴面、清水红砖  	

　　过往在其他地方的调研也发现，这种风貌不协调的新房几乎在每个村里都存在，尤其是在新农村建设或者城镇化进程"较快"的村镇。这些村镇里的新建住房呈现出传统的砖木结构被砖混结构或者框架结构取代、清水砖墙或石灰粉刷墙面被各种瓷砖取代、传统的木质花窗被铝合金有色玻璃窗以及配套防盗网取代、传统木门被金属防盗门取代、传统工艺的木栏杆被欧式陶柱栏杆取代、体现材料本质的建造被浓烈的装饰味道取代……整体上粗糙而廉价，与一般意义上的地域乡土文化背离。

6

三、新村和新民居的雷同

　　同一个村里新建的建筑除了立面装饰稍有区别，基本形体、空间布局和结构构造都一样，呈现出另一种"类型"化的特点（表 1-3）。

表 1-3　调研村落新房风貌雷同情况

地点	村名	房屋 A	房屋 B	房屋 C	调研时间
赣州市	晹霁村				2016 年 7 月
鄂州市	熊易村				2015 年 10 月
鄂州市	细屋熊村				2017 年 3 月
孝感市	合山村				2016 年 3 月
孝感市	河棚村				2016 年 3 月

续表

地点	村名	房屋 A	房屋 B	房屋 C	调研时间
咸宁市	白霓村				2016 年 3 月
黄冈市	四口塘村				2016 年 3 月
黄冈市	丁字街村				2016 年 4 月
黄冈市	桂坝村				2016 年 4 月
黄冈市	郑家山村				2015 年 8 月
临沧市	杏勒村				2016 年 3 月

从表 1-3 中不难发现，同一个村房屋的开间数、层数、面宽以及空间形式基本一样，这种情况多出现于沿街新建的联排房屋中。虽然分散式布局的房屋可能变化多一些，但立面处理大同小异，多是装饰和颜色不同。因各地的地理、气候、历史、人文等都不相同，各地民居本应该形成有别于其他村落的空间布局、空间形式、规模尺度、材料构造等，这是传统村落和民居最大的特点之一，但现实中的乡村大多呈现出"千村一面"的风貌（表 1-4）。

表 1-4　不同地区的乡村新建房屋风貌雷同

地点	村名	沿街立面现状	调研时间
黄冈市	丁字街村		2016 年
黄冈市	桂坝村		2016 年
黄冈市	杨柳湖村		2016 年
临沧市	杏勒村		2016 年
佛山市	坤洲村		2018 年
佛山市	弼教村		2018 年

四、乡土景观的破坏与乡村生态失衡

民居是平民百姓出于生活的需要和内在精神的需要而自发创造形成的建筑物及环境,是包含城镇、聚落、宗庙等在内的土地和土地上的物体构成的综合体,是包括自然和历史文化在内的整体系统,因而乡村的整体环境和乡土景观是民居重要的组成部分。山水田园、桑植鱼塘、草地牧场等乡村生产性自然环境和自然景观,以及农事耕作、养鱼放牧等劳作景观在今天不断被侵扰。为了迎合乡村旅游或美丽乡村建设的需要,一些乡村在建设时不顾及实际情况一味复古,或套用所谓的"乡土元素",忽略传统建造技术的文化、社会根基,流于标签化的表面,更不注意作为乡土环境整体构成的乡村景观的保护和存续,这已成为当代中国乡村建设的一个重要问题。

以传统民居为代表的地域性建筑往往与自然环境相适应。经过千百年的累积,包括气候、材料等的应用是合理的,某种程度上也是"绿色"的。而当今乡村自建活动中的不当建设行为对自然环境产生的不利影响,甚至造成的生态环境破坏,开始引起社会普遍的关注。在建设的准备阶段,宅基地的转移、扩张和土地的过度垦殖造成地方环境的破坏。乡村中很多有技术问题的中小加工厂在一定程度上加重了环境污染。建筑材料中黏土砖的生产会耗费大量耕地资源,砖混结构房屋拆毁后会形成大量不可回收的建筑垃圾。在基础设施改造和环境整治的过程中,不合理的设计、大量采用混凝土等材料,导致雨水下渗困难,或是建成一些漂亮的"伪生态"景观。还有污水排放处理等基础设施严重不合格,也直接对乡村环境造成破坏。失当的乡村建造带来的资源、环境问题日趋严重。

由于一些优秀的传统做法弃之不用,一些可回收资源被视而不见,可以转化为绿色建材的农作物遭到废弃,或焚烧加剧了环境污染,当下已有不少建筑师在探索不同材料的运用范围及其对建筑空间、建造方式的影响,包括一些地方材料诸如秸秆、竹木等,以及它们之间的组合运用、建造方式与营造技术,恰当地运用当代技术与材料,以创新的方式承续传统。建筑业本身是耗能及耗资大户,更需要总结乡村中不当的建设模式对资源环境的影响,寻找解决问题的方法。在传统营建体系逐渐瓦解的情况下,考虑到近些年在建设过程中的浪费和污染情况,要实现对环境最小影响的建造,需要正视中国乡村建筑量大面广、建造不规范、地域风貌缺失、热工性能不佳、质量不稳定甚至安全不合格等问题。因此，研究低影响（low impact）、低技术（low tech）、低成本（low cost）的乡村住宅对当代建构技术的发展具有重要的学术意义。

　　为此，常年扎根乡村的孙君先生重新审视和总结了新农村建设的基本理念和主要方法，鲜明地提出了"把农村建设得更像农村"[①]的观点。当然，"把农村建设得更像农村"不仅是对乡村建筑和景观的要求，而且是基于当代中国乡村建设实践过程中真实的乡村社会生态和人文社会环境，涉及乡村的人伦道德、价值观念和文化认同，以及地方政府和社会组织的作用等诸多方面。

第二节　居住行为：变革与共存

　　乡村风貌直接体现了乡村的居住形态。居住形态一般也用"settlement"表示，其源于古英语"setl"一词，即"使安居"的意思。它是指人类定居的行为和过程，包括与居住生活相关的实体形式、空间环境以及人们的居住行为和构筑行为，还有习俗、信仰、审美等观念层次的东西。

一、生活方式的变化

　　根据日本住居学研究的先驱吉阪隆正划分的生活三类型[②]来分析农村居民的全部生活活动，得出广义的农村生活方式包括：家庭成员饮食起居、生儿育女、婚丧嫁娶等家庭生活方式；生产劳动、销售、出行等经济生活方式；娱乐、创作和参与社会活动等精神生活方式。三者没有绝对界限，并相互影响。现代科学技术的发展和新的生产方式的出现，加速了农村社会、经

---

　　① 孙君，廖星臣．把农村建设得更像农村（理论篇）[M]．北京：中国轻工业出版社，2014．
　　孙君，王佛全．把农村建设得更像农村（实践篇）[M]．北京：中国轻工业出版社，2014．
　　② 胡惠琴．日本的住居学研究[J]．建筑学报，1995(7)：55-60．
　　其中第一生活类型主要是生物性人的基本行为，包括休养、采集、排泄、生殖等，也是日常生活的主要内容；第二生活类型就是劳动，包括家政、劳务、交换、交通等补助第一生活的行为；第三生活类型是表现、创作、游戏、构思等体力和脑力上解放自己的自由生活。

济、精神生活方面的变革，促进了传统生活方式的变迁。

首先，基于传统宗法礼制的家庭成员聚族而居的生活模式发生了根本性的变化，更多的是以家庭为单位居住、生产和生活。《中国家庭发展报告（2015 年）》①表明，现在二人家庭、三人家庭是主体，由两代人组成的核心家庭占六成以上。在 20 世纪 50 年代之前，家庭户平均人数基本保持在 5.3 人的水平上。新中国成立后，随着经济社会发展和人口结构变化，家庭户平均规模开始缩小。《2010 年第六次全国人口普查主要数据公报（第 1 号）》显示，2010 年我国家庭户平均规模为 3.10 人；《第七次全国人口普查公报（第二号）》显示，2020 年我国家庭户平均规模为 2.62 人，比第六次全国人口普查减少 0.48 人。

总体上讲，农村消费水平低，恩格尔系数高，但生活质量逐步提高，消费水平和结构与同地区城市居民的差距在减小。消费方式从自给型向商品型转变，从单一化向多样化转变；消费结构由生存型向发展型转变。农民的商品性消费所占比重越来越大，日常生活的衣食住行等消费活动已从家庭走向更广阔的社会领域。衣服已经较少自己纺织、裁剪、缝制；食品种类越来越丰富，虽然还是更加认可自己种植的"味道"，但也能够接受外来的反季节蔬菜；住房作为农民的最大宗商品，也在提升品质；汽车下乡和家电下乡带来了更大的变化，骑驴和踩独轮车的出行方式几乎变成历史影像。

其次，以家庭或联合组织为基本生产单位，农业劳动从以人力、畜力为主的手工劳动向以机械化、电气化为主的高技术劳动转变。劳动活动总体较分散，劳动强度依然较大，生产组织从劳动密集型到技术密集型，现代技术装备从零到普遍使用，等等。随着自然经济的解体，农业生产越来越呈现出工业化、商品化的趋势。可以说，中国的农村从稻作、旱作到畜牧等生产方式和生产力水平发展非常不平衡。

最后，农民的闲暇时间逐渐增多，但从事农业劳作的闲暇时间相对较少且受季节支配，贫困地区农民的精神生活资料匮乏，社会娱乐设施落后，农民的闲暇生活贫乏而单调。农民的政治生活态度淡漠，参政意识不强。发达地区农业劳动生产率的提高及经营管理效率的提高，为劳动时间的缩短

---

① 参见 2015 年 5 月 13 日中华人民共和国国家卫生和计划生育委员会（现国家卫生健康委员会）发布的《中国家庭发展报告（2015 年）》。

和闲暇时间的增多提供了条件(图 1-4)。大众信息传播工具的普及,使得农民的生活内容日益丰富。人际关系依然是熟人社会,但相对松散、开放,由以血缘关系为主更多地转向以业缘关系为主,传统习俗有淡化趋势。农民越来越多地参与管理基层经济活动和社会事务,尤其是在乡村能人、乡贤等的带领下,农民的参政意识渐强。

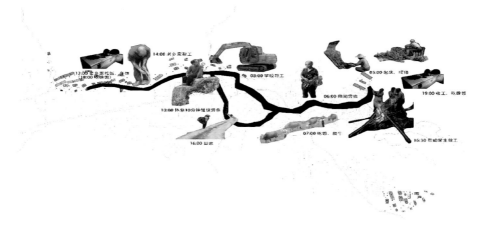

图 1-4　蕲春县郑家山村詹师傅的一天

总之,我国幅员辽阔,民族众多,生产方式和生活水平各不相同,各地不同的生活原型随着社会的发展也都发生了演变,而且各地经济发展水平差异性很大,因而乡村建筑的设计和建造必须适应不同地方的生活方式和发展水平。改革开放以来,中国乡村住房建设数量是城镇住房建设数量的 4 倍,乡村平均每年建房 800 万户。中共中央、国务院 2018 年颁布的《中共中央　国务院关于实施乡村振兴战略的意见》的要求,要"持续推进宜居宜业的美丽乡村建设"[①]。因而可以判断,乡村的建设需求量依然很大。村民的生产方式和生活模式发生了改变,应该探索新的乡村建造模式。

二、城乡结构的矛盾

"城乡结构"问题始终是我国发展进程中的重要议题。当年梁漱溟等乡

---

① 中共中央、国务院.中共中央　国务院关于实施乡村振兴战略的意见[Z].2018-01-02.

村建设的先驱人物提出先"乡治"而后"国治"的想法,"乡村都市化"(梁漱溟)和"乡村现代化"(卢作孚)的口号早在 1928 年前后就已提出。新中国成立以来,城乡关系和工农业平衡发展一直是国家发展战略中的核心问题,乡村改革和小城镇建设在不同时期都起到过重要的历史作用。消灭"城乡差别""工农差别"经恩格斯提出后,成为共产主义社会的特征和社会主义社会的奋斗目标①。虽然中国的农业基础目前还比较薄弱,城乡差距依然存在,甚至在扩大,但中国总体上已经到了"以工促农、以城带乡"的发展阶段,基本具备了加大对农村和农业发展支持力度的财政能力。

"乡村"越来越多地代替"农村"这一说法,是因为乡村多样性的业态发展使其已不再是以农业生产为主的劳动者聚居地。某种程度上说,乡村与城市之间的隔阂在逐渐消解,但乡村仍然是一种完全不同于城市的空间形式和社会文化形态,这种不同源于乡村所处的自然环境、生活模式和物质空间与自身的紧密关系。因此,乡村的价值不仅在于它是中华文化的起源,是对抗国际化的最后防线,还在于其与生活本源的无限接近,而这一点在很大程度上被忽视了。

城乡关系不仅仅体现在经济生产和社会结构等方面,还在于城与乡优点的结合和培育小型社会的人文和社会价值,在今天应当说仍然值得深思并具有鲜活的现实意义②。新时期的城乡一体化精神——另一种形式的"城乡结合"——应当建立在重新审视和判断城与乡的优点基础之上,是规划引导之下的理性组合。当前需要重建乡村和小城镇的人文和社会价值,培育自治和民主精神,削弱城乡对立,避免快速城镇化过程中的资源分配不平衡现象。张雷也曾提出类似的观点:"抽象的城乡关系是现实中人与人个体关系的叠加,稳定而持续的关系发生的基础,在于双方都能成为更好的自己。"③城市和乡村是人类聚居的两种不同的社会形态,两者之间存在一架隐形的天平。当代城市的快速发展甚至使得乡村也不得不承担其快速发展造成的环境破坏、人员流失等消极后果,城乡因此形成"对立"局面。20 世纪80

① 侯丽.亦城亦乡、非城非乡:田园城市在中国的文化根源与现实启示[J].时代建筑,2011(5):40-43.
② 同上。
③ 张雷,孟宪川.当代乡土实践:访问张雷[J].建筑师,2019(2):112-117.

年代以来，乡村建设多以城市建设模式为标准进行整治，但乡村才是我国传统文化的起源，这种乡村与城市的本末倒置必不能真正实现乡村振兴。近年来乡村建设开始重视乡村的内生价值，城乡关系从单向输出转变为双向输入，呈现出建设发展的新局面。将城乡之间的牵制转化为互助的动力，不仅能促进城乡的共同发展，也能通过城乡同时进行的建设实践的互动，促进建筑学的不断调整与拓展。城市与乡村的相互输出和学习，是在反思城市建设中的得失，以期向更好的方向发展，也是在给乡村发展创造机会，那么乡村是否有可能探索出一条不同于城市的新道路？

"乡村振兴"背景下的新一轮乡村建设，在以往实践经验的基础上，呈现出多样化的新局面。国家政策的大力支持，给予了乡村极大的发展机遇，新农村建设也使得乡村环境改善了不少。建筑师、规划师、艺术家、企业家等社会各界人士愈加广泛地主动介入，产生了从社区营造、文化建设、产业发展、房屋体系研发等多种渠道探索乡村建设发展的模式。乡村建设也拓展到了生活、生产、生态、文化、乡村组织关系等各个领域，其主体开始回到村民自身，同时向社会协作化方向发展。脱离了"三农"问题的农村住宅等的建设将是没有根基的。因而适时地分析和研究既有的建设成果，总结过往的实践经验，对于今后的乡村发展及其理论建构具有重要意义，也是为未来乡村建设探寻可能的方向。

三、文化自信的缺失

文化自信的缺失在乡村首先表现为对乡村生活本源价值的忽视。"耕读传家"是中国作为一个长期重农务本的农耕社会的核心价值观之一。在中国人的传统观念中，城市是作为政治的"城"与作为商业的"市"，而"乡"则代表了浪漫的田园情怀和清高的士大夫情结。相较之下，在中国是"乡村"而不是"城市"代表着人格的自由和独立——哪怕这种"独立"是以退为进的。在中国，乡村既代表了一种理想的生活状态，也是社会改革和进步的起点①。

---

① 侯丽.亦城亦乡、非城非乡：田园城市在中国的文化根源与现实启示[J].时代建筑，2011(5)：40-43.

　　一方面,经济的相对落后使得村民以急切的心情投入快速的拥抱、吸纳和赶超之中。这种落差所导致的不自信悄然覆盖到文化心态上,因此就出现十分荒唐的观念:本土的被等同于落后的,外来的被等同于先进的。^① 城镇化是必然趋势,但几十年的建设让人在认识上产生了巨大的偏差,认为农耕等乡土文化是落后的文化,乡村成为贫穷落后的代名词,甚至出现"消灭农村"等错误观念和一些本末倒置的措施。事实上乡村是人类文化的本源,今天的乡村也依然是文化甚至社会矛盾的"蓄水池"^②。相比城市的快速发展,乡村从经济、配套设施、生活等各方面来说没有任何优势,村民更觉得乡村太落后。这些基础设施等物质层面上的巨大落差,使得村民"见异思迁",对所处的环境自我认同感低,对以农业文明为基础的价值判断出现偏差。

　　另一方面,财富的快速积累又导致另一种膨胀心态,一部分人急于使用他们所初识的建筑样式或风格来凸显自己的身份和地位,且多是外来的古典建筑样式或相对时尚的样式,"媚外"思想影响并呈现在建筑的外观和内装上,表现出对本土文化的不自信。对乡村自我价值的认同感低,则容易受到外部环境和"熟人社会"中常有的攀比心理的影响。在建造活动中,村民会模仿城市的房屋风貌来实现自我能力或价值的"炫耀"。因此当代乡村新建房屋地域性风貌缺失的另外一个原因是乡村价值认同感低和文化自信的缺失。乡村建筑在设计建造上也存在"在地性"缺失,这与文化自觉性的缺失有关,也与文化的解读密切相关^③。

　　随着乡村建设的不断深入,越来越多的人认识到振兴乡村不只是环境与建筑的问题。罗德胤在《村落保护:关键在于激活人心》一文中提出,目前乡村面临各类问题的关键在于人们对乡村价值的不认同;翟辉在《乡村地文的解码转译》一文中批判了乡村建设是城市资本、力量及建筑师业务的转移这一观点,认为乡建应该是与乡村地文相互作用下的解码转译。中国的传统乡村大多是因农业种植需求自然聚居而成的,稳定的社会结构、共同的文化习俗和道德伦理等是维持和延续一个乡村的"内在经络",因此包括建筑师在内的乡建行动者开始尝试从"内在经络"层面振兴乡村。

① 韩冬青.在地建造如何成为问题[J].新建筑,2014(1):34-35.
② 贺雪峰.农村:中国现代化的稳定器与蓄水池[J].党政干部参考,2011(6):18-19.
③ 韩冬青.在地建造如何成为问题[J].新建筑,2014(1):34-35.

第三节　建造行为:转型与迭代

有道是"民以食为天,以居为地"。置地、建房自古以来就是家庭一项大宗固定资产"投资",也被认为是造福子孙的家庭大事,事关日后能否避邪纳福、生活和顺、天伦美满。因而从住房的设计(选购)到建造,融入了大量天地、人伦、鬼神等方面的认识和相关的习俗、礼仪。

民居主要是指平民百姓(内在者)出于生活的需要和内在精神的需要而自发创造形成的建筑物和人居环境,是包含城镇、聚落、民居、宗庙等在内的土地和土地上的物体构成的综合体,是包括自然和历史文化在内的整体系统。

一、传统结构的弃用

乡村风貌问题在深层次上是建造体系的问题,主要表现为结构体系与材料的使用。这里的结构是指传统木构建筑主要的梁架结构,即一缝梁架的柱、梁、檩及穿枋等横向连接构件的组合方式,是一般所谓"大木作"的主体部分。在建筑形制上为小式建筑,即主要用于民宅、店肆等民间建筑和重要组群中的辅助用房的低等次建筑。传统民居常见的结构形式为小式梁架结构,也存有一定量的楼式结构。传统民居多采用砖木混合结构,主要分为抬梁式与穿斗式两大类型,亦有抬梁和穿斗相结合的结构形式,另外还有穿梁式(又叫插梁式)、井干式、楼式梁架等。随着技术的发展,以及生活方式和建造方式的变化,除了保存较好的历史文化名村、传统村落或一些特色小镇等沿用这些传统的结构形式,大多数的乡村建筑很少采用这些传统的结构形式。现在乡村常见的结构形式主要有以下四种。

1．木结构体系

木结构体系是我国传统民居普遍采用的一种结构形式,其以木材作为承重结构的主要材料。木材具有轻巧、环保、利用率高、易于取材和易加工等特点,过去备受农户青睐。

2．砖混结构体系

砖混结构体系是当今我国农村地区最为常见的一种结构形式(图 1-5)。

砖混结构主要由砖、石和钢筋混凝土组成;采用砖(石)墙或柱作为竖向承重构件,承担垂直载荷;用钢筋混凝土浇筑楼板、梁、过梁、屋面等水平向的承重构件。砖混结构造价低,施工方便,但房屋的开间、进深均受限制,室内格局不易改变。

  3. 砖木结构体系

  砖木结构体系是一种以砖墙或砖柱作为承重结构,以木结构作为楼板和屋架的结构体系。20世纪六七十年代在全国各地区曾一度广泛采用砖木结构体系。如图1-6所示,砖木结构是一种介于传统民居木结构和砖混结构之间的结构形式,在很大程度上能满足农户的生活需求。砖木结构体系既具备木结构体系布局灵活、绿色环保的特点,又有着砖混结构体系坚固、耐火、防潮的优点。

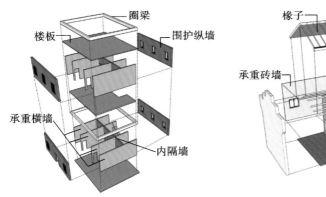

图 1-5 砖混结构体系

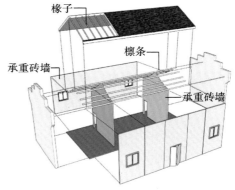

图 1-6 砖木结构体系

  木结构、砖混结构、砖木结构三种不同结构体系农村住宅的常用材料如表1-5所示。

表 1-5 三种不同结构体系农村住宅的常用材料比较

建筑部位	木结构体系 (以安义县罗田村为例)	砖混结构体系	砖木结构体系
墙体部分	①木板墙;②荆条抹灰墙;③实心黏土砖砌体墙;④空斗砖墙	240 mm厚实心黏土砖墙	①240 mm厚实心黏土砖墙;②木板墙或荆条抹灰墙

续表

建筑部位	木结构体系 （以安义县罗田村为例）	砖混结构体系	砖木结构体系
地面	①青石板；②实心黏土砖铺地；③水泥地面	①实心黏土砖铺地；②水泥地面	①实心黏土砖铺地；②水泥地面
楼板	木楼板	①钢筋混凝土预制空心板；②现浇钢筋混凝土板	木楼板
屋面	①木屋面；②青瓦	①钢筋混凝土预制空心板；②现浇钢筋混凝土板	①木屋面；②青瓦
柱	①木柱；②木檩条；③木椽子；④木梁枋；⑤木排架	①钢筋混凝土柱；②黏土砖柱	①木柱；②黏土砖柱
梁	木梁（桐油、清漆等油漆或彩绘）	①钢筋混凝土梁；②钢筋混凝土过梁；③钢筋混凝土挑梁；④钢筋混凝土地梁	木梁（桐油、清漆等油漆或彩绘）
外墙饰面	白色或其他颜色批灰	①清水砖墙面；②水泥砂浆抹面；③瓷砖	清水砖墙面
门窗	①玻璃；②糊纸；③木窗棂	采用单层白片玻璃木门窗或铝合金窗，预埋木砖与墙体连接	采用单层白片玻璃木门窗，预埋木砖与墙体连接

4．框架结构体系

框架结构体系是指由梁和柱以刚接或者铰接的方式组成承重框架，以共同抵抗水平荷载和垂直荷载的结构体系（图 1-7），其房屋的墙体部分仅发挥围护和分隔的作用。框架结构房屋的整体性和耐久性均优于砖混结构房屋，且室内布局灵活多变，可以根据使用者的要求进行再次设计和施工。

二、材料和工具的骤变

阿摩斯·拉普卜特在《住屋形式与文化》中曾论及材料对住居构造形式

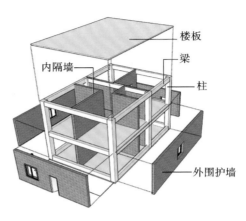

图 1-7　框架结构体系

的影响,有时甚至是起到决定性的作用。材料的选用、加工与工具密不可分,营造技术也与施工工具密切相关。

　　首先,用于材料加工并形成构件的工具,约束了某些类型构件的物理特性和品质,成为具有前置性的生产条件。其次,构件一旦制成,从工厂运送到现场需要进行搬运、装载、起吊、就位等作业,用到的运输工具也是建造工具系列的组成,作为前置条件,限定了建筑构件的物理参数。同时运输工具在很大程度上决定了物流费用,甚至决定了材料物件、部品的尺寸。生产工具是人类文明的产物和文化发展的象征,它不仅仅让设计方案得以建造完成,而且直接影响到造型①。这也在工具技术层面上说明了上文所说的乡村风貌缺失的原因。

　　传统的砖、石、土、木等材料是“近人”的,普通劳动力单独或通过简单协作都可以拿得起、搬得动,易操作,也就是“人力”操作便可完成。随着新材料的不断出现,尤其是混凝土、钢材、高分子材料(塑料、阳光板等)在乡村的大量使用,不仅建筑的结构改变了,建筑的形象也改变了。相伴而生的就是工具的变化,这些新材料的加工制作和建造都需要新的工具和器械,因为这些材料在强度、重量、尺寸等方面不同于上述传统材料,它们大多需要机械

---

① 李海清.工具三题——基于轻型建筑建造模式的约束机制[J].建筑学报,2015(7):7-10.

装备，要用电力。不仅工具设备较传统的木工、石匠等工种的工具大许多，而且要贵很多，但在很多方面效率也要高很多。这也决定了普通的大木匠师不一定能购置齐全这样的设备。

建筑活动是一个复杂的工程，而在乡村，易建性是关键性的考量指标。因此，为了避免采用操作难度较大的技术，乡村的工匠师傅会使用一些简单的施工技术，所以工具也会相对简易、价廉，甚至因陋就简临时改造或制作。在某种程度上讲，现在的乡村建造既失去了传统工匠的手艺，又不能保证建造品质。现在乡村日常建筑大多具有简易化设计的特点，在没有足够资金和品质追求的情况下，从材料、工具到建筑形式和性能都极易陷入简易甚至粗陋的泥坑。

时至今日，完全拒绝工业化介入乡村建造既不可能亦无必要。引入适用于当地的简易的现代技术，特别是小型机械设备的使用，可以大大降低施工操作的难度，提高这些地区建造的效率。如绞磨（图 1-8）的使用，可使传统建造中需要几十个人的起架操作在机器的辅助下只需七八个人即可完成。而在夯土施工中使用的普通捣固机改良而成的气动夯锤（图 1-9），就是在乡村中可以获取的简易设备，其可大大提高夯筑的效率。

三、匠作体系的崩溃

新乡村住宅的居者与工匠分离，工匠不再是专业的设计师和建造者的合体。过去传统乡土建造技艺因为稳定的需求和匠作体系得以传承，并趋于成熟完善。在现阶段，因为"接活"的方式发生变化，以及现代材料、施工机械的大量运用，传统匠师人数越来越少，技术水平越来越低，传统建造工艺也离我们越来越远。现在的民居不再是"本土的，没有建筑师设计的建筑"，这在很大程度上使得匠师失技失能，设计师也开始"分化"——分成各种专业技术人员，进而理论研究与设计实践开始分化。过去"族长"的权力和影响力也难再发挥效能，组织"协力"建屋失效。这一系列的"失效""失能"使得传统的匠作体系逐渐崩溃。这种崩溃一方面凸显了传承匠作技艺的重要价值和紧迫性，另一方面也反映了探索乡村适宜性建造模式和技艺的重要性。

21

图 1-8 绞磨①　　　　　图 1-9 普通捣固机改良而成的气动夯锤②

　　笔者调研的众多古村,即便保存有大量的历史建筑,但时至今日,基于传统建造技术的建造活动大多也不复存在,取而代之的是技术水准要求更低的一些"现代"施工工艺。农民们通过简单的培训就成为农民工,但是这种建造的质量得不到保证,村中的新房存在着许多缺陷,如同工业化很低的"半成品",同时又割断了传统文化的传承。精细化的高技术施工方式难以使用,传统工艺又丢失殆尽,这使得乡村建筑处于一种尴尬的局面。

　　"半工业化的农民工建造体系"一定程度上是城市里常用建造技术的"简化版"和"低技版"。对于村民来说,"半工业化的农民工建造体系"最大的优势是比传统匠作体系总的建造成本更低。工业化量产的方式使得很多建材成本降低,工艺门槛的降低使得技能更容易普及,工艺简单也使得工期变短。传统匠作体系生存的土壤在日渐消退,传统建筑便逐渐没落,这是世界性的问题。"在地建造"在历史上曾整体存在过,尤其在传统的乡土世界里。然而这种整体的在地实践在以分工为特征的文明进程中逐渐被消解,原本由工匠主导的一体化建造行为逐步从主流地位退至边缘。在这一进程

---

① 图片来源:新浪博客"乡村建筑工作室",http://blog.sina.com.cn/rastudio。

② 同上。

中，专业的分野促进了这种"肢解"①。工程技术和物质材料的远程流通越来越广阔，也都不再局限于"本地"乡镇，而各相关专业和分工逐渐分离，这种分离和隔阂致使时空错乱。这也是导致乡村建筑风貌有趋同化、城市化倾向的重要原因。

当下，建筑师引导的乡村建设在逐渐改变村民和政府对乡村价值的认知，"立足于乡土自身的独特性而非城市的标准"②。在乡村我们能解读出发展的真实需求，更能反思建筑设计的本质与本源，为人们的真实生活建造坚固、实用、美观的房屋。

第四节　新乡土营造：探索新型乡村适宜技术与建造模式

如果只看到当代乡村新建房屋的"风貌"问题，而不去探究背后一系列社会、人文、经济、技术等方面的原因，一味地用仿古建筑去凸显所谓的乡土风格，或植入某种传统元素，"打造"地方风格，那将是本末倒置。不分地域和实际情况套用所谓的"乡土元素"，忽略传统建造技术的文化、社会根基，停留于标签化的风貌特征，都将是没有生命力的延续。有的建筑师反其道而行，在乡村设计和建造极简或突兀的"现代建筑"，这种新旧对比，甚至带有"批判性"的建筑有其实验价值和意义，但并不适合在乡村大量建造，不具有普遍性的意义。如今，中国建筑师大量进入乡村进行建造实践，这些建筑师主导的建造活动在建造技术和建造模式上都与传统的乡村建造有着或多或少的不同，其中不乏适宜于乡村的建造技术的探索。

综上所述，乡村建筑的设计理念需要转变。这种转变应该基于乡村的生活原型和空间原型，结合生活方式的转变和居住（生产生活）空间的需求变化，正视技术的发展和新材料的运用，融古烁今、推陈出新。目前乡村需要的应该是适于其经济情况、匠作系统更替、环保高效的建造方式。

①　韩冬青.在地建造如何成为问题[J].新建筑,2014(1):34-35.

②　王铠,张雷.工匠建筑学:五个人的城乡——张雷联合建筑事务所乡村实践[J].时代建筑,2019(1):28-33.

一、乡村住宅的建设方式

当代乡村新建房屋"缺少美感"的背后是乡村建筑的建设模式等问题。村民进行提升居住品质的乡村建造,是因住屋破旧、年久失修需进行房屋更新,或因房屋难以适应村民生产和生活模式的改变,或因乡民自身需要,也有因城乡变革、社会统筹等进行房屋重建和新建的需求等。调研发现,房屋更新的方式主要包括统建统改、统规自建、自建自改,其中统建统改方式又分为合作建房模式、产业化建房模式等。

统建统改一般是政府对危房实行的策略,所以对危房来讲,对其风貌的影响更多来自建造体系。自建自改一般是在户主经济能力许可的情况下针对无法满足新时期需求的旧房进行更新,所以对旧房来说,其风貌更多受到户主自我审美以及邻里、工匠之间的影响。如果乡村套用城市的规划和建设模式,大肆兴建兵营式的新农村住宅,设立乡镇工业园区,则是"城市病下乡";建筑师简单套用城市的设计,也就是常说的"祸害了城市再来祸害乡村"。

1. 合作建房模式

合作建房模式是引导合作经济组织加入农村住房建设,从而实现农户住宅建设合作化与规范化[①]。这种模式多见于有农户联办组织,或者人口密度大、建造活动频繁的地区。合作建房模式的建设主体为国家或政府相关部门、社区合作组织或由农户自发组建。

合作建房以"自愿组合、自主经营、互助互利、公正平等"为原则,个人与集体共同分担风险和分享利益。合作建房比自建房更加易于统筹管理、合理规划、保护耕地。合作建房模式可以通过建立农村建房合作社来进行,然而倘若缺乏资金、信息等的支持,依然会导致住宅的技术含量低、建设规模小、组织体系薄弱等问题。并且如果合作组织的财产关系模糊的话,可能会引发债权纠纷等问题。

2. 产业化建房模式

产业化建房模式是随着社会经济的发展,通过相关的(农村住房)建筑

---

① 林永锦.村镇住宅体系化设计与建造技术初探[D].上海:同济大学,2008.

企业,接受政府、集体和农户的三方委托进行农宅建设,以承建或出售新建农房作为主要内容的农村住房建设模式①。这种模式的优点是通过规范农宅的建设,促进农房设计、施工及装修的一体化,提高农村土地的集约化利用水平,以及提高住房的建设质量和施工效率。然而,由于受到当前经济水平的制约,这种产业化建房模式尚未在农村地区形成规模。如江西安义县罗田村塘家山社区,属于"农村商品房"(图 1-10),是当地政府为了响应安义千年古村的旅游开发,满足当地群众建房需求而进行的一次产业化农宅开发尝试。古村管委会作为业主方,邀请 Y 建筑设计研究所对小区进行规划和建筑设计,并聘请 C 建工集团进行施工。农民前期支付一半费用作为启动资金,验房后付清。小区建成后,古村管委会采取社区管理模式对小区各项设施和活动进行管理。在调研过程中发现,在住房选址抽签时,罗田在外务工人员云集返乡,争相抽号,引发了一阵建房购房的热潮。由此可见,当经济水平提高到一定阶段,产业化建房模式还是颇受农民欢迎的。

　　农村的产业化建房模式和城镇小区的产业化建房模式相比,无论在规模、运营模式和建造体制上都有所不同。尽管困难重重,但从长远来看是有可能实现的。随着城乡一体化建设进程的加快和国家相关政策的扶持,农村的住房除了由专业施工队统一建设外,也有可能引入住宅"生产"企业,进行住宅部件的统一生产和装配施工。这一设想在北京平谷

图 1-10　安义县罗田村塘家山社区

区将军关村已先行先试,为乡村产业化建设进行了很好的探索和示范。

　　3. 统规自建

　　统规自建的建设方式是由政府牵头,依据政策和上位规划建立完善的村庄规划之后,再由村民自行建房。政府统一规划设计、统一核发补助资金、统一配套基础设施、统一质量监管;村民自主选择户型、自主选择建设单

---

①　林永锦. 村镇住宅体系化设计与建造技术初探[D]. 上海:同济大学,2008.

位、自主出资建设、自主议事决策。政府起引导作用,村民省了设计费,尽管房屋式样雷同,但村民也乐见其成。

4. 自建自改

自建自改是我国广大农村地区采用最普遍、历史最悠久的一种建房方式。这种模式是由农户自筹资金、自行设计、自请工匠并自购建材而完成建房。在宗法、乡规及民约失效,新的建设管控制度尚未建立或不严的情况下,农户往往会根据自身的经济需求,自行分散居住,占耕地或靠道边建房,使得建房呈现无序化。农户自行设计住宅,大多是参照左邻右舍已建房屋的案例,进行简单的复制,或受地方上"关键人物"(如地方上的能人或工匠)的影响,因而极易造成当今农村地区住宅千篇一律的现象,但又不是类型学意义上不断重复的"原型"。同时,房子即"面子",加上缺少设计指引,农户们在能力许可甚至超出能力的情况之下,宅基地求大,建筑高度求高,房屋层数求多。如今农村地区的自建房,一方面体现了农户生活模式的需求和当地民居的"风貌",另一方面又显示了农户们缺乏专业设计的高水准介入,从而导致农村民居设计建设的"不理性"。

很多自建房由于农户资金筹措问题或是对住房需求不是那么紧迫,常常存在分期施工的现象。一栋自建房从选址到最终建成,往往需耗时一年或更长时间。很多新宅都是在基础完成之后很久才开始砌墙,或者在一层建好之后再继续建造上面的楼层。此外,也是因为参与建造的工匠或户主都是农民,建房时间受到农忙时节的影响和制约,再就是农户自身出于对空间的需求和"家庭计划"的考虑。当户主感到需要增加房间数量或扩展房屋功能时,便会继续向上搭建。分期施工的建造方式使得施工过程比较机动,不确定性强,并且建造工人流动性大,这些都为建造质量埋下了隐患。

二、"母语建造"①:传统继承与再生之必须

乡村建筑风貌杂乱,不仅仅是物质层面的外在表现,而且是混乱的、互相矛盾的文化审美和居住观念的呈现。乡村建设关乎农业发展、农耕文明的延续、社会秩序的建设、乡村关系的再造等,是综合社会、经济、文化、技术

等多方面的复杂问题。历代乡村建设者对乡村建设的实践都并非仅着眼于建成环境。民国时期的先行者着力于改变乡村的社会组织，改善乡村经济，改变民众面貌等。社会主义新农村建设提出的"美丽乡村"具体要求包括"生产发展、生活宽裕、乡风文明、村容整洁、管理民主"，与建成环境相关的似乎只有"村容整洁"等部分的内容。实际上在乡村建设中，建筑师并非只关注建筑或者建成环境本身，他们或多或少想通过建筑回应更宏观的乡村问题。例如：建筑师介入的太阳公社项目，试图以建筑来表达对农业生产方式的更新；碧山、许村等地通过艺术的手段修复农村的生活方式；西河粮油博物馆旨在通过建筑创造生活场地和提高村民的经济收入。在这些实践中，建筑师都看到了建筑的社会性作用。

对新型乡村建造技术与模式的研究有利于继承和发展建造传统。乡土建筑对体现当地社会文化和保护建造文化的多样性有着非常重要的作用。传统社会，在交通并不便利的情况下，村民在建造住宅时都是运用当地方便获取的材料——它是低成本的，没有自动化的机器，大部分的建造任务都靠人力；它是低技术的，房屋与自然融合，与人的生活习惯息息相关；它还是低影响的。在大机器生产、效率优先的时代，许多传统的手工工艺（如精细木工）已经失传，因此目前传承下来的传统的手工工艺显得弥足珍贵。此研究若能对传统的技术方式有所保留或发扬，将具有珍贵的历史价值。

传统民居的营建程序由营建法、营建仪式及营建禁忌环环相扣而组成[①]。传统乡村的建成环境是不可复制（duplication）的遗产，但是可以再生（regeneration），或者说"活化"。再生需要在新的历史时空语境中进行，也就是用"母语建造"，用传统的智慧谦和地建造，与天地人文和谐共处。这些"母语"不仅可以被整理挖掘出来，作为所在地区经济、社会可持续发展不可多得的一种文化资源和动力源，也应可以发展变化。"母语建造"，并非一成不变，而是可以用同样的语言创造出新词汇，再用新词汇创造出不一样的语句和意义。

过去师徒相授的工匠知道房子该怎么盖，一切都在匠师、屋主还有乡规民俗的联合把控之中。建造的"在地性"几乎是自然形成、无可疑惑的。在

---

① 张宇彤《传统民宅营建过程中之仪式与其社会文化意义之探讨——以金门、澎湖为例并比较之》，第二届海峡两岸传统民居理论（青年）学术研讨会，昆明，1997.

具有悠久历史的传统乡土建造中,当地的人、当地的材料、当地的工具、当地的匠技共同催生当地的建筑,屋屋都相似,屋屋皆不同[①]。

在建筑学成为一种专业的知识体系之后,设计和建造分离了,也制造了很多的困扰。建造是建筑设计的物化过程(materialization)。首先是建造什么,再就是如何建造。建构是建筑学的本体之一,以建构的视角关注建筑的物质性具有重要的意义。建构是建造逻辑特别是材料间的构造与连接及其诗意与文化的体现,对目前传统材料的设计创作有着积极的作用。

材料和建构是建筑的基本问题,也是建筑表现的重要手段之一。建筑形式是建造的结果,而不是建造的目的。形式是在确定材料、结构及建造方法等过程中确定的,而它本身并不构成一个独立的问题。[②] 同理,乡村建筑问题应透过表象深入"建造"的层面。现阶段,关键所在是传统建造模式和建筑体系的转变所发生的断层和矛盾:城市建筑产业的建造思维给传统乡村带来了很大冲击,这种建造思维又在没有厘清传统乡村和城市的建筑及其建造的差别的情况下被大规模地滥用,导致在社会机制和规模产业的挤压下,传统工艺逐渐失传,传统建造体系基本崩塌。

三、乡土新技术:时代和技术发展之必然

技术进步是阻挡不了的时代洪流,拥抱新技术才是正确的态度,只是需要选用和发展恰当的技术。新技术的运用应符合科技伦理,避免给社会及人文造成灾难或过度冲击。

建筑技术的进步促进了建筑学的发展。针对当今新型城镇化背景下乡村建筑的品质、形态和能耗等问题,需要探索适于中国广大乡村实情的新型建造体系等适宜性的建筑设计方法和技术手段,提出适宜性设计策略和相应的建造体系解决途径等,以期建造低成本但具有良好的热工性能、生态效益的乡村建筑。

我国现阶段在各个层面上都在推进建筑产业化方针政策和建筑技术的发展。建筑技术的发展,无论是政府层面的推广还是实践中的探索,在工业

---

① 韩冬青.在地建造如何成为问题[J].新建筑,2014(1):34-35.
② 张永和,张路峰.向工业建筑学习[J].世界建筑,2000(7):22-23.

化新技术、新产品、新材料等方面都有着日新月异的发展。建筑产业化的实践同时也促进着新技术的发展，使得新时期各项建筑技术不断进步与发展。随着建筑技术的不断更新和普及，许多新的建筑技术被建筑师引介到乡村建造中来。新材料（如合成材料等）也从城市逐渐进入乡村，新的建造方式逐渐改变了过去的建造行为。研究新技术与乡村建造模式的适应性，不仅是对技术发展的回应，也是对国家大力发展建筑工业化的响应。

政府先后出台了一系列政策引导新技术推广。"十一五"时期原建设部组织编制的《建设部"十一五"技术公告》技术分类框架就包括了乡村技术的部分内容，如新型农房建设技术、太阳能建筑一体化技术、村庄住宅围护结构节能技术等。在"十一五"期间，住房和城乡建设部与科学技术部联合发布的《村镇宜居型住宅技术推广目录》中有轻钢木塑板材村镇住宅建设技术、低层新型装配整体式房屋体系、板-柱-轻钢房屋体系、节能轻质复合板组合房屋、板式结构住宅体系、村镇双保温节能住宅等 77 项技术推广，以促进科技成果转化为乡村建筑运用。在住房和城乡建设部 2016 年发布的《住房城乡建设事业"十三五"规划纲要》中，关于加速改善农村人居环境部分也指出"开发和推广现代乡土建材和现代农房技术"。

在新一轮乡村建设热潮来临之际，乡村建筑必须全面地提升品质，探索新型的适应中国广大乡村实情的适宜性技术、低成本和环保的乡村建造体系；适度采用工业化手段，定制构件进行装配式建造；将适宜的绿色建筑技术集成到构件中，形成"绿色"模块，进而大大缩减农村住宅的施工难度，提高性能，传承乡土文化。

四、持续发展：生态文明应对之必要

乡村的生态环境是乡村发展的根本，乡村生态的破坏必然会导致乡村发展无以为继。一直以来，人们对此都有忧虑，美国生物学家蕾切尔·卡逊所描述的"寂静的春天"便是乡村生态环境被破坏之后可能出现的景象。

乡村建造技术与模式的研究亦是基于生态文明的应对。"绿水青山就是金山银山"，习近平总书记近年来在多处重要讲话中都提到了关于乡村建设对生态文明建设的重要意义。习近平总书记系列重要讲话及政策都能体现当前政府对乡村与生态文明建设关系的理解，以及推进乡村生态文明建

设的态度与决心。而当前的乡村建设建造模式长期存在着高能耗、高污染等问题,适宜技术体系和建造模式的提出是基于此问题的建筑领域的解题思路,具有重要的现实意义。

乡村可持续发展不仅与乡村的基础建设和生态文明密切相关,社会生态、产业发展也是其重要方面。2018 年 7 月,西北农林科技大学组织人员对我国西北七个省区的乡村进行了大规模调研,内容包括产业、生态、文化和区位等基本要素,并对调研的 31388 个乡村进行了分类,包括生态保护型、粮食主导型、特种作物型、果蔬园林型、城郊结合型、文化传承型、乡村工业型、草原牧场型、畜禽养殖型、乡村旅游型和多元发展型等 11 种类型。从乡村发展状况而言,我国部分乡村依靠历史文化、自然资源和特色产业,发展良好或具备较好的发展潜力,但还存在大量衰败的"普通乡村"、贫困乡村、偏远乡村和饱受自然灾害的乡村。这些乡村是一种客观存在,是必须面对的难点问题,相对于资源型乡村面对着更为苛刻的条件,不仅需要营建基本的生产和生活空间,也存在地域文化存续和发展的问题。不同村落的经济水平不同,也应探寻适应不同发展阶段的社会产业和绿色生态技术。

乡村也会走向信息化,未来的乡村建设如果不与信息技术结合,将是不可持续的。在今天,尽管建造技术、工程管理已经有了非常长足的发展和进步,如 BIM(建筑信息模型)、智慧工地、数字建造等技术,然而大多数农村仍没有享受到技术带来的红利,也没能感受到信息技术给乡村建筑的营造带来的好处。虽然有些技术有其适用性的问题,但我们需要研究探索适应性的新技术,以及培育使新技术应用更广泛的环境。如果片面强调历史风貌、传统技艺,那将陷入复古的深渊,停滞不前。同时为了满足人们不断增长的对生活品质的需求,还需要加强文化、价值观的引导。如果民众对于房屋的价值观还停留在以尽量少的付出拥有一个合法空间的层面上,那么新技术将在这个价值实现体系中贡献甚少,而事实上新的技术投入却不少,如果没有合适的转化和运用,眼下必是死路一条。只有乡村建造的土壤变了,技术变革带动产业变革的"苗"才有可能迎来春光。所以当我们的手脚还在泥地里的时候,就需要寻求抓住科技革命的机遇。

第二章　历史路径:"设计下乡"

如法学家刘晗先生所言:"若不进入传统,则无法添加新物。"乡村是中国传统社会重要的组成部分。乡村建设古已有之,对其进行的探索在中国的历史上从未间断过,我们可以通过历史路径探寻未来乡村建设的适宜性模式。

1931 年,梁漱溟先生将"乡村建设"一词学术化,据此中国当代的乡村建设实践已历经近百年。其间,在不同的历史背景和特定的环境下,不同的群体和个人都对乡村建设进行了各具特色的探索。这些对乡村建设的探索,有的以政府为主导,有的以本地民众为主,也有人发起号召或间接吸引乡民以外的群体参与到乡村建设中。其中大概有三个阶段:20 世纪初至 20 世纪 30 年代的乡村建设运动、20 世纪 50 年代开始的知识青年上山下乡运动以及 21 世纪初以来的乡村建设热潮。

乡村建设从来就不只是建房子,而是跟社会发展运动、经济生产、乡村治理等密切相关,甚至跟国际形势不无关联。我们可以通过梁漱溟先生乡村建设的实践和一系列的著述窥见一斑。

1913 年,梁漱溟先生读日本最早的社会主义者幸德秋水所著《社会主义之神髓》,年末写出《社会主义粹言》一书(时年 20 岁)。1927 年,梁漱溟先生决定前往广东开办乡治讲习所,开展乡治教育,培养从事乡治的人才,以教育的方式完成乡村建设。次年 4 月,梁漱溟先生向国民党中央政治会议广州分会递交了《请办乡治讲习所建议书》,但迟迟没有得到答复。开办乡治讲习所的设想落空后,他北上在河南进行过短期的村治实验,"接办《村治月刊》,担任河南村治学院教务长,主持学院的具体工作"[①]。《河南村治学院旨趣书》开篇即讲"中国社会——村落社会也"。1931 年,梁漱溟先生又来到山东的邹平进行了长达七年的乡村建设运动,自此梁漱溟先生开展的乡村建

---

① 　梁漱溟.乡村建设理论[M].上海:上海人民出版社,2011.

设运动由实验区扩大到全省十几个县,在海内外产生了深远影响。《山东乡村建设研究院设立旨趣及办法概要》指出:"所谓乡村建设,事项虽多,要可类归为三大方面:经济一面,政治一面,教育或文化一面。虽分三面,实际不出乡村生活的一回事;故建设从何方入手;均可达于其他两面。"①毛泽东曾读《乡村建设理论》,并与梁漱溟先生彻夜长谈。在梁先生看来,解决中国问题的重点应落实在社会改造上,而办法就是"乡治"。《乡村建设理论》的"甲部 认识问题"开篇就是"乡村建设运动由何而起?"梁先生借此"帮助大家作认识中国问题的工夫",乡村建设运动起于救济乡村运动,起于乡村自救运动,起于积极建设之需求(中国因经济落后,要向哪国学习,走什么道路的问题,乡村建设亦是其中一种),起于重建一个新社会构造的要求。②

建筑师参与的乡村建设能否如梁漱溟先生在"教育或文化一面"中一样发挥一定的作用,除了送设计下乡,启发匠人和村民进行建设,是否还应参与乡村的治理等,进而反思建筑学科的问题呢? 不妨从历史所走过的道路来探寻。

第一节　民国时期的乡村建设

20 世纪上半叶,"农村"问题可以说是社会关注的重点,在这个阶段,随着西方外力的影响,中国的城乡关系发生了巨大的变化,传统的以小农生产方式为主的社会结构受到了巨大的冲击。到了 20 世纪二三十年代,社会对这个问题的关注到达了一定高度,以知识精英为先导,社会各界人士积极参与。据统计,当时参与这一运动的机构多达六百个,建立起千余处试验区。③这个阶段的乡村建设以实现乡村现代化为主要目标,引导乡村社会进行现代化转型。其主要代表人物多为留洋归来的知识分子。其中理论体系最完全、国内外影响较大的有梁漱溟先生在邹平的实践与晏阳初在定县的实践。

---

① 梁漱溟《山东乡村建设研究院设立旨趣及办法概要》,选自《梁漱溟全集》第五卷,原刊于1930 年 11 月 16 日《村治》。
② 梁漱溟.乡村建设理论[M].上海:上海人民出版社,2011.
③ 王景新.乡村建设的历史类型、现实模式和未来发展[J].中国农村观察,2006(3):46-53.

晏阳初于 20 世纪 20 年代自耶鲁大学留学归来后开始投身于平民教育事业,他以"民为邦本,本固邦宁"为信条,认为乡村平民教育是国家兴盛、安宁的重要基础,故其乡村建设的主要实现途径即"平民教育"。他认为当时中国乡村存在"愚、贫、弱、私"四大病症,他领导的定县实践即从这四个方面对农民进行核心教育。在经济方面,他推广优良棉种、蚕种等农作物种植及家禽、家畜养殖,促进了乡村农牧业的发展;还建立了多种合作社,包括美棉、蚕业等,并建立了完整的自卫体系。

但在建筑和环境方面,这阶段的乡村建设实践都未有较大建树。一方面,这些建设活动基本还在原有制度的框架内进行改革,没有大力开展建设的必要;另一方面,他们从事的乡村实践经费并不充足,并无特定经费进行耗费巨大的物质建设,只能寄希望于政府来完成,但这些乡村建设运动多少也投射在乡村物质实体的建设上。

晏阳初在乡村建造活动中的主要关注点在学校的建设上,其选定重庆北碚附近的歇马乡建立中国乡村建设学院,却因战争环境影响,建设物资、施工工资价格飞涨,到 1940 年 10 月创建开学时,只完成了一间校舍的建设(图 2-1)。同时,其提出的"农村三级保健制"也涉及乡村医院的建设问题。

图 2-1 重庆北碚,中国乡村建设学院校舍[①]

时任外交部部长黄郛因"五三惨案"引咎辞职后,携其夫人沈亦云在莫干山主持了"莫干乡村改进"实践。黄郛在莫干山的乡村实践过程中一直奉行"以生产之力,扩充教育,以教育之功,改良农村",从生产及教育两方面推进乡村建设。黄郛及其夫人乡村实践的建筑建设活动也主要集中在教育建

---

① 图片来源:乡村建设学院网站资料。

筑与生产建筑上。

　　教育方面，黄郛在建筑活动方面的实践主要包括建立了莫干小学（现存有阅览室），同时建立了以其父亲名字命名的文治藏书楼。莫干小学建造在莫干麓庾村，当时建有新式校舍二层楼房一幢，平房大礼堂一幢，楼房上层为寝室，下层为办公用房及教室，光线充足适宜，地面为水泥地，桌凳、黑板均符合当时的国家标准。另有食堂、理发室、浴室、厕所、沼气利用等附属用房，后又建一小发电间。校内有小操场，校外有大运动场。文治藏书楼为砖石结构的二层建筑，由德国建筑师设计。生产方面，黄郛通过"莫干山农村改进会"来推广改良蚕种与奶牛养殖。其夫人沈亦云参与了蚕种场的设计与筹建，蚕室皆为砖混结构，墙、柱为砖砌，楼板与梁为钢筋混凝土，上支木桁架，至今蚕种场主要建筑依然保存良好。建筑南北的遮阳架为钢筋混凝土桁架，以砖柱支撑（图2-2），成为精微处理室内温度和气流的乡村产业建筑的代表。

图 2-2　改造前后的莫干山蚕种场

　　在 20 世纪上半叶，梁漱溟、陶行知、晏阳初和黄炎培等留洋归来的学者，在乡村实践过程中认识到了乡村改造必须包括乡村建筑建设的问题①。乡村现代化的建设促进了乡村中政治、经济、文化等功能类公共建筑的大量出现，包括学校、卫生所、养殖场等。这些新型建筑类型要在短期内形成的话，需要进行"由上而下"的指引，因此南京国民政府成立之后设立了内务部，其中土地司管理土地及建设事项。1937 年，增设专门科室分管包含乡村建设在内的全国建设事宜，至 1942 年，此科室升级为营建司。营建司下属又有四

---

　　① 　梁漱溟.乡村建设理论[M].上海：上海人民出版社，2011.

科,其中第四科负责标准图案的制定,1943 年即推出《内政部全国公私建筑制式图案》,在全国范围内开始实施。其中便包括乡村建筑的制式、乡镇的公共建筑(如菜市场、小学等),亦绘制了乡村住宅的制式图案。《内政部全国公私建筑制式图案》第一次以标准图集的形式对彼时乡村公私建筑的制式作出规定,是一种自上而下对乡村建筑进行的权威性控制,虽体现了当时政府在加强建筑管理等方面的意志,但由于全国各区域建造条件的复杂性与差异性,以及适逢战乱,各地建筑材料及人工成本普遍出现了较大涨幅,几乎没能推行(图 2-3)。尽管当时这种乡村建设管理方式在实施过程中举步艰难,但是也说明了设计开始变得有规可循。

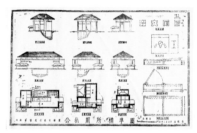 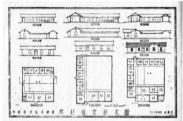

图 2-3 民国时期标准图集中的乡村建筑制式①

第二节 新中国前 30 年的乡村建设

一、以人民公社为核心的乡村建设

青年毛泽东曾受当时日本新村运动的影响,在 1919 年 12 月号的《湖南教育月刊》上发表了《学生之工作》一文,详尽地勾画了他心目中的理想社会蓝图。毛泽东评论社会上的"士大夫有知识一流","多营逐于市场与官场,而农村新鲜之空气不之吸,优美之景色不之赏,吾人改而吸赏此新鲜之空气与优美之景色,则为新生活矣",体现了典型的中国传统文人思想,引导人们

---

① 内政部营建司《内政部全国公私建筑制式图案》,作者收藏。

回归美丽的土地和自然①。20 世纪新中国成立初期的知识青年上山下乡运动席卷全国,虽然其开展起因较为复杂,但当时目的之一就是要改变乡村的面貌,因而乡村建设运动对当时的乡村产生了重要的影响。

1958 年,为促进乡村经济发展和生产方式变革,国家大力推行乡村社会主义改造,展开了人民公社运动,将早期小规模的生产集体合并为规模较大、生产和生活功能复合的人民公社。为适应新的集体化形式,展开了一轮以人民公社为中心的乡村建设运动。在原国家建工部的动员下,全国各地的设计从业人员及院校的广大师生迅速参与到人民公社的建设工作中,创造了大量的设计成果。此次"设计下乡"②受政治环境的影响,在 1966 年的"文化大革命"中步入尾声。

"毛泽东同志说,我们的方向应该逐步地、有次序地把工(工业)、农(农业)、商(商业)、学(文化教育)、兵(民兵,即全民武装)组成一个大公社,从而构成我国社会的基层单位。"③人民公社成为乡村一个无所不包的小社会,是我国城乡的基本社会单元。人民公社按照政治意志以及遵循公平主义和集权化等原则而建设,是在中央控制下的标准化工程建设,由此形成的空间形态和生活形态具有明显的中国特点和时代特点。④

当时的报纸刊登了大量知识青年对乡村所完成的革新与帮助,如以技术手段改造耕地、建立科学小组研发生产相关产品等。与此同时,人民公社化运动开始,一切工作都必须围绕为社会主义服务展开,指导人民公社建设,为人民公社建设服务。建筑界的研究也开始关注人民公社这种新的社会组织形式的规划和建筑。

人民公社时期的乡村建设涉及乡村组织、经济制度、基础设施、意识形态等一系列问题,建筑专业人员在这一社会背景和"多快好省"的明确要求下,快速完成调研及设计工作。设计内容主要包括村镇规划、公社规划以及

---

① 侯丽.理想社会与理想空间——探寻近代中国空想社会主义思想中的空间概念[J].城市规划学刊,2010(4):104-110.

② 叶露,黄一如.1958—1966 年"设计下乡"历程考察及主客体影响分析[J].建筑师,2017(6):91-99.

③ 陈伯达.在毛泽东同志的旗帜下[J].红旗,1958(4):1-12.

④ 谭刚毅.中国集体形制及其建成环境与空间意志探隐[J].新建筑,2018(5):12-18.

建筑设计。规划的功能设置和空间布局以满足管理的便利进行设计,大多采用相似的"卫星式"布局方式。建筑包括居住建筑、公共建筑及生产建筑,均按照集体生活的标准进行设计。这一时期,设计工作者在较短的时间内完成了大量的规划及建筑方案设计,但大多因超出实际情况或背离真实需求而未能付诸实践(图 2-4、图 2-5)。

图 2-4 陕西礼泉烽火公社居民点鸟瞰图①

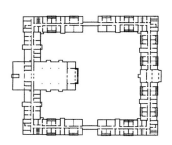

图 2-5 天津鸿顺里社会主义大家庭建筑平面图②

在当时的政治语境下,建筑技术成为实现集体化生产和生活模式的工具,起到宣传和引导乡村进行建设的作用,但因物资匮乏、经济落后和设计方案的不切实际,大部分乡村未按设计方案进行建设,因此建筑、规划专业的介入并未对乡村面貌的改变起到应有的作用。这种专业的大规模介入更多地体现在快速规划和建筑设计方面,以完成某种社会意志的空间图示为目的,并未充分考虑乡村所面临的问题以及从专业的角度思考对学科的深刻影响。

本次"设计下乡"是在政府组织下进行的,全国众多的设计专业人员深入乡村现场提供技术支持,进行调研和方案图纸设计,但仅完成图纸阶段的工作,并不参与后期的实际建设和现场指导。建筑学的介入对当时的乡村产生了两方面的影响:积极的方面是在极度苛刻的环境条件之下,曾产生了一些技术上的探索,为乡村的现代建设提供助力;消极的方面在于集体化建设模式打破了部分乡村传统的社会结构,对乡土文化和乡村风貌都造成了

---

① 叶露,黄一如.1958—1966 年"设计下乡"历程考察及主客体影响分析[J].建筑师,2017(6):91-99.

② 同上。

一定的破坏。

当时的报道多有夸大或美化知识青年在这个阶段乡村面貌改变所起的作用,但不可否认其发起目的也是希望知识青年从意识形态、科技知识等多方面对乡村起到引导作用。在传统建筑的研究中也开始更多关注民居及其建筑技术研究(图 2-6)。另外,在当时极端苛刻的经济条件下,也产生了一些技术性的实验,如 20 世纪 50 年代中期曾出现甚至可以称得上激进的建造实验,如以竹材甚至芦苇代替木材和钢材的实验以及"干打垒"夯土实验等(图 2-7、图 2-8)。

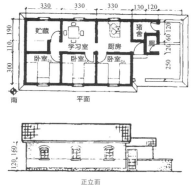

建筑面积	63.27米²	基础	干砌毛石基础
居住人数	6人	墙身	山墙24厘米厚斗砖墙到顶,前后墙窗台下18厘米厚砖墙,上部土砖墙,内墙17厘米厚土砖墙到顶
每人建筑面积	10.5米²		
每人平均木材指标	0.243米³	地坪	10厘米厚乱石垫层,5厘米厚碎石,垫黏土和细砂,再洒一层生石灰夯实
房屋造价	1237元		
每人平均建房费用	206.17元	屋面	木桁条、木椽、小瓦屋面

图 2-6 安庆地区上山下乡知识青年住宅统一标准①

图 2-7 施工中的竹木结构食堂②

图 2-8 徐水人民公社芦苇拱顶民居建设③

① 佚名.上山下乡知识青年建房标准设计实例[J].建筑技术通讯,1974,(4):3-4.
② 丁家宝.一种多快好省的土竹木结构[J].建筑学报,1958(12):42.
③ 佚名.在农村建筑中应用芦苇代替钢材、木材和水泥的初步试验报告[J].清华大学学报(自然科学版),1959(4):77-96.

二、乡村调查与民居学术研究的开展

伴随中央政府组织展开的有史以来最大规模的建设活动,全国的设计工作者和院校师生在乡村完成了大量的规划设计工作,此时建筑学界也发生了一些重要事件。1953 年的中国建筑学会成立大会,提出让建筑师和工程师"努力学习、创造具有生命力的民族形式,向祖国各地众多的民间建筑匠人学习"[①]。为此,全国各地的民居调查工作广泛展开,对散落在乡村的典型的优秀民居实例进行细致的观察和记录。我国的建筑学科开始与我国乡村产生密切的联系,也获得了一系列的成果和启发。

参与乡村建设的设计人员长期扎根乡村,形成了一系列文献,但大多拥有较大的社会学价值而不具备建筑学的专业价值,尽管如此,深入乡村现场也让设计人员对长期无交集的乡村有了一定程度的认知。同时,在以梁思成、刘敦桢等为代表进行的早期乡土建筑调研工作基础上,全国民居调查工作广泛开展,测绘整理了数量众多的图纸及资料(图 2-9),建筑界开始进入对乡村建筑逐步了解的阶段。

20 世纪 20 年代,在海外完成学业的中国第一代建筑学者陆续回国开始了中国建筑学教育、研究和实践的征程。在移植西方学院派建筑理论和方法的同时,另一种基于本土建筑文化的探索也悄然开始。抗日战争时期,在开赴西南联大的途中,林徽因和刘敦桢等先生在极其艰难的处境下开始了对乡土建筑的发掘和研究。而新中国成立后初期的乡村调查和民居研究可以说是我国民居学术研究的第一次勃发,也影响了中国当代建筑的创作。20 世纪 50 年代,以刘敦桢先生为代表的学者和建筑师对国内传统民居展开系统调研,并于 1956 年出版专著《中国住宅概说》(图 2-10),由此引发了国内建筑领域对乡土世界的关注。福建武夷山庄、上海方塔园何陋轩、无锡太湖饭店等作品在 20 世纪 80 年代曾开出一派浸染地方风土的清新气象。

---

① 张稼夫.在中国建筑学会成立大会上的讲话[J].建筑学报,1954(1):1-3.

图 2-9　民居调研成果之浙江民居手绘图纸①　　图 2-10　刘敦桢先生的
《中国住宅概说》

　　设计人员在这次经历中了解了乡村面貌,但对传统乡村的价值认知还处在初步阶段。刘敦桢在《中国住宅概说》中强调,"西南诸省许多住宅的平面布局灵活,建筑形式没有固定格局,以往只关注宫殿陵寝庙宇而忘记广大人民的住宅建筑是一件错误的事情"。这一时期开展的全国民居调研,对我国乡村建筑价值的认定和民居研究工作的展开都有极大的促进作用,也拓展了我国传统建筑研究的新领域。

　　但同时这一时期的"设计下乡",让建筑学的学科自主性受到了极大限制,仅服务于政治和经济,无法真正适用于乡村环境,解决乡村问题。这种环境促使一部分建筑师开始反思学科自主性以及设计的本质问题。拮据的经济状况和"多快好省"政策的鞭策催生了一些对现有建筑材料和技术的思考、改良与创新。例如 1966 年《建筑学报》上发表的关于"干打垒"的文章,既有施工技术改良的文章,也有更多关于"设计思想""设计革命"的探讨,在那样特殊的时代背景下,将"干打垒"上升到跟"延安精神"相提并论的一种"精神",客观上对"干打垒"这类传统技术的挖掘、改良和大规模的运用起到了极大的推动作用(图 2-11、图 2-12)。尽管也造成一些建筑品质差和使用寿命短的问题,但确实在当时经济困难时期解决了国家发展的建设规模需求

————————

　　①　李秋香,罗德胤,陈志华,等.浙江民居[M].北京:清华大学,2010.

问题。"干打垒"不只是起到降低造价的作用,而且关系到设计人员如何发动群众,走群众路线,鼓励群众做设计(说得具体些,是如何依靠工人,让五亿多农民参加设计),向群众学习,在实践中改造自己的世界观的问题。"干打垒"涉及的也是建筑的标准之争,"实用、经济,在可能条件下注意美观"应该是我国的一个"长期方针",而不是"暂时方针"。这在今天依然有着重要的意义,尤其是在乡村建设中。

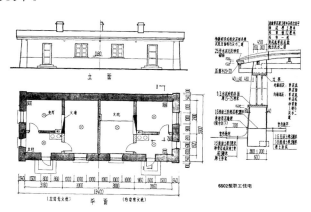

各部构件	当地"干打垒"	改进后的干打垒
基础	无基础	1:6灰土基础,埋深30厘米
墙身	墙身下宽80~100厘米,上宽50厘米,两面成坡度,无防潮层	墙身下宽60厘米,上宽45厘米,里面直夯面后,增加了房间使用面积,增加墙身下部做了1:5渣油土防潮层
屋顶	碱土 草泥 黄土 散铺草草保温层	渣油泥 草泥 压制草草板保温层 一层草帘 粉刷
地坪	素土夯实地坪	素土夯实层上做1:5渣油泥防潮地面,1:3灰渣土地面
墙裙与护坡	无墙裙与护坡	窗台以下渣油草泥墙裙,墙角做1:6渣油土护坡
粉刷	外墙面:草泥底、草泥面 内墙面:草泥底	外墙面:草泥底、草泥灰砂面;内墙面:草泥底、砂泥面,刷石灰水

当地"干打垒"与改进后的"干打垒"构造比较

图 2-11 当地"干打垒"与改进后的"干打垒"构造比较[1]

图 2-12 采用"干打垒"技术建造的住宅[2]

第三节　改革开放 40 多年来的乡村建设

一、1978—1990 年:以经济建设为中心的乡村整治

1978 年,党的十一届三中全会作出实行"改革开放"的重要决策,我国乡村也随之进入了重大的社会变革时代。在制度层面,乡村从集体化的"人民公社"制度转变为相对自由的家庭联产承包责任制;在经济层面,从集体主

---

① 大庆油田建设设计研究院."干打垒"房屋的设计与施工[J].建筑学报,1966(Z1):32-34.
② 同上。

义经济转变为小农家庭经济。随着制度的开放,村民获得更大的生产和生活自由,劳动的热情被激发,经济条件和生活水平逐渐提高,居住需求也日益增长,因此乡村出现了大规模的自发建房活动。

由于国家缺乏相应的建设标准,而村民又具有极强的自主性,因此乡村自建房屋数量的高速增长引发了一系列的问题。第一,房屋自身存在严重的质量安全问题;第二,村民任意侵占耕地建设房屋;第三,建筑布局自由无序,不仅破坏了传统的乡村聚落形态,也不利于村落的管理和未来的规划发展;第四,在乡村自建活动后期,乡村人口的流动导致城市文化的强势侵入,引发了延续至今的城市建筑形式模仿风潮,对乡村传统文化造成了毁灭性的打击。①

改革开放后的乡村建设最初是由村民自发进行的。为了改变乡村无序建设的混乱局面,引导广大村民合理地进行房屋建设,国家发起了第二次"设计下乡"活动,这次活动仍然是由国家组织发起的自上而下的指导活动,全国各地的设计人员再次积极地参与到乡村建设工作中来,并在城市建设活动激增的20世纪90年代开始衰退。由于村民的建设需求量极大,本次"设计下乡"的工作方式与第一次不同,设计人员更多的是通过参加国家和各地政府组织的设计竞赛,编制相应的技术图集,开办技术培训班,以及开展学术交流活动等"技术下乡"的方式,指导村民建设。

此次"设计下乡"的设计内容同样包括村镇规划与单体建筑设计,建筑类型有乡村住宅、公共服务建筑以及生产性建筑等,其中以乡村住宅为主。设计人员通过参加相应的设计竞赛和图集汇编(图 2-13 至图 2-15),例如1980 年开展的"全国乡村住宅设计竞赛",1983 年举行的"全国村镇规划竞赛"等,从乡村的文化延续、合理规划、住宅形制、功能设置、建造技术等不同层面提供专业务实的解决方案,并通过筛选,整理、汇编成通用图集,供村民参考选用。除具体的设计工作外,设计人员也需要与其他学科人员共同进行相关政策、战略、标准、条例、体系的编制和建设工作。在设计人才方面,设立专门的"村镇建设专业",开办技术学校,培养相应的技术人才。尽管依

---

① 叶露,黄一如.设计再下乡——改革开放初期乡建考察(1978—1994)[J].建筑学报,2016(11):10-15.

然是国家组织下的被动参与,但建筑学在这次工作中有了足够的学科自主性,设计人员可以切实从专业角度探索乡村发展问题。

透视

一等奖

天津 3 号（平房）

作者：朱芯贞　刘松涛

平面

说明：凡本刊发表过的方案不再选登。选登方案侧重于较有代表性的作品,未按得奖等级。

图 2-13　天津 3 号方案——1981 年"全国农村住宅竞赛"一等奖①

① 全国农村住宅设计方案竞赛作品选登[J].建筑学报,1981(10):3-19.

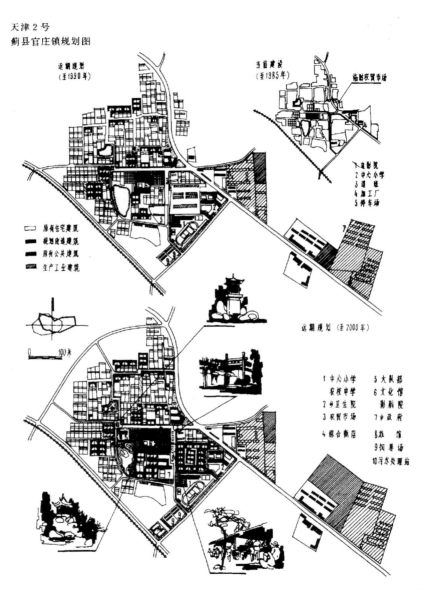

图 2-14　天津 2 号方案,蓟县官庄镇规划图——1983 年"全国村镇规划竞赛"优良奖方案①

——————————

①　全国村镇规划竞赛部分优秀方案简介[J].建筑学报,1984(6):8-18.

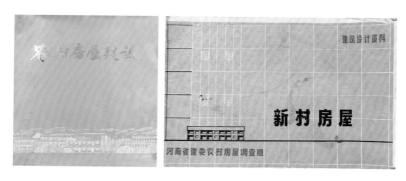

图 2-15　20 世纪 70 年代出版的"农村住宅方案图集"部分展示

改革开放解放了生产力和生产关系,也促进了我国思想文化的开放,经历了长期束缚的建筑界在"解放设计思想、繁荣建筑创作"的口号下逐渐恢复活跃。在追求"创建中国特色社会主义"的新形势下,建筑创作提出了"民族化"和"现代化"的发展目标[①]。自 20 世纪 50 年代以来,对"民族形式"的探索开始从对传统官式建筑的关注转向乡村建筑,多元化的国外建筑理论也逐渐影响着我国的建筑思潮。20 世纪 80 年代,乡村建设如火如荼,建筑界的创作热情不断高涨,"设计下乡"恰逢其时,建筑师在这一场规模宏大的建设活动中不断为乡村输入专业技术指导,彼时的乡村也成了建筑师最好的试炼场。尽管此次"设计下乡"同第一次"设计下乡"一样,是国家组织的技术援助,但相对自由的创作环境给了建筑学更多的发展空间。

此次"设计下乡"从始至终属于"技术下乡",设计人员并未真实地参与具体的建设过程,而且村民的建设积极性高,独立自主性强,尽管设计人员完成了丰富的方案设计,但最终并没有被村民采用。因此,第二次"设计下乡"并未对当时的乡村建设产生即时性的作用,但对今后乡村建设的内容和发展产生了重要影响。其中正面影响包括:相比第一次的毫无标准可依,本次进行了大量的标准制定、体系建立等工作,为规范化的乡村建设提供依据和保障;频繁的学术交流和专业人才的培养,让设计人员充分认识了乡村问题,并开始为乡村储备专业建设力量;高频面广的设计竞赛积累了较多切实

---

①　徐尚志.我国建筑现代化与建筑创作问题[J].建筑学报,1984(9):10-12,19.

应对乡村问题的经验和方法；充分认识到乡村建设过程中专业知识的重要性，避免今后的盲目建设。负面影响则在于单纯依靠图纸的技术指导存在滞后性，且可读性差、执行力弱，无法改变村民自发性建设破坏传统村落的趋势；竞赛获得的设计方案具有普适性和自上而下的特点，并不能完全适应乡村的发展要求和村民个人的生活需求①。

　　这次量大面广的农村住宅设计竞赛增进了建筑师对乡村实际问题的认知，为研究这一时期的乡村建筑留下了宝贵的素材（图 2-16）。20 世纪五六十年代展开的民居调研工作，其成果在 20 世纪 80 年代由中国工业出版社组织出版，即共 10 册的《中国传统民居系列图册》（图 2-17）。该套图册内容包括从村镇布局、平面空间到建筑架构、装饰细部等，翔实、全面，是我国第一批传统民居调研出版成果，对展示和普及民居样式及营建技术有着重大意义。

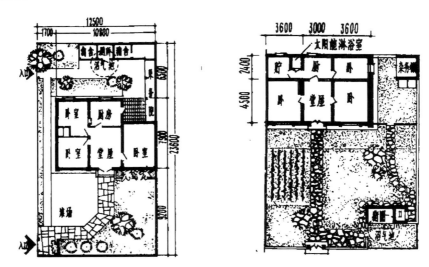

图 2-16　北京市第一次"农村住宅设计竞赛"二等奖方案②

---

　　① 高承增.新命题　新起点——全国村镇规划竞赛评议活动综述[J].建筑学报,1984(6):3-9,82-83.

　　② 张开济,陈登鳌,陆仓贤,等.写在北京市农村住宅设计竞赛评选之后[J].建筑学报,1981(5):19-21,83.

设计人员在这次经历中了解了传统乡村建筑的价值，建筑界、教育界也认识到一直以来我国传统建筑文化的缺失问题。广大乡村地区劳动人民创造的民居建筑也应该和宫殿、坛庙、陵寝、苑囿等建筑一样，成为中国建筑教材中的重要内容。民居调研成果的出版从广度和深度上促进了同一时期的乡土建筑研究，乡土建筑的研究对象开始从典型建筑转向乡村聚落，也对这一时期“民族样式”的探索和建筑创作的发展起到极大的推动作用。

图 2-17　20 世纪五六十年代调研，80 年代出版的各地民居专著①

“设计下乡”期间，设计竞赛一定程度上锻炼了建筑师的设计水平，学科内和多学科的丰富交流，建设标准的制定及人才培养体系的建立，促进了建筑学专业的发展和健全，从社会层面拓展了建筑学的关注领域。需要强调的是，此次“设计下乡”中成立了我国首个“农业建筑”专业，建筑师张开济曾倡议“建筑师要面向农村”，徐尚志也强调了培养专业人才的重要性②。但是丰富的设计成果并未对乡村实际建设起到应有的作用，甚至加剧了对传统建筑文化的破坏，促使建筑师开始反思自身设计意图与村民需求的对位问题，反思建筑设计方法以及实现建筑设计效用的方式问题。这是一次解决实际问题的“技术下乡”，因此产生了较多应对当时乡村环境、经济、物资条件的技术创新，推进了建筑技术的发展。

二、20 世纪 90 年代至 2010 年：新农村建设时期乡村统筹建设与乡建模式初探

“社会主义新农村”这一概念在 20 世纪 50 年代就提出来了，其随着时代变迁而改变，在 20 世纪 80 年代初成为“小康社会”建设的重要内容之一。2005 年十六届五中全会提出的建设“社会主义新农村”，则是在工业化达到

---

① 该图片来源自微信公众号“设计 BOOK”。
② 崔引安.当前农业建筑中值得重视的几个问题[J].建筑学报，1983(10)：25-28，85-86.

相当程度以后，在工业反哺农业、城市支持农村的历史背景下，实现工业与农业、城市与农村的协调发展。2008年，浙江省安吉县正式提出"中国美丽乡村"计划，提出用十年时间把安吉县打造成为中国最美丽乡村。受其成功建设的影响，全国上下都开展了美丽乡村建设活动。

在此大背景下，许多建筑师、规划师和其他各界人士都积极参与到乡村建设中，作为区别于之前由国家部门主导的"自上而下"与农民自身主导的"自下而上"的第三方力量。建筑师、规划师和其他各界人士等第三方力量在乡村建设中，需要和"上""下"形成多方合力来发挥作用。政府以"自上而下"或行政命令手段来推行和实施政策时，往往"借助"建筑师的设计和规划。对设计人员而言，这种方式是以任务和指标为导向的；对农民而言，他们很大程度上无法理解并参与到这个"建设"的过程中。但事实上实施通常又有很强的执行力，往往能在短期内见成效。"自下而上"的方式则正好相对，但推进较慢或其演进过程中会出现各种偏差。此时第三方力量作为其中的桥梁，以一种多元开放的形式介入，使乡村建设形成了新气象，产生了许多典型的建设案例。

新中国成立后，我国的建设目标是"从落后的农业国转变成为先进的工业国"，农业发展让位于工业发展。改革开放后以经济建设为中心，1992年社会主义市场经济体制确立，城市作为经济发展的第一战场，劳动力、资源、资金、土地等要素不断从乡村流向其中，乡村逐渐边缘化。一方面，我国作为农业大国，乡村发展问题是必须解决的；另一方面，越来越显著的城乡差距会对我国的社会稳定和现代化发展造成威胁。2005年开始的"社会主义新农村建设"战略，通过"工业反哺农业、城市支持乡村"的模式改善了乡村发展的窘境。乡村建设被置于国家发展的焦点问题层面，以政府为主导力量的又一次乡村建设拉开了序幕，第三次"设计下乡"在此背景下迅速开展。

此轮"设计下乡"分为两大类型：一种开始于2005年，属于国家主导的"技术雇佣"；另一种开始于20世纪90年代，并且在"新农村建设"后期逐渐发展壮大，是社会团体及个人建筑师主动介入下的"设计下乡"。第一种"设计下乡"由政府把控，引导村民积极参与，充分调动社会各界的力量，吸引各类资金进入乡村。这一类型形成的乡村建设模式包含两类：一类是通过政府专项资金进行整体规划建设的模式，如江苏模式和浙江的“千村示范、万村整治”工程等（图 2-18）；另一类是通过旅游等产业带动的乡村发展模式，以德清莫干山为代表（图 2-19），其主导力量可能是政府或商业资本。以上模式的设计大多以“自上而下”的方式介入，其服务的真正对象不是乡村或村民。第二种“设计下乡”由设计人员主导，协同村民、村社及政府共同推进，设计人员“自下而上”地介入，并主要起协调作用，如 20 世纪 90 年代单德启教授团队在广西融水苗寨所做的扶贫改建（图 2-20），2011 年中国乡建院在河南信阳郝堂村进行的乡村组织建构等。

图 2-18　江苏张家港市协仁村① 　　图 2-19　裸心谷树顶别墅② 　　图 2-20　广西融水苗寨扶贫改建③

新时期的乡村建设对设计提出了新的发展要求，2005 年发布的中央文件对发展目标作出规定：生产发展、生活宽裕、乡风文明、村容整洁、管理民主。因此，不同于先前以经济发展为核心的乡村建设，此次建设内容包括乡村的综合建设和城乡关系调整，其中乡村综合建设涉及生产、生活、政治、社会、文化、管理、环境等多个层面，落实到具体建设层面上的有乡村统筹规划、基础设施建设、居民区建设、公共服务建筑建设以及环境整治等④。第一类“设计下乡”，设计作为一种技术工具完成了乡村发展物质载体的设计工作；第二类“设计下乡”，设计不仅是专业的建设力量，也作为一种社会力量传承传统文化，促进乡村重构。

---

① 叶露，黄一如.资本动力视角下当代乡村营建中的设计介入研究[J].新建筑,2016(4):7-10.

② 俞昌斌.体验设计唤醒乡土中国——莫干山乡村民宿实践范本[M].北京:机械工业出版社,2007:100.

③ 单德启.从建筑实践中感知文化自信、文化自觉和文化自强[J].中国勘察设计,2014(11):28-30.

④ 张俊.新乡村建设的基本问题[J].时代建筑,2007(4):6-9.

此轮乡村建设中,建筑学、社会学等诸多专业都未做好充分的理论准备。各界对于如何建设"新农村"有较多讨论,2007 年复旦大学法学博士郎秀云发表《社会主义新农村建设若干分歧观点综述》,比较研究了新农村建设以来在"核心任务、建设切入点、组织依托"①等问题上产生的不同观点。各地探索了不同的乡村建设模式,设计在其中起的作用不同,最终对乡村的影响也有较大的差异。

早期的理论缺失和对乡村认识的缺乏,导致设计师机械地套用城市的建设模式与内容,表面上提高了乡村的居住品质,却伤害了其内质文化。大部分设计师仍然以一种"他者"的视角输出自己的价值观,没有从实际情况了解村民的生产和生活需求。建筑师主动介入的乡村建设,应从专业角度深耕乡村,尊重和保护乡村文化,切实思考乡村问题,为乡村建设探索更多的发展模式。虽然设计的介入有成功也有失败,但作为一种对照,也为将来的乡村建设提供了参考。

不同于以往停滞于图纸设计阶段的状况,这一轮的"设计下乡"径直地走向了乡村大规模的实际建设。所谓"实践出真知",在实际建设过程中,建筑师一方面了解了真实的乡村聚落与建筑,另一方面也从社会层面体会了乡村建设问题的复杂性。建筑师从最初照搬城市模式的盲目设计,到逐渐有了自己的思考,在乡村建设这一问题上的专业性开始觉醒,建筑学实现了一定程度上的自我转变②。

建筑师对乡村的认识有了不同层面的拓展,意识到乡村建设不仅仅是建筑层面的问题,也在实践中体会到,建筑学所能产生的作用不只局限于设计建造,在社会层面还可以有更多的作为。在城市化建设的大环境下,建筑界对乡村价值的认知一度处在混乱状态,部分建筑师在城市化进程中消灭乡村,另一部分建筑师深谙与日常生活密切相关的乡村建筑的重要性,明白乡村可以引发建筑师对自身工作的持续性反思。

继对学科自主性和专业性的讨论之后,本次"设计下乡"开启了建筑界对价值观的思考。相比政府大手笔的集中建造,部分建筑师开始转向人民,

---

① 郎秀云.社会主义新农村建设若干分歧观点综述[J].岭南学刊,2007(1):118-121.
② 王冬.乡村:作为一种批判和思想的力量[J].建筑师,2017(6):100-108.

为贫困乡村的村民建设坚固、舒适、美观的房屋,引发了对建筑设计本源的思考。建筑师从传统乡村建筑中汲取养分,探索乡村适宜性建造技术与策略,一方面是对传统文化的传承,另一方面是对本土建筑的革新。

三、21世纪10年代至今:美丽乡村建设时期实践模式 探索与建设理论研究

2013年2月,中央"一号文件"《中共中央 国务院关于加快发展现代农业 进一步增强农村发展活力的若干意见》首次提出"美丽乡村"建设目标:加强农村生态建设、环境保护和综合整治,努力建设美丽乡村。从2008年到2013年,我国的城市化建设发展迅速,城市化率从33.28%增长至53.73%[①],快速建设导致了众多城市问题,也侵占和破坏了一些乡村资源。2013年12月,中央城镇化工作会议提出"望得见山、看得见水、记得住乡愁"[②]的建设目标,"乡愁"成为建筑界广泛关注的新词汇。这一目标是对过去粗放式规划建设的批判,明确要充分重视乡村自身的价值,而不是对城市模式进行复制。在此之前,2008年浙江安吉,2011年广东增城、花都和2012年海南省等地已明确开展美丽乡村建设工作。

2017年,党的十九大提出"乡村振兴战略",2018年,中共中央、国务院发布《乡村振兴战略规划(2018—2022)》,住房和城乡建设部、国家民族事务委员会将少数民族特色村镇纳入总体建设目标。随后住房和城乡建设部下发《住房城乡建设部关于开展引导和支持设计下乡工作的通知》,再一次从国家层面提出"设计下乡"的乡村建设工作。然而,在这新一轮的乡村建设热潮中,"设计下乡"早已展开多时了。

在这一时期的乡村建设热潮中,建筑师、艺术家、企业家等社会各界力量纷纷介入乡村。其中建筑师已从过去的"星星之火"发展成较大规模的群体,从被动接受国家或资本的主导转变为主动介入。建筑师主动介入下的乡村建设产生了更加多样的发展模式,从产业发展、文化传承、社会建构、环

---

① 张艺露,王飞.乡村设计未来[J].时代建筑,2019(1):4-5.
② 熊建.新型城镇化,留得住浓浓的乡愁[N].人民日报,2013-12-16(10).

境保护等多种层面出发,这些发展模式中存在两个共同的趋势:一是逐渐从"点"状的单体建筑实践拓展为可以辐射到整个村、多个村甚至镇的建造活动;二是其中既包括自上而下的主导力量,也包括自下而上的群众建设力量,建筑师在其中起着重要的桥梁作用。

这一次乡村建设可以说是上一轮的"升级版",建设内容在"新农村建设"时期综合建设的基础上,增添了生态建设及环境保护的内容,并强调以整治为主,在尊重乡村原有格局和传统风貌的基础上改善居住环境和生产条件,要求深入调研和明确以问题为导向的规划设计,提出要满足以村民作为乡村建设主体的原则。这轮乡村建设确立了"城乡互补"的关系,乡村的价值重新得到认可,在国家层面汲取过去的经验教训,建筑师认识和理解乡村现状,以一种"踮起脚尖"的方式轻轻进入乡村,逐渐唤醒村民对乡村价值的认同,各方力量的作用共同推进了乡村建设。建筑师在建筑功能、结构、材料、建造等各方面都有了不同的探索,对乡村的物质景观甚至是传统延续、组织建构等方面均有突破性的影响,对于建筑本身及其角色与功能具有一定的启发作用。

过去对乡村价值的认同大多集中于传统民居和乡村聚落等物质层面,美丽乡村建设促进了建筑师对乡村价值的全面认知,不仅包括建筑,还包括生态自然、人文环境、生活习俗、社会体系等方面。这一时期的乡村汇聚了各种资源、技术与力量,连接了传统、现代与未来的语汇,其碰撞出的传统工艺的演进、适宜性技术的发展与新技术的突破,对我国现代建筑环境都是激励。在这三次乡村建设热潮中,民国时期的乡村建设运动的重点并未落在乡村物质层面的建造活动上,主要的建造行为仅有乡村教育建筑等公共建筑的建造,其中乡村医院等的建设也在考虑之中,但由于时局等现实原因,并未实际推行。

如果说工业化,也就是"实业救国"是在中国封建体制分崩离析后的现实选择的话,那乡村建设在各个阶段都曾被看作社会改良的药方、中国现代化的第一步而被寄予厚望。经历了 20 世纪初叶各种"主义"盛行、激进派和改良派各行其道的时期,基于乡村的改革实验与马克思主义一起最终改变了现代中国的命运①。在新中国成立初期的"上山下乡"与人民公社化运动中，基于全国"为社会主义服务建设"的大背景，建筑师开始更多地关注以人民公社建设为主的乡村建设活动。在建造技术方面，则出现了基于当时苛刻现实条件的建造技术实验，这些实验寻求以经济的材料、简易的手段达到工业化的建造所能呈现的效果。既体现了基于时代特点对于乡村现实的应对，同时也在一定程度上可以看出当时的建筑师在现代技术和乡村建造之间的探索。

　　新时期的乡村建设以"三农问题"为主导，呈现出了建设方式的多样性。既有以政府为主导提出的"新农村建设"与"美丽乡村"一系列模式和典型案例，同时也有其他组织和个人参与到乡村建设中，以"自下而上"的方式进行的乡村营建。建筑师的介入使得乡村建设有了新的思考，尤其在建造层面的探索受到了更大的关注。

第四节　"设计下乡"：建筑师介入乡村建设的历程

　　把农业作为基本大业的"以农立国"思想贯穿中国的发展历史，虽然大城市的优越感在当代逐渐发展成为主流，人们对乡村和小城镇的感情有所边缘化，但从过去的文人士大夫到今天的知识分子都继承了中国传统文化中的乡村情结，也对当前城乡鸿沟的形成多少起到缓冲的作用②。新中国成立以来的四次乡村建设均是在社会变革之下，为促进国家发展和稳定提出的重大举措，建筑师作为重要的专业力量"下乡"协助乡村建设工作。通过历时性的比较，可以看到"设计下乡"这一行为在不同时期的变化和对乡村产生的影响（图 2-21）。

　　"设计下乡"对乡村的生产、生活、文化、环境、社会建构等起到改善和促进作用，探索出多种发展模式，并引起国际关注。但我们也能忽视其中存在的一些问题，例如雷姆·库哈斯提出的"普通乡村"问题，我国成功的乡村建

---

　　① 侯丽.亦城亦乡、非城非乡：田园城市在中国的文化根源与现实启示[J].时代建筑，2011（5）：40-43.

　　② 同上。

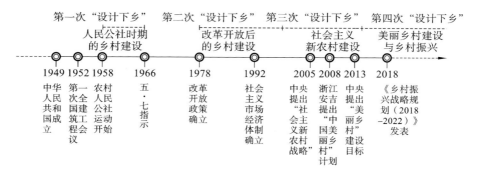

图 2-21　当代乡村建设历程中的四次"设计下乡"

设案例大多产生于拥有一定资源的乡村,还有大量毫无特点的普通乡村是设计人员始终没有触碰的领域,同时我国的乡村数量庞大,寻找普适性且避免"千村一面"的乡村建设策略是当下需要广泛讨论的问题。此轮乡村建设正在进行中,"设计下乡"最终会给乡村带来怎样的影响还需时间的见证,作为参与者的我们需要保持警醒。

人民公社时期的"设计下乡"是我国出现建筑师这一职业以来,国家组织的设计人员第一次大规模进入乡村现场开展工作,以人民公社化为核心,但因政治环境和设计成果的不成熟,未对乡村建设起到太多作用。改革开放后的乡村自建热潮引发了一系列问题,于是国家组织了第二次"设计下乡",以组织竞赛、编制图集等方式指导农民建设,内容以规划和建筑单体设计为主,设计成果最终未能对乡村建设产生即时性的作用。2005 年中央提出新农村建设战略以缩小城乡差距,国家组织开展第三次"设计下乡",对全国大量乡村进行综合性的整体规划与建设,这一时期小部分建筑师开始主动介入乡村。设计人员参加了实质性的建设工作,在理论缺失的情况下对乡村产生了一定破坏作用,但也开始探索适宜性乡村建设模式。2013 年在美丽乡村建设背景下开始了第四次"设计下乡",建筑师广泛主动介入乡村,介入形式、内容都更加丰富,除实践方面外,还开始进行乡村建设的理论研究,对我国乡村的发展起到极大的推动作用。在这次升级版的乡村建设中,建筑师深入思考、"谨小慎微"地探索适宜性的介入和实践模式。《时代建筑》2019年第1期以“建筑师介入的乡村发展多元路径”为主题，展现了多年来建筑师在乡村进行的多种实践类型，例如徐甜甜从产业和文化层面进行乡村的社会建构（图2-22），袁烽从现代数字化技术出发探讨乡村传统建造方式的演进；还有建筑师在实践中分析问题、总结经验，例如杨贵庆提出“新乡土建造”的乡村建设工作范式（表2-1）[①]，张雷提出“工匠建筑学”的概念[②]。可以看出，这一时期建筑师介入下的乡村建设呈现出实践探索与理论建构同时进行的新局面（表2-2）。

图2-22　徐甜甜设计的松阳豆腐工坊和米酒工坊[③]

表2-1　新乡土建造之乡村振兴工作法一览表[④]

序号	工作法名称	工作法要点
1	文化定桩法	①寻找到村民的文化认同点（物质文化遗产、非物质文化遗产、祖庙、祠堂、风俗、手艺等）； ②修复、重建或者新建当地村民认同的文化传承点； ③结合当地风情习俗，规划建设不同层次的文化设施； ④建设文化礼堂，导入先进文化与时代道德风尚

①　杨贵庆.新乡土建造：一个浙江黄岩传统村落的空间蝶变[J].时代建筑,2019(1):20-27.
②　支文军.建筑师介入的乡村发展多元路径[J].时代建筑,2019(1):1.
③　图片来源于钱闽摄影。
④　杨贵庆.新乡土建造：一个浙江黄岩传统村落的空间蝶变[J].时代建筑,2019(1):20-27.

续表

序号	工作法名称	工作法要点
2	点穴启动法	①先建一个干净、整洁、实用的公共厕所; ②建设村庄公用平台,增强农民集体意识; ③建设民宿、农家乐是为农民提供效益样本; ④实施过程中避免"大拆大建"
3	柔性规划法	①建立"在地规划工作室"; ②深入了解当地的文化风俗与空间肌理; ③坚持整体规划思想,又动态调整规划细节; ④让当地村民参与建设施工,不断磨合共识
4	细化确权法	①推进与保障农村产权的长期稳定; ②所有权、使用权、经营权、分红权、监督权界定清晰; ③"整体公益性"和"细胞市场化"有机结合; ④严格财务公开,查处基层腐败
5	功能注入法	①修复和激活乡村的文化功能,推动文化传承; ②给乡村注入现代化的宜居功能; ③因地制宜培育多样化的产业功能; ④不搞低质"农家乐"和"乡村旅游"
6	适用技术法	①吸收乡村智慧,注重就地取材; ②提供"宜居"的系统化技术方案; ③研发或引入适合农村的技术产品; ④编制菜单式技术应用与管控标准
7	培训跟进法	①形成新时代乡村振兴理论体系; ②推出丰富、实用的乡村振兴培训教材; ③接地气,教学和培训点建在乡村; ④注重全球新科技在乡村振兴中的转化应用

续表

序号	工作法名称	工作法要点
8	党建固基法	①"三级书记一个群",形成扁平化工作模型; ②构建推进乡村振兴的"共识机制"; ③自治、法治、德治结合,营造乡村治理的"正能量界面"; ④层层压实和巩固党在农村的执政之基
9	城乡共享法	①推进美丽乡村建设,缩小城乡差别; ②在城乡一体化框架内推进资源要素配置; ③以"互联网+"为依托,培育新兴业态和新型就业; ④创新城乡共享的公共政策
10	话语构建法	①挖掘中国乡村的社会文化价值,增强农民文化自信; ②推出乡村振兴主题的全球学术与技术交流; ③加强理论研究,增强中国乡村发展自信; ④在全球比较中找寻中国乡村振兴的话语权

表 2-2　四次"设计下乡"基本情况

名称	第一次"设计下乡"	第二次"设计下乡"	第三次"设计下乡"	第四次"设计下乡"
时期	1958—1966 年	1978—1990 年	20 世纪 90 年代—2010 年	21 世纪 10 年代至今
社会背景	人民公社化运动时期的乡村建设	改革开放后的乡村建设	社会主义新农村建设	美丽乡村建设与乡村振兴
主导力量	国家组织自上而下	国家组织自上而下	以国家组织自上而下为主,少量主动介入自下而上	以主动介入为主,自上而下与自上而下兼具
参与人员	建筑设计院(所)技术人员、高校建筑系师生	职业建筑师、高校师生	职业建筑师、高校师生	职业建筑师、高校师生

续表

名称	第一次"设计下乡"	第二次"设计下乡"	第三次"设计下乡"	第四次"设计下乡"
建设形式	现场调研设计	通过图纸进行技术指导	理论缺失的现场建设	实践探索中的理论建构
建设内容	围绕人民公社的村镇规划、公社规划及建筑设计	住宅设计、村镇规划、公共设施	乡村统筹规划，基础设施、居民区、公共服务建筑，环境整治	乡村综合建设、生态建设、环境保护
影响作用	并未实施建设，对乡村的作用较小	介入滞后，未起到即时性的作用	破坏乡村传统风貌，开始探索适宜性的乡村建设模式	从实践和理论层面共同推进乡村建设

　　乡土建筑是"没有建筑师的建筑"。工匠们从生活使用需求和现实环境条件出发，设计并建造了丰富多样、充满智慧的传统民居。传统民居的建筑形式、材料技术、营建逻辑、建设模式和设计观念值得当下的建筑师学习且必须学习。但随着社会的变革，传统工匠体系瓦解，乡村建设变得混乱不堪。建筑师介入乡村后，为乡村带来了专业的知识、新的技术、丰富的资源和开阔的视野，但也时常因"水土不服"而对乡村造成破坏，建筑师在介入乡村过程中应充分发挥自身优势，正确认识自身劣势，学习传统自然村落的建设要点，以实现乡村建设的良好发展。乡村建设活动已经发展成为包含政治、社会、经济、文化、环境、生态等多个方面的综合性概念，建筑学从最开始的缺位，到以技术工具的形式参与，发展至如今作为主导力量之一主动介入，一直在经历蜕变。在乡村认识、乡村价值认知、学科思考、建筑技术等层面都发生了不同程度的变化。在回顾百年乡村建设的得失过程中，应该思考建筑学在其中的得失，这不仅有助于更好地推进乡村发展，对建筑学本身更是有极大的价值与意义（表2-3）。

表 2-3 四次"设计下乡"的建筑学思考

名称	第一次"设计下乡"	第二次"设计下乡"	第三次"设计下乡"	第四次"设计下乡"
乡村认识	初步认识乡村状况,首次关注乡村民居	开始关注乡村民居面临的实际问题	开始从社会综合层面认识乡村	深入认识乡村建筑、建造模式等和乡村诸多社会发展问题之间的联系
价值认知	开始认可乡村建筑的价值	认可乡村传统民居样式的价值	对民居所承载的乡村生活的价值认知	从建筑单体层面拓展到聚落层面,涉及生态、社会、文化等各个方面
学科发展	①建设处于学科无意识状态;②开始思考学科自主性问题	①一定程度上提升设计能力;②促进学科体制的健全;③开始思考建筑设计意图与设计方法	开始思考建筑设计的服务对象和设计本源	①建筑结构材料等的探索;②建筑学科的功能得到拓展
技术进步	"多快好省"的乡村技术改良	应对乡村实际问题的技术创新	①传承乡村传统建造技术;②探索适宜性建造技术	①传统工艺的演进;②适宜性技术的发展;③新技术的突破

　　2013 年以后,乡村建设不仅在实践层面取得了极大进展,在理论层面也得到了广泛重视,建筑师逐渐开始在实践中进行理论建构,内容涉及建设主体、目标、内容、模式、制度等,与建筑学相关的各种专业期刊对"乡村建设"

问题的广泛关注也极大地推动了相关理论的探索 ①。

　　建筑师主动介入乡村建设源于其反思长期以来城市建设模式所存在的问题。建筑专业人员是乡村建设中的重要力量，与此前大不相同的是参与的建筑师的规模、自主性和专业性。建筑师除指导专业技术方面的工作外，也参与从前期调研、构件生产、现场建设到组织策划的全过程；建设内容不仅包括建筑本体的设计建造，还包括乡村文化的传承、生产方式的延续、社会关系的重建等。在建筑师广泛进驻乡村参与实际建设的同时，乡村如何发展也成为建筑界关注的重点话题。对乡村建设模式的探究有支文军的《建筑师陪伴式介入乡村建设：傅山村30年乡村实践的思考》一文，对建筑师介入乡村建设态度与作为的讨论有《特集　乡建模式的探究与实践·访谈》之《乡村需求与建筑师的态度》等文，对建造理论的研究有杨贵庆的《新乡土建造：一个浙江黄岩传统村落的空间蝶变》等。同时也有一些建筑师开始思考当代乡村建设对建筑学的影响：如李凯生的《乡村空间的清正》从乡村生活与空间状态的对应关系，反思当前我国建筑学的"无根性"和建筑文化的缺失；王冬的《乡村社区营造与当下中国建筑学的改良》提出，建筑学在介入乡村社区营造的过程中进行反思和自我改良；张雷的《工匠建筑学：五个人的城乡——张雷联合建筑事务所乡村实践》提出，乡村建设使建筑学更接近乡土生活本身，使建筑师开始反思其身份的本源。昆明理工大学王冬教授

---

① 《时代建筑》2007年第4期以"让乡村更乡村"为题，开始关注乡村建设；《世界建筑》2015年第二期以"上山下乡"为题，讨论乡村建设；《新建筑》2015年第1期以"乡愁——现代中国"为题，关注乡村建设；《时代建筑》2015年第3期以"从乡村到乡土：当代中国的乡村建设"为题，讨论乡村建设问题；《新建筑》2016年第4期以"乡建是一种转移"为题，讨论为何乡村建设、如何乡村建设等问题；《建筑师》2016年183期为"乡村复兴"专辑；《时代建筑》2019年第1期以"建筑师介入的乡村发展多元路径"为题，呈现了近十年建筑师等设计工作者的乡村建设实践；《建筑学报》2019年第2期推出"乡村复兴"专栏。在这一系列期刊专辑中，介入乡村建设的建筑师从实践和理论层面积极讨论乡村问题，总结经验建构理论。另外，关于乡村建设的出版物有左靖主编的《碧山》系列图书等。再就是一系列围绕"乡村建设"的论坛会议的召开，2015年12月《新建筑》秋季论坛以"乡建是一种'转移'"为题召开；2017年12月的第十八届"海峡两岸建筑学术交流会"，第五届"海峡两岸建筑院校学术交流工作坊"主题演讲，以及"海峡两岸青年建筑师论坛"均不同程度地围绕乡村建设问题展开；2018年11月"中国高等学校建筑教育"年会中设置了"乡村营建与建筑教育"的分会场，尝试将"乡村建设"纳入建筑教育体系中；2018年12月湖南大学组织了"2018当代乡村建设创作论坛"，邀请多位建筑师及学者分享乡村建设实践经验，发表关于乡村发展问题的观点；除此以外，各大建筑院校及设计企业均在频繁开展关于乡村建设问题的论坛。

提出"我国当代乡村和我国当代建筑学之间存在着一种内在的相互作用"①。在从乡村角度、社会学层面讨论建筑学为乡村建设带来改变的同时,思考"相互作用"另一端,建筑学在这一历程中获得影响和拓展也是极为有必要的。

通过一系列的乡村实践,可以看出有的实践是从社会层面介入,关注乡村产业发展、组织建构和社区营造的乡建模式,如何崴主持的"福建上坪古村复兴",从产业策划切入,依托于建筑营造,以一种超出建筑学学科范围的方法推动乡村发展②。有的专注于乡村建筑本体的营建,包括材料选用、构造研发、建造方式以及新型技术的使用等。如华黎的"武夷山竹筏育制场",从建筑的材料、结构、采光等出发回应乡村环境,单纯地探讨建筑本体问题;李晓东也提出,"在乡村做建筑设计,是希望在每一次营建过程中探索建筑的本质问题"③。有的是同时涵盖建筑本体营建和乡村运营的乡村建设模式,随着乡村建设的不断发展,建筑师的实践探索呈现出向综合化方向发展的趋势。如袁烽的"道明竹艺村"在研究新型数字建造技术的同时,也在从产业复兴、社区建构等层面进行乡村发展模式的探索④;徐甜甜的"兴村红糖工坊",以建筑营建为触媒带动乡村的产业发展,促进乡村组织结构的重建。

2018 年第 16 届威尼斯建筑双年展中,中国国家馆以"我们的乡村"为主题,从"居(dwellings)、业(production)、文(culture)、旅(tourism)、社(community)、拓(future)"等六个方面展示了我国建筑师近十年来进行的乡村实践,成果丰富(图 2-23、图 2-24)。除此以外,在建筑理论层面和教育界也有广泛讨论,例如 2018 年在中央美术学院举办的"普通乡村(General Village)"论坛,邀请了雷姆·库哈斯等国内外专家学者,共同探讨乡村建设问题和可能的乡村共性。作为研讨的延伸,2020 年 2 月 20 日,展览"乡村,未来"(Countryside,the Future)在纽约古根海姆博物馆举行。展览由博物

---

① 王冬.乡村:作为一种批判和思想的力量[J].建筑师,2017(6):100-108.

② 何崴,李星露.一种不限于建筑学的乡建实验:以福建上坪古村复兴计划为例[J].时代建筑,2019(1):100-109.

③ 李晓东,华黎.从建筑本质感知乡村——李晓东对话华黎[J].城市环境设计,2015(Z2):158-159.

④ 袁烽,郭喆.智能建造产业化和传统营造文化的融合创新与实践:道明竹艺村[J].时代建筑,2019(1):46-53.

馆与雷姆·库哈斯、大都会建筑事务所智囊团 AMO 总监萨米尔·巴塔尔联合策划。自 20 世纪 90 年代雷姆·库哈斯就开始将着眼点放在占地球面积98%的非城市地区——农村、偏远地区与荒野地带,他在 2001 年出版的《大跃进》(*Great Leap Forward*)一书中分析了珠江三角洲的发展。展览中呈现了现代休闲概念,由政治力量推动的大规模规划、气候变化、移民、人类和非人类生态系统,由市场所驱动的保护项目、人工物和生物的共存,以及其他形式的激进实验。

图 2-23　2018 年威尼斯建筑双年展现场:　　　图 2-24　展示作品之一:
"新寨咖啡庄园"模型①　　　　　　　　　"竹里"总平面②

　　"进城"与"返乡",还有"设计下乡"的"下"字其实意味着过去对在乡村进行设计和建设的某种态度,而未来的乡村一定大有可为。雷姆·库哈斯以及其他建筑师和从业者认为,乡村是建设未来的地方(countryside is where the future is being built)。未来乡村的"巨变"(radical changes in the countryside)不仅仅表现在对现代化基础设施和服务的需求,即雷姆·库哈斯等人的"普通乡村"议题,还有"乡村·未来"展览中呈现的各种新技术。乡村不仅仅是乌托邦实验地,更应有关于民主的想象、社会的推进。我们应该将目光转到已经被忽略太久的、发生巨变的乡村上,且刻不容缓。

---

　　①　张晓春,李翔宁.我们的乡村:关于 2018 威尼斯建筑双年展中国国家馆的思考[J].时代建筑,2018(5):68-75.
　　②　图片来源于谷德网。

第三章　田园畅想与乡村建设的理念

梁漱溟先生所在时代"正为数十年来都在'乡村破坏'一大方向之下；此问题之解决唯有扭转这方向而从事'乡村建设'——挽回民族生命的危机"①。今日的乡村问题依然需要通过乡村建设来解决。

第一节　回到本源——何为乡土(建筑)②

"乡土建筑"常与"vernacular architecture"互译。词源有助于我们理解"乡土(vernacular)"的概念，理解乡村住宅的本源。"vernacular"一词来源于拉丁语"verna"，原意是"在领地的家中诞生的奴隶"③，尽管后来因多种学科的需要，其意思不断外延，但基本含义仍包含"家"(domestic)、本土(诞生)和社会阶层(奴隶)三重意义④。"vernacular"在国内有两种翻译：一种叫"乡土"，居主流地位；另一种叫"方言"，取其长期自发形成之意⑤。本书取前一种翻译。

1. "乡土建筑"的主体

"乡土建筑"的主体为"民"，"民"也是民居形成过程中的主体。

民居指的是平民百姓居住的建筑。因而民居最初的意义和最基本的意义是相对于"官居""皇居"来讲的。也有人认为，民居是指"民间的居住建筑"，"民间"也与"官方"相对应，如果"民间"包括市井小民的话，那么这两种理解的内涵其实基本上是一致的。

---

① 章敬平.从梁漱溟到林毅夫——三农问题百年历史[J].乡镇论坛,2006(6):22-23.

② 本节主要内容引自谭刚毅的著作《两宋时期的中国民居与居住形态》。

③ 许焯权.空间的文化——建筑评论文集[M].香港:青文书屋,1999:131.

④ 同上.

⑤ 邹德侬,刘丛红,赵建波.中国地域性建筑的成就、局限和前瞻[J].建筑学报,2002(5):4-7.

这里的"民"是指当地人或"内在者(insider)",也就是长期在一地生活的人,是普通人,即大众,包括乡村的关键人物风水师、匠师等,具有群体共性,其社会阶层应该是一样的,这些当地人在日常生活中是融身其中的。民居的使用者和创造者(建造者)是统一的,或者说,使用者必须主持和部分参与建造过程。乡村的住房多由居住者自己备料、选址和安排建造过程,举全家之力再加上亲友乡邻的帮忙,来完成居住者的意志。目前,中国因政府推行新农村建设而出现的新农宅大多不是严格意义上的"民居"或"乡土建筑"①。

2. "乡土建筑"的客体

"乡土建筑"的客体为"家(居)","居"既指居住建筑,也有"使(民)居"的意思。

国外研究大都将"the vernacular"视为普通居民在日常生活中所做的事情,因而居住建筑就是指民众的住宅,而"使(民)居"则关联到居住者的居住环境和居住行为。因其关联到居住者的居住环境、居住行为和相关社会关系,因此并不局限于"民宅",而是民众日常生活的要素和圈层,不仅包括民间居住建筑,还包括与居住建筑共生的、一起形成人们物质生活环境的多种建筑物。就乡土生活环境来讲,其包括祠堂、寺庙、井泉、书塾、戏台、更屋等。民居"是我们不经意中的自传,反映了我们的趣味、我们的价值观、我们的渴望,甚至我们的恐惧"②,因而民居的"居"应该主要具有以下两种特性。

①实际功用性。它应具有与人们的生存和生活息息相关的功能,主要是指生活和生产方面,也包括形成人们生活习惯的部分。

②自发性。它是自发或半自发形成的,因而受所处地域和创造者的影响较大,可能会随地域自然特点,创造者的民族、文化、性别的差异而发生很大的变化,这也决定了其具有多样性的特点。

③主客体的关系:居住行为和建造行为。使用者和创造者的结合使创造过程的目的变得更为直接明了,即满足使用者的生活、生产需要,建造基

---

① 陈志华先生在《说说乡土建筑研究》一文中提出"用乡土建筑研究代替民居研究"的观点(《建筑师》1999 年总第 75 期,第 78 页)。谭刚毅在《两宋时期的中国民居与居住形态》(东南大学出版社,2008 年版)一书中辨析过民居与乡土建筑的概念。

② PEIRCE L. Axioms for Reading the Landscape:Some Guides to the American Scene[M]//MEINIG. The Interpretation of Ordinary Landscapes. New York:Oxford University Press,1988.

于"民俗传统(folk tradition)",而不是属于"壮丽设计传统(the grand design tradition)"。后者需要"高度的制度化和专业化",前者则"直接而不自觉地把文化——它的需求和价值、人民的欲望、梦想和情感转化为实质的形式,它是缩小的世界观,它是展现在建筑和聚落上的人民的理想环境"①,是"匿名(anonymous)"的"大众建筑(architecture populaire)",不是为了夸耀权威或展现设计者才智。民居正是因为具有这种自发性的特点,才能够从一种个体行为变成一种集体无意识行为,并产生一种综合结果。同时民居也是一种文化的积淀,本来出于使用的实际目的,在长期的发展以后成为一种文化行为,成为一种约束性的、似乎非功用性、非自发的行为。但其本质仍然是功用的,是集体无意识的体现②。

第二节　从花园城市到田园乌托邦

空想社会主义的创始人托马斯·莫尔在他的名著《乌托邦》中虚构了一个航海家航行到一个异乡奇国——"乌托邦"的旅行见闻(图 3-1)。在那里,财产是公有的,人民是平等的,实行着按需分配的制度,大家穿统一的工作服,在公共餐厅就餐,官吏由秘密投票产生。他认为,私有制是万恶之源,必须消灭它。乌托邦(Utopia)本意为"没有的地方"或者"好地方",是一种矛盾的存在。延伸为"还有理想""不可能完成的好事情",其中文翻译也可以理解为"乌"是没有,"托"是寄托,"邦"是国家,"乌""托""邦"三个字

图 3-1　乌托邦③

---

①　RAPORPORT A. House Form and Culture[M]. Englewood cliff:Prentice-Hall,1969:8.

②　俞孔坚,王志芳,黄国平.论乡土景观及其对现代景观设计的意义[J].华中建筑,2005(4):123.

③　Thomas More. Utopia(1516). Science PhotoLibrary.

合起来的意思即为"空想的国家"。

现实与梦想之间并没有一条鸿沟,可以畅想"田园乌托邦"——一种诗意的栖居,也可以践行这种"空想"——一个诗意化的存在。历史上霍华德写作《明日的田园城市》的初衷是创造一段美好的城与乡的"联姻",体现了对工业时代肮脏、拥挤和动荡的大城市的批判以及对传统乡村的浪漫怀旧情绪的赞叹,是一种试图缓和尖锐的现代化矛盾的折中态度[①]。看似前卫的乌托邦观念,无不带有对现实的批判或逃避、对过去的价值观的否定或美化以及新与旧的杂交。霍华德的田园城市设想体现了对典型资本主义城市的厌恶和逃离,是基于 19 世纪末工业革命对英国的影响以及乡村生活视角的理想模式。田园城市是工业时代浪漫主义运动的一个分支,体现了在工业化进程中人们面临快速变幻的现实时的浪漫怀旧情绪,以及对回归大自然和乡村生活的渴望,在那个时代具有一定的代表性。[②] 今天出现的"逃离城市"的声音也多少与这种背景相似及相关。

一个社会的理想根植于其现实的困境和历史发展的路径。如果说在新中国的人民公社和工矿区居民点的规划中可以明显看出借鉴田园城市理论的印记[③],那"田园乌托邦"就通过对人地关系的思考,还原了乡村居住—生产空间的紧邻关系,提高了土地利用率,同时试图削弱城乡二元化。如今工业化消费社会快速发展,导致城乡建设面临许多问题,"居住之惑"便是其中之一,如城市面临的"蜗居""房奴"和居住环境喧闹,乡村面临的农地荒、居住与生产脱节、乡村住居建筑形式化等一系列问题。因此,应该以传统乡村建筑为原型,根据不同使用对象的生活和生产方式及其在地特性,选取适宜的建筑材料与结构。通过构建绿色环保(low-impact)、操作性强(low-tech)、成本可控(low-cost)的乡村住居单元,组合重塑乡村聚落多样性,最终达到

---

① 侯丽. 亦城亦乡、非城非乡:田园城市在中国的文化根源与现实启示[J]. 时代建筑,2011(5):40-43.

② 同上。

③ 侯丽. 亦城亦乡、非城非乡:田园城市在中国的文化根源与现实启示[J]. 时代建筑,2011(5):40-43.

当时提出的"居住林园化""生产田园化""城乡结合""工农结合",又如中心村的理想规模在 1 万人左右,都有便于提供丰富的公共设施服务,普通居民点选址考虑合理的农田耕作服务半径等特征。

乡村建筑的设计者、建造者与使用者三者合一的目的。

田园乌托邦作为共同构建城乡关系的一端,是乡民栖居田间的诗意家园,是市民"周日的都市乡村景观",是重构人与自然和谐共生关系的载体,是促进社区物质性和精神性和谐统一的乡村文化基地。这里既有完整的配套设施,使村民生活得舒适,同时轻盈而不具有破坏性地伫立在农田之上,使村民更方便地进行农作。随着"车联网"万物互联时代的来临,人们的居住与游弋、工作与休闲、城与乡的空间将会被重新定义。在未来个体"离子化"趋势下,应该可以重新思考甚或回归乡村传统的聚落结构,重新演绎田园乌托邦式的乡村生活,或许我们可以畅想一些新的又似曾相识的居住形态(图 3-2)。

1. 居在田间

①稻田干栏。稻田上方架空的小屋,可作为居住或劳作休息之所,尤其可在农村"双抢"时节使用,也可作为日常休息或乡村研学的基地。

②花田树屋。在种植棉花、向日葵、油菜等农业或经济作物的田头地垄旁的林木高树上建造的装配式木构树屋,既是乡民休息、午食之地,也是看护和观景之地。

③漂流船屋。船屋既可是看护鱼塘的哨所,更可是渔民日常居住生活的水上漂流小屋。船屋也可以用来赏荷采莲,漂移在荷塘上进行采莲工作或者浪漫休闲。船屋主要是在渔业发达或从事水产养殖的地方建造,兼顾住户的居家与生产。船屋既是居住的地方,也是生产和交通工具,即船屋既是打鱼或是在湖区(大鱼塘)守夜的工具,也是往来各家户和市场之间的交通工具。船屋主要采用竹子(可以全部为竹子,也可以以木船为基础)建造,可漂浮在水面,也可拖运上岸。

④丰收小屋。丰收小屋是在麦田(部分稻田)收割后的田地用秸秆打捆的草块(部分采用轻钢龙骨、阳光瓦)建造的小屋。丰收小屋在田间放置一段时间后可以运回到驻地(或重新组装),成为居住大屋的一部分。

2. 游弋车屋

游弋车屋可以直接装载在手扶拖拉机或中型拖拉机的拖车上,也可以是独立的 2 个或 4 个轮子的移动房屋(胶合竹+装配式)。

图 3-2 田园乌托邦式乡村展望

3. 文化大篷车——乡村或城郊的社区中心

文化大篷车可用于日常乡村事务的办理、宣传推广、流动的乡村文化展示，也可用于周末城乡集市或艺术还乡。

文化大篷车既承载着乡村生活的日常，集居住、生产、休闲于一体，也是城里人或"候鸟人群"周末的行旅驿站或美丽蜗居；既在某些方面还原乡村住居—生产空间紧邻的关系，将诗意的田园栖居提升至土地利用的层级，又在某种意义上以一种特殊方式进行城乡互动，关爱和改善乡村社会环境（留守儿童、老人和母亲），加强社会理解，促进社区物质性和精神性的和谐。

这样的畅想还可以更多，甚至重新定义物理空间和虚拟空间。并且田园畅想也在变为现实。现在众多建筑院校的乡村实践既有非常接地气的"赤脚建筑师"的实践，也有这种理想与现实之间的思考和探索。华中科技大学建筑与城市规划学院的 Live Projects 教学项目中师生合作，在湖北广水桃源村建成了架空的田间竹楼（图 3-3，陈曲等设计，雷祖康等指导，曾获

图 3-3　湖北广水桃源村的田间竹楼

69

得亚洲建筑新人赛的奖项）。下一节国际上的各种乡村建设的探索也有着从理想到现实的嬗变。

第三节　乡村建设的国际背景及相关探索

乡村占据地表的面积远大于城市，对乡村建设的关注不仅仅是涉及更广大国土的事情，也与全世界大量国家面临的问题相似相关。虽然各个国家的国情不同，乡村的发展目标与内容也大不相同，但乡村发展是世界范围内都面临的问题。在中国，不仅国家与农民的关系发生了变化，农村长期稳定的社会结构、家庭结构以及农民的价值观与世界观也都发生了变化，全球其他国家也一样面临着乡村衰退的问题与挑战。乡村衰退易导致恶性循环，有中国学者在《自然》杂志发文强调"在全球城市化进程中亟须重视推进乡村振兴"，建议发起"全球乡村计划"，并像全球减贫、气候变化与世界和平那样，给予乡村振兴同等的重视。[1]

中国"上（20）世纪 30 年代乡村中农民破产、乡村衰败、流民四起、社会暴动，这时的前辈在建设乡村时运用到了乡村重建的概念。百年来因为前辈的努力，中国乡土没有被现代性的工业化毁灭。在大危机面前中国社会意识到，只有加强乡土的建设，才能解决当下经济问题"[2]。不同于以农立国的中国有着悠久深厚的农业文明，西方国家的乡村文化资源和地位较之城邦文化要相对匮乏，其乡村的兴起大多由于政治家对乡村进行干预，将乡村土地作为实现他们的目标和野心。在国际上，城市和乡村发展的矛盾问题一直存在。20 世纪 20 年代早期，很多西方国家的城市发展导致乡村退化，乡村成为焦点。

"三农"问题专家、中国人民大学乡村建设中心主任温铁军教授认为：乡村是解救全球危机的希望。乡村建设不应看成是国内社会的返璞归真，乡

---

① 　Liu Yansui, Li Yuheng. Revitalize the world's countryside[J]. Nature, 2017(548)：275-277.
② 　引自公众号"城市环境设计 UED"2019 年 12 月 10 日的文章《库哈斯开启未来乡村新篇》中温铁军的演讲。

村是 21 世纪当中国遭遇全球危机最严重的挑战时唯一的期望,失去乡村的国家和地区遭遇危机时会产生悲惨的结局,这才是发展乡村的原因。①

乡村建设是涉及社会、经济、文化等方面的系统、复杂的工程,包括中国在内的世界各国的乡村都有自己的发展路径和特色,建设模式也不胜枚举。但从建筑师的探索视角来看,国际上有很多建筑师参与乡村建设实践后意识到了乡村发展的重要性,以及乡村建设对社会和建筑学的意义,进而成为先驱式的社会人物。

根据侯丽教授的研究,霍华德的《明日的田园城市》的原版《明日:一条通往真正改革的和平道路》在 1898 年出版之际曾考虑命名为"Rurisville",也就是"农村"的词头"rural"和指"地方"的词根"ville"(由"村"一词演化而来,后常用于小城镇的命名)组合而成的词语,其更能反映霍华德的设想——围绕着城市的是具有农业生产功能的"田园",而不是纯粹美化装饰用的"公园"或"花园",但最后正式出版时选用了"Garden City",相对削弱了他希望以乡村为基底进行社会改革的意图。②

日本的新村主义曾深深地影响了中国。日本文人武者小路实笃在九州日向农村选了一个地方,组织了几十个人共同从事农业劳动,相互协作、平等分配,其宗旨被称为"新村"(atarashiki-mura)主义。③ 与霍华德不同的是,新村主义没有追求特定的空间秩序和改变社会的意图,而是强调自然、田园的耕作环境,更接近"超出现社会的田园理想生活"和"独善其身的个人主义"(胡适语)。周作人深受新村主义的思想吸引,在《新青年》上进行了大力宣传。与李大钊等一起创立"少年中国学会"的王光祈提议建立"菜园新村";上海的墨西哥归国华侨余毅魂、陈视明等在昆山红村购得 25 亩地,组织建设了"知行新村";河南的王拱璧在家乡漯河创办"青年村"等。④

---

①　引自公众号"城市环境设计 UED"2019 年 12 月 10 日的文章《库哈斯开启未来乡村新篇》中温铁军的演讲。另参见温铁军.乡村建设是避免经济危机的可能出路[J].小城镇建设,2017(3):6-10.

②　侯丽.亦城亦乡、非城非乡:田园城市在中国的文化根源与现实启示[J].时代建筑,2011(5):40-43.

③　侯丽.理想社会与理想空间——探寻近代中国空想社会主义思想中的空间概念[J].城市规划学刊,2010(4):104-110.

④　温铁军.乡村建设是避免经济危机的可能出路[J].小城镇建设,2017(3):6-10.

埃及建筑师哈桑·法赛被称为 20 世纪最伟大的建筑师之一，他努力探索建筑师在乡村建设中能产生的作用，倡导由建筑师、工匠、使用者共同完成房屋的设计建造，培养村民自己建设房屋的能力和参与设计建造的意识，实现乡村发展的可持续与自持续。①

印度建筑师查尔斯·柯里亚（Charles Correa）提倡使用的系列策略都是基于当地乡村适宜技术策略的典范。他推行廉价住屋，给普通老百姓设计了大量的低造价住宅。他在 1991 年发表的 *Space as A Resource* 一文中，针对新乡土和自然条件的关系，提出了形式追随气候的设计理论和原则。

简·万普勒是"敢于为社会底层人民发声"的美国建筑师，强调为人民营造良好生活环境的建设目标，通过深入了解当地的生活方式、传统文化、社会结构等"建筑线索"，设计建造大众主观需要的房屋，而不是设计师自行"臆断"的房屋。②

日本著名建筑师阪茂持续探索硬纸管、竹子等材料的设计应用，使用低廉、易得、可再生的材料为贫困乡村和受灾地区建设高品质的临时性和永续性房屋，其行动不仅在建筑设计和材料技术方面有所突破，也是在践行和传播建筑师应有的社会责任感③。

智利建筑师亚历杭德罗·阿拉维纳（Alejandro Aravena）也是一位坚持"为穷人造房子"的建筑师，其设计建造的乡村保障房"半屋"倡导了一种"公众参与"的设计建造模式。建筑师完成房屋一半的建设，并将另一半留给使用者自行加建，已完成的一半房屋已经能够满足基本使用需求，这种创新的建设模式充分考虑不同使用者的经济状况与使用要求，同时实现了建筑的多样化发展。

奥地利建筑师马丁·劳奇（Martin Rauch）在研究传统生土材料的基础上，努力优化材料性能和施工技术，将生土材料的应用领域从小型住宅拓展到厂房、医院等大型公共建筑，并采用工厂预制化技术，极大地拓展了乡土

---

① 王冬.乡土建筑的自我建造及其相关思考[J].新建筑,2008(4):12-19.
② 王光亮.简·万普勒:诗意的大众建筑师[J].胡丹丹,译.新建筑,2015(1):61-63.
③ 坂茂.走向建筑设计与社会贡献的共存[J].动感(生态城市与绿色建筑),2014(2):42-53.

材料的应用可能性和乡村建筑的发展。

国外对于乡村建设或者乡土建筑的研究有较长的历史,在建筑形式、材料技术、营建逻辑、建设模式、设计观念等方面均有相应的文献和著作发表,既有对传统的思考,也有对现代的探索,这些成果已经成为建筑学知识体系中的重要组成部分。

伯纳德·鲁道夫斯基(Bernard Rudofsky)1964 年在纽约举办了主题为"没有建筑师的建筑"的展览,同时出版了同名著作 *Architecture without Architects*。他不仅向公众展示了全球各地乡村工匠营建的形式丰富的乡土建筑,指出了其在经济与美学之外关于文化与生活的价值,更强调了乡村建筑长期被建筑学主流所忽视的问题。

此后,乡村建筑的研究成果逐渐增多。阿摩斯·拉普卜特的著作《住屋形式与文化》研究乡村建筑形态的形成因素,以及建造模式中所揭示的住屋与日常生活及使用者的密切关系;保罗·奥利弗的《世界乡土建筑百科全书》对世界各地不同民族的乡土建筑进行了全面系统的总结,批判了从单一的"现代建筑范式"的角度研究乡土建筑的方式,倡导多学科以及多视角的研究方法;迈克尔·维林加与林赛·阿斯奎斯的《21 世纪的乡土建筑研究:理论、教育及其实践》总结了欧美学者研究乡土建筑的学术趋势,在关注营造方式、建造过程、传统工艺的同时,开始研究建筑与地方文化的关系和背后的社会建构功能,并试图将乡村的自建系统转化为建筑"知识体系"中的一部分,进而反思现代建筑的建造方式以及建筑教育体系的缺失。

不少国外建筑师也开始从乡村建造体系中汲取养分,例如纳伯尔·哈莫迪在其著作《并非住宅的住屋》中,就试图突破现代建筑学的禁锢,提出一种从乡村自建模式中获得启发的"社区参与"的建造模式,建筑设计不应只是没有温度的机械化的技术操作,更应该是关心人类生活与情感的基本学科。

雷姆·库哈斯近年逐渐将工作重心从城市转到乡村,曾发表文章《乡村建筑》讨论欧洲乡村人口不断减少、规模不断扩大的现象,并关注科技变革

促使乡村变革的问题。[①] 2018 年,雷姆·库哈斯聚焦中国的乡村发展,提出"普通乡村(generic village)"的概念,倡导关注中国大量的普通乡村,在探讨乡村发展普遍共性的同时,避免出现同质化现象。于 2020 年在纽约举行的"乡村·未来"的展览,展示了城市以外的乡村在各种因素下的发展巨变,并试图预测乡村发展的未来。

第四节　多元介入:构建乡村建设的"行动者网络"

乡村建设呈现出社会各界力量多元介入的局面,从各自领域探索出多样的乡村建设模式。按照费正清先生的表述,通过对我国近代以来乡村建设理论进行梳理和总结,乡村建设模式在民国初年有西方影响型(晏阳初)、本土型(梁漱溟、村治派)、教育型(晏阳初、陶行知)、军事型(彭禹廷)、平民型(晏阳初、陶行知)、官府型(兰溪县(现兰溪市)、江宁县(现江宁区))等;在解放初期有知识分子、学生等参与;如今则有更多的乡村建设模式(表3-1)。

表 3-1　乡村建设的进程类型与历史解读

年代	20 世纪初	20 世纪 50 年代	21 世纪初
主题	乡村建设运动	上山下乡	美丽乡村建设/乡村振兴
内容	农村破产即国家破产,农村复兴即民族复兴	知识青年到农村大有作为,到农村接受贫下中农再教育	新农村建设、美丽乡村;留住乡愁、复兴乡土传统和文化
发起	梁漱溟、晏阳初、周作人、陶行知	共青团、毛泽东、中央政府	政府、机构、企业、NGO(非政府组织)、合作社、个人
推行	新村支部、平教会、晓庄师范、《乡村月刊》	农场、插队	乡村旅游、民宿客栈、艺术家村、乡村书局、文创基地、观光农业、农庄

---

① 引自公众号"九樟学社"文章《未来的世界:库哈斯在乡村》。

续表

年代	20世纪初	20世纪50年代	21世纪初
参与	西方影响型(晏阳初); 本土型(梁漱溟、村治派); 教育型(晏阳初、陶行知); 军事型(彭禹廷); 平民型(晏阳初、陶行知); 官府型(兰溪县(现兰溪市)、江宁县(现江宁区)); (分类引自费正清)	知识分子、学生、农民	开发型(旅游/地产/商业等); 政务型(政府主导/公共项目等); 本土型(合作社/村民委员会); 教育型(支教/自然教育/私塾/游学等); 公益型(机构/草根); 文创型(艺术家/文创机构等); 信息型(网络平台/电商农业等); 休闲型(居家/修行/体验等)
影响	不同历史阶段对这段失败的运动有不同的解读,作为首次乡村社会运动对后世值得借鉴	没有解决我国农村三大差别,但参与人数之多、涉及家庭之广、影响之深都是空前绝后的	关注热点,各界越来越多地介入及投入

资料来源:殷苙。

根据介入的人员群体对乡村建设进行分类:第一类,政府作为主导力量推动的乡村建设模式,政府组织各方力量、整合各种资源共同参与营建,并把控和决定建设的内容及成果;第二类,NGO(非政府组织)主导的乡村建设,引导村民自组织建设,如"北京绿十字"在湖北五山镇开展的被称为"五山模式"的建设工作;第三类,企业主导的乡村建设,通过投入资金改变或重建乡村产业结构,企业的建设目标决定了乡村的发展方向,有破坏性的地产开发、发展性的旅游开发和公益性的扶贫建设等,如良渚文化村;第四类,乡村能人主导的乡村建设,能人自身的背景和目标决定了建设内容,如任卫中开展的夯土试验房建设;第五类,城市精英主导的乡村建设,如来自台湾的"青蛙爸爸"薛璋的"生态乐活村",陈卫发起的浙江临安太阳公社项目等;第六类,建筑师等相关群体主导的乡村建设,具体又包括职业建筑师和建筑院校的师生,他们充分发挥自身专业能力,从物质空间层面切入引导乡村共建,如张雷的先锋书店、袁烽的"竹里"等;第七类,社会学家、经济学家等主导的乡村建设,从社会发展和产业建设等层面介入;第八类,艺术家主导的乡村建设,通过艺术的介入进行文化建构,为乡村注入新的活力并激发其内生力量,如"碧山计划""许村计划"等;还有一类,即多种力量共同主导的模式。

我们常说农业是靠天吃饭的,必须依存于气候、土地等自然环境,乡村的建设环境也跟自然形成了和谐共生的关系。农民作为乡村的主体,造就了丰富的农业文化,因此我们需要从天文、地文、人文等不同层面来探寻乡村内生的基因与智慧,进行顺应时代的适应与创新,也就是顺应隐形的秩序规则和生成语言、遗传生成系列或智能模式。在乡村的良性发展中,我们需要破译这种语言生成结构,需要对实践中存在的困境进行冷静反思,需要基于乡村地文解码的转译,需要构建多元、协商、开放的"乡建行动者网络"①。

在行动者网络理论(Actor-Network Theory)一系列纷繁复杂的概念中,占据中心地位的是行动者(actor)、网络(network)以及转译(translation)三个概念。行动者可以同时指人与非人行动者,任何行动者都是转译者(mediator)而不是中介者(intermediary),任何信息、条件在行动者这里的输出结果都无法预测。任何通过制造差别并改变了事物状态的东西,都可以被称为行动者。网络是由行动者通过行动产生的联系形成的,是一个由联结而非边界或界限构成的系统。它是动态之网、联系之网和无形之网。行动者网络理论用"转译"这一概念,来说明网络连接的关键方法。行动者之间通过运作,努力将自身问题与兴趣"转换"成相关利益。网络的建立取决

① 翟辉. 乡村地文的解码转译[J]. 新建筑,2016(4):4-6.

于相关行动者利益的成功转译。每一个行动者的角色、功能和地位都在网络运转中加以重新界定。Thomas Gieryn 基于行动者网络视角提出建筑应被看作由社会建造的技术构造物①,系统化呈现了建筑设计如何影响相关科技的研究发展和社会构造的转变。同样,行动者网络理论指导下的乡村规划和乡村建筑的设计建造就不是规划和建筑的问题,而应该是多种行动相互作用的网络系统,是经过社会生产确立的建筑、环境等的空间生产。

2019 年 3 月 8 日,习近平总书记在参加十三届全国人大二次会议河南代表团审议时作出重要论述,为进一步做好"三农"工作鼓舞干劲。乡村振兴是包括产业振兴、人才振兴、文化振兴、生态振兴、组织振兴的全面振兴,是攻坚战也是持久战,必须一步一个脚印往前走,久久为功求实效。实施乡村振兴战略的总目标是农业农村现代化,总方针是坚持农业农村优先发展,总要求是产业兴旺、生态宜居、乡风文明、治理有效、生活富裕。如今政府的大力推动是乡村建设最重要的因素,因而政策成为关键的"行动者"。

乡村建设应按照先规划后建设的原则,通盘考虑土地利用、产业发展、居民点布局、人居环境整治、生态保护和历史文化传承。温铁军教授认为,现代化面临着全球三大资本过剩的陷阱,在全球资本过剩的影响下农业成为资本的承载,从而出现农业与生态危机。② 城市的高速发展,让青年学生主动离开城市进入乡村,改善生态文明、带动乡村振兴,组织农民进行乡村的重建。乡村的问题不是人口流出,而是缺少创新产业,农民无法自主发展,只有发动市民下乡和农民结合,发展社会化的生态农业,乡村建设才会继续发展。

行动者网络理论的独特之处在于给予"非人行动者"(Non-human Actor)以能动性,其致力于研究事物间的关系,关注事物间发生相互作用的过程与机制。基于上述分析,对于乡村建设来讲,产业等非人行动者甚至更重要。还有看似平常的乡村要素或农业遗产也是重要的非人行动者。

①　GIERYN T F. What buildings do[J]. Theory & Society,2002,31(1):35-74.
②　温铁军.资本过剩与农业污染[J].中国党政干部论坛,2013(6):64-67.

　　乡村的遗产不仅限于传统村落、文物建筑、非物质文化遗产、民俗活动，也包括人们熟视无睹的农作等农业遗产。世界农业遗产属于世界文化遗产的一部分，世界农业遗产保护项目对全球重要的受到威胁的传统农业文化与技术遗产进行保护。如作为农业根本的物质资料——种子往往被人忽略，很多传承千年的"老种子"正在消失，尤其在环境污染、杂交或转基因育种等技术发展之后，那些携带着过去生物基因、至今仍养活着千千万万民众的农作物种子作为农业遗产却没有受到应有的重视。如稻米不仅是中华农耕文明的核心，更是过亿农民的生计所在。这平凡的种粒滋养着族群繁衍生息，建构自我，交流文化，结成了一个紧密的"稻米文化圈"，稻米已经将中国与亚洲乃至世界联结在了一起。2004 年，联合国宣布该年为"国际稻米年"——为单一作物设立国际年，这是史无前例的（图 3-4）。"稻米即生命"的主题不仅说明了稻米之于人类的重要性，更提醒大众，围绕稻米出现的种种问题已经影响到人类的健康生存，有必要引起全球的广泛重视。

图 3-4　"国际稻米年"宣传画

　　农法（rice farming）是农业遗产的重要组成部分，如种田共生智慧的侗族传统生产方式——糯禾栽培、稻鸭鱼共作、牛耕等传统稻作系统。2011年，作为这一传统稻作智慧的代表，"从江侗乡稻鱼鸭系统"入选全球重要农业文化遗产名录。伴随着城镇化和生态危机的加剧，类似这个侗族传统的生产和生活方式及精神世界将如何衍变、维系和传承？这不仅仅是一乡一寨、一时一地所面临的挑战。从这一点上讲，国内外有些坚持传统农耕或自然农耕的农场也应该作为"遗产"的载体受到扶持或保护（图 3-5）。对不熟悉乡村的生活，甚至五谷不分的城市中小学生来讲，农耕、农法等应该是重要的必修知识，所以相应的农事、农节及其他亲子活动成为现在乡村体验和研学的重要内容。元代画家程棨摹宋代楼璹的《程棨摹楼璹耕作图》可谓生动的长卷教材，也是农事及农法的历史图绘，在今天依然可以"转译"为乡村建设的内容。

图 3-5　从古到今的农事耕作①

这些乡村遗产作为"非人行动者"产生能动作用，应该是真实性、整体性与多样性并举的。左靖、王国慧策划的"米展"，2017 年 9 月在贵州省黔东南

---

① 图片分别来自：宋·楼璹《耕织图》，元·程棨《程棨摹楼璹耕作图》（长卷），清·陈枚《耕织图》，谭刚毅摄影。

苗族侗族自治州黎平县茅贡镇茅贡村百工中心（老供销社）开展。策展人在2015年底就联合地扪侗族人文生态博物馆在茅贡镇倡议"另一种可能：乡镇建设"的茅贡计划，提出在乡镇一级进行"空间生产""文化生产"和"产品生产"。经过近两年的工作，一个充满生机的乡创小镇渐显雏形。以米之名尝试着举办一系列生长性的"米展"，通过对这些平凡的稻米进行五感的构建，从不同的角度探索它的可能与未知，从而珍重每一粒作为生命源泉的稻米，感恩仍在田间地头辛劳耕作的农人。① "米展"和2016年的"1980年代的侗族乡土建筑""百里侗寨风物志"（图3-6），通过对地方性知识的学习与梳理，努力构建新的乡土教育和舆论场域，使我们更加了解这块土地与人的过去和现在。非物质形态的文化遗产有其物质形态的存在环境，甚至从某种意义上讲，物质环境是培育非物质文化的土壤。从有形到无形，是全时态、多形态的展览，能更好地反映乡土建成遗产的整体构成和全面价值，是值得借鉴和推广的一种呈现和"保护"方式。

图3-6 粮库艺术中心开幕展海报②

从这个意义上讲，建筑师可以更好地承担"空间生产""文化生产"和"产

---

① 左靖，王国慧. 米展 | 以米之名[Z]. 米展前言，2017-08-19.
② 图片来源：左靖，王国慧. 米展 | 以米之名，碧山杂志。

品生产"的综合角色。出于诸多原因,建筑师在原则和理念的方面都在保护
领域担当了领导角色。许多世纪以来,建筑师享有很高的社会地位。如 19
世纪的建筑师拥有受正规学术训练和使用远超其他行业的文化资源的机
会。建筑师创办了强大的国内和国际性专业团体,并积极开展行业内多方
面的理论和技术辩论。[①] 建筑是一门完善而受高度重视的专业,也一直是主
要艺术形式之一,具有较高的社会认可和学术认可,建筑学已建立了庞大的
知识体系,并经历了时间的验证。这一点保护行业无法与之相比。直到 20
世纪中叶,保护知识(knowledge of conservation)都是通过学徒制口口相传
的。然而长久以来建筑师受到正规训练,具备基本的有关文化认知、材料特
性、建造工艺、策划管理等方面的知识积累和相关能力,因而不管是物质形
态的遗产,还是非物质形态的遗产,建筑师群体都更能胜任这样的遗产保护
工作,对于乡村遗产亦是如此,建筑师成为乡村建设的重要行动者。

　　因而乡村建设的行动者网络应该由天文、地文和人文等层面组成,乡村
建设涉及的"四农"问题——农业、农村、农民、农宅,也都涉及城乡关系问
题。历史上的每一次乡村建设运动总是以社会运动或理论为先导,也都在
思考城乡结构问题。城乡应是共生关系,不应该是二元对立。人地关系也
是共生关系,乐业(产业)和安居(居住)协同发展。所以适于今天的"四农"
应该分别是"农业与新兴产业""城与乡统筹""农民主体与外来力量""建筑
师与匠师和村民",和谐共存,迭代共进。

　　以湖北省红安县八里湾镇陈家田村为例,解析这个小村湾与乡村建设
相关的行动者网络(转译社会学)。行动者网络的核心——转译过程通过问
题呈现、征召、利益赋予、动员和可能的异议及调整来完成全流程(图 3-7)。
陈家田村应该是典型的中国乡村小村湾:选址适应地形地貌,有着土丘岗
地、池塘和田园景观,基本保留过去的民居,但也有一些新的"洋房"散布其
中。因为该村湾是著名的发展经济学家张培刚的故居所在地,在当地有识
之士的努力下才得以从所在的工业区中保留下来,后经地方政府和华中科
技大学等多方的努力开始保护和发展。

　　① 博伊托.建筑修复·第一话[J].陆地,钟燕,译.建筑遗产,2019(3):114-122.

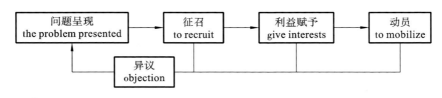

图 3-7 行动者网络的转译过程

①问题呈现：各行动主体共同面对的问题是"如何创建发展经济学研学基地"。

②征召：每个行动者被赋予互相可以接受的任务——基金会和企业受到镇政府的征召而牵头，乡村的经营者再受到村干部和基金会、企业的征召，率先参与合作社并带动普通小农户。

③利益赋予：这是各行动主体间用来稳定其他行动者任务的手段。政府希望通过建设研学基地带动地区经济水平的提高；基金会希望提高张培刚发展经济学的知名度；企业希望增加公司的利润；村干部希望提高农户组织化程度，改善乡村治理；农户希望提高收入。

④动员：政府对基金会、企业及村干部具有较强的动员能力，乡村精英对普通农户的带动力及凝聚力较大。

⑤异议：各个行动主体之间的背景差异很大，因而必然存在差异。

乡村建设也是由所有的行动者共同构成的"异质性网络"。不同的行动者在利益取向、行为方式等方面不同，但在其异质建构中，各个行动者具有平权的地位。各方参与者也是行动者，都相信通过创建发展经济学研学基地能够促进当地经济的发展，并且每一主体都能因此而获得各自的利益，因而成为行动者网络的强制性通过点（Obligatory Points of Passage，OPP）（图 3-8）。

行动者网络理论试图解释异质行动者所形成的网络是如何运作、构成和瓦解的，同时也可以用来寻找一种策略，将可能产生联系的元素组成可正常运作的新网络。行动者网络是不稳定的、动态的，因为我们可以看到相应的物质空间和社会空间发生了前后转变（图 3-9）。在人与非人组成的扁平化行动者世界中，所有的边界都被打破了。随着社会的发展和培育周期的变化，我们应根据不同行动者的作用来对行动者网络进行调整。

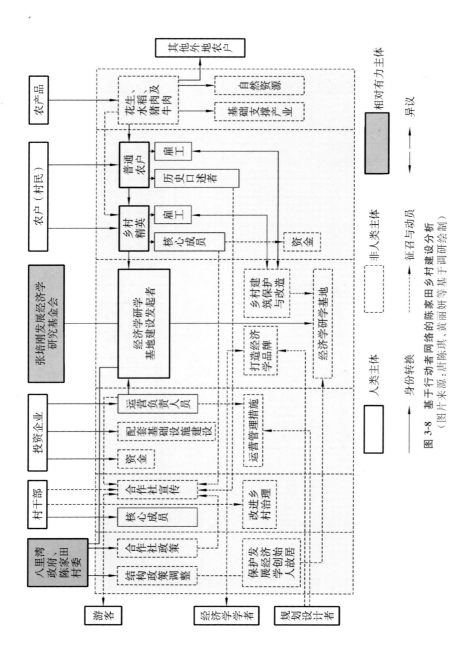

图 3-8 基于行动者网络的陈家田乡村建设分析
（图片来源：唐陈琪、黄丽妍等基于调研绘制）

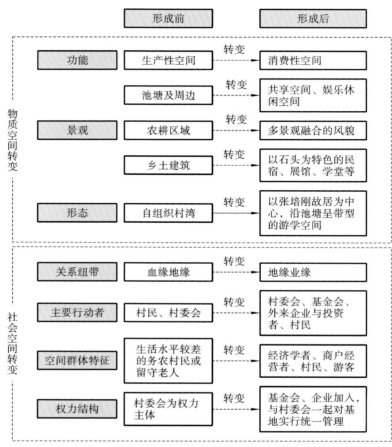

图 3-9　陈家田村乡村建设的空间转变分析①

第五节　乡村建设的设计伦理

一、当我们建造乡村时，我们在建造什么

为什么乡村建设的问题会变成关注的热点？正视这个问题，再反思乡

①　图片来源：黄丽妍、唐陈琪等基于调研绘制。

村建设,深入建造层面,才能去把握建造技术与模式的发展方向。

(一) 乡民生存、生活和生产之地

  乡村首先是村民的生存、生活之地,乡村建筑的首要功能是保证农民的生存与生活。这就使得乡村建筑最基本的追求就是安全、适用。在建筑技术与建筑材料不断发展的过程中,使用者对建筑的安全性和舒适性要求越来越高,这就成为乡村建筑更新的基本动力之一,对适于当代生活、提升舒适度的乡村建筑的探索也成为乡村建筑研究的重要部分。农村市政建设、基础设施落后,较多依靠被动式技术达成舒适性。乡村也是农民从事生产的场所。乡村的生产与生活结合在一起,密不可分(图 3-10)。这就使对传统的生产和生活方式的传承显得尤为重要。这也要求建筑师在乡村实践当中,不仅要关注与自己专业相关的问题,同时要认识到自己的局限。在乡村中的建造也要从保护传统的生产方式出发来考虑。在传统的乡村建造过程中我们就能感受到建造过程和生产的关系。在乡村中,建造的过程必须避开农忙时节。无论是使用者还是建造者,其本身都是农民,避开生产劳作为

图 3-10　北宋杨威《耕获图》中乡村建筑与生产单位的关系

主的时间（尤其是七八月份农忙时期）去施工一直是乡村约定俗成的事情。这就要求在当代乡村建造活动中，必须考虑到村民生产与建造的关系。

（二）城乡统筹的桥梁

"城"与"乡"在现代汉语中是两个对立的词，但在以农耕文化为中心的中国文明发展的历史进程中，"城"与"乡"的关系从来都不是对立的，它们的边界也并不清晰。"乡土"意指本乡本土，"乡土志"所描绘的是当地风俗，并无今日所说"城"与"乡"的区别。费孝通在《乡土中国》中所指的"乡土"也并非指地理意义上的"乡村"，但不可否认的是，此时的城市与乡村，无论在生产方式、生活方式或是经济条件上，都产生了巨大的差别。

城市与乡村绝不可能孤立地发展。城乡统筹发展的城市化过程并非仅仅是一种人口转化、经济结构和地理结构的变化过程，它还应是一种人类社会的整合过程。城市化并非简单地指越来越多的人居住在城市和城镇，而应该是指社会中城市与非城市地区之间的往来和相互联系日益增多的过程，这个过程也是城市与乡村相互影响的过程。[1] 在当下资源高度集中在城市的现实情况下，寄希望于乡村的自我复兴也许不太现实。这是一个高速变化的时代，而作为传统乡村产业的农业、牧业等难以发生根本性的变化，此时城市的资源和现代科技等，成为乡村复兴的重要资本。城里人带来的新的业态，也会是乡村复兴的动力之一。在此现实背景下，城乡互动才能更好地建设乡村。所以现阶段乡村的建设，包括建造中的技术及其表现，必须同时考虑到城乡两端统筹的选择。

（三）农耕文明、地方文化的载体

中国文明以农耕文化为基础，农耕文明之于中国文化的重要性不言而喻。以家族血脉为基础的宗法秩序、山水情怀、祖先信仰等传统文化中的璀璨部分都根植于农耕文明之中。在城市化进程中，城市风貌背离传统已久。近年来，"乡愁"引起许多城市居民的共鸣，使他们重新从文化的角度开始审视城乡，希望在乡野之间寻觅传统文化的影踪，凝聚民族文化之精神。此时，人们对乡村中直接呈现的物质表现——建筑，同样寄予了对农耕文明、

---

① 罗佳明.旅游业：架起城乡统筹发展的桥梁[J].旅游学刊,2011,26(11):5-6.

地方文化载体的精神需求。

　　建筑是生活缔造的实体，是社会形态的透射。在当代乡村建设的实践中，建成环境往往是最容易被关注的。建筑或许是乡村建设最末端的环节，但事实上其往往又是最先开始的、最具表现力的部分。所以当谈及"美丽乡村"时，虽然建筑及其风貌不是乡村建设最重要的，但确实又是大多数人对于美丽乡村的第一印象，甚至是重要的着眼点与关注点，这也是乡村建筑及其设计建造在乡村建设中受到重视的原因之一。

二、新乡土建筑的思想

　　我国以农业为主的传统乡村结构开始转变成以工业等产业为主的城镇结构，加速了农村这种传统的社会结构的瓦解，乡村的本土性真正得到重视，人们开始对乡土建筑的建造和发展进行分析及评估。

　　林少伟先生在 1998 年的《当代乡土——一种多元化世界的建筑观》中提出把新乡土置于当代建筑文化中，这代表着新乡土意识开始萌芽。新乡土被定义为一种自发性的溯源意识，用来表达在地理和气候环境等因素的影响下所孕育出来的某种传统形式，并能体现当代语境下的文化价值和生活、生产方式。因此，新乡土主义思想越来越多地被运用在建筑设计当中，在建筑设计中体现出当地特有的地域文化，在传统建筑中提取建筑元素，对材质、工艺、建造模式进行"原真性"的凝练提升。近年来，可以看到国内外许多乡村建筑在进行实践探索，如阿卡汗建筑奖中有许多位于乡村地区的获奖作品体现了其建筑技术的适宜性，如格拉民银行住宅项目、巴斯蒂增长发展计划、沙袋住宅、哈拉瓦住宅、塞林格住宅等。除了建筑师主导的建造活动外，法国格瑞斯协会（Geres Association）等非政府组织也在落后乡村地区探索和推广被动式太阳能技术。

　　随着乡土文化的逐渐瓦解，陈志华先生认为，应对乡土建筑作总体的研究，在乡土文化环境的影响下去思考乡村生活、生产、文化中乡土建筑的系统性以及它们之间的对应联系，不能以现存乡土建筑的保护为最终目的[①]。

---

　　①　陈志华.乡土建筑遗产保护［M］.合肥：黄山书社，2008.

智利建筑师亚历杭德罗·阿拉维纳（Alejandro Aravena）推行的"半屋"形式的保障房，在贫民中深受好评，对社会具有很深远的影响。他在 2008 年发表的 *Conjunto de viviendas Lo Espejo：Lo Espejo，Chile* 一文中详细地介绍了这种房屋内在的逻辑——用户的"阶段性需求"。Hatje 在 2012 年出版的 *Elemental：Incremental Housing and Participatory Design Manual*[①] 一书中对其社会保障住房项目进行了详细的探讨，详述如何通过参与式的设计方式进行住宅设计。

1980 年，自然保护国际联盟（International Union for Conservation of Nature，IUCN）提出了可持续发展（Sustainable Development）的概念，并在 1987 年出版了人类历史上第一个关于可持续发展的国际性报告——《我们共同的未来》。报告中对可持续发展的描述是"满足当代人需要又不损害后代人需要的发展"。报告中把发展和环境作为一个紧密联系的整体，二者互为前提，共同致力于人类社会环境和自然生态环境的持久发展。可持续发展的建筑设计也应以人与自然和谐共存为理念，既满足当代人的需求，同时又要兼顾到后代子孙的永续发展需求。

由此可见，新乡土思想是基于尊重自然，给予更多社会关怀的建筑理念，是一种可持续发展理念，无论是对待自然生态，还是对于社会生态皆如此，因而可持续发展应该成为乡村建设的基本理念。正如上文中天、地、人文全要素的行动者共同作用，实现乡村的可持续发展应该成为乡村建设设计的指导原则。

三、乡村建设的伦理

1970 年，美国设计伦理学家维克多·帕帕奈克（Victor Papanek）出版了《为真实的世界设计》（*Design for the Real World*）一书，提出设计师应设计出具有责任感的产品，不仅要为广大的人类负责，也要为日益减少的自然资源负责，对地球负责。设计师应合理使用有限的自然资源，为世界提供更多

---

① Alejandro Aravena，Andrés Lacobelli. ELEMENTAL：Incremental Housing and Participatory Design Manual[M]. Hatje Cantz，2012.

的负责任的、理性的作品。相应地,需要避开一些不安全、不成熟,反而在造型上夺人眼球的无用产品,避免资源的浪费,更应发挥资源最大的价值①。设计不应只针对少数高阶层的人,而更应关注低阶层贫困的人,社会上存在的贫困与落后更需要设计师去关注。

维克多·帕帕奈克在书中将设计本身视为自然与社会联系纽带中不可或缺的部分。他呼吁设计师应设计能对自然和社会负责的作品,他为设计注入了责任的意识形态。维克多·帕帕奈克在该书中列举了很多以自然、人文为出发点的设计案例,试图通过相关的案例来探究如何用设计更好地解决现实问题的方式②。此外,维克多·帕帕奈克在提倡使用负责任的技术时虽然并不反对高技术的使用,但他也在书中提醒人们不要依赖有着高成本的高技术,而应选择一种较为适宜的技术手段,强调以简单易行的技术应对设计的问题,回到设计的基本价值。

维克多·帕帕奈克在另一本著作《绿色律令:设计与建筑中的生态学和伦理学》中指出,在开始一个设计任务的时候,务必考虑清楚此次设计会带来什么样的后果,以自然为出发点的设计更利于维护社会与生态的和谐。他在书中建议设计师应时刻自我反问,设计能否使环境可持续发展?设计能否改善底层人们的生活?……他自始至终都在呼吁以一种适宜的技术理念作为落后国家或地区在设计领域中的策略,鼓励本地居民着眼于已有的生产水平,而不是盲目地选用高科技。低技术不仅是基于对人的关怀,更是对地球和地球上共存的万物未来的关怀,所以低技术的目标应该是更为高尚的。

综上所述,适宜技术,甚至可以说低技术应该是乡村建设的另一个设计伦理。国外多把低技术建筑作为人道主义救助建筑的学术研究(图3-11)。2008年,布莱恩·贝尔撰写的 *Expangding Architecture:Design as Activism* 中举例说明了大量建筑师运用低技术的策略为社区与灾区贫困区所设计的建筑;2011年,玛丽珍·阿基利诺在 *Beyong Shelter:Architecture For Crisis* 中提出,建筑不仅是一个庇护所,而且是一个综合了文化、经济、

---

① 帕帕奈克.为真实的世界设计[M].周博,译.北京:中信出版社,2012.

② 同上。

人文、自然的安全防线；2010—2011 年，由建筑师 Josep Minguet 编著的 *Ultra Low-tech Architecture* 和 *Low -tech Architecture* 两本书详细介绍了一些关于利用低技术和可回收材料建造的创新型建筑项目。

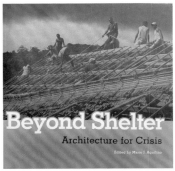

图 3-11　著作 *Expangding Architecture：Design as Activism*、*Beyong Shelter：Architecture For Crisis* 和 *The Barefoot Architect：A Handbook for Green Building*

　　低技术理念与可持续发展理念是相辅相成的。建筑的用材和施工器械（如脚手架等）采用可反复利用的物质，能保持材料循环使用。建筑多以被动式的自然通风与自然采光实现照明与换气，在建筑选材、建造使用与回收利用的每个阶段，都与可持续发展的理念不谋而合，即也是低影响（low impact）的技术。巴西建筑师约翰·范伦根（Johan van Lengen）撰写的《赤脚建筑师：绿色建筑手册》（*The Barefoot Architect：A Handbook for Green Building*）就是介绍不同气候地带利用自然资源建造生态住宅的技术，成为全球畅销书（仅西班牙版就售出超过 20 万册）。

　　从社会角度来看，可持续发展的理念也包括社会、文化的可持续。低技术是传统手工艺紧密相连，通常意味着劳动密集，效率不高。在印度，"mass for mass"是避免高技术、高风险，以改进传统手工艺，以低成本和可普及的形式满足公众需求。此低技术可持续的模式较适用于发展落后的国家和地区。坂茂先生的纸建筑体现出设计伦理价值的基本要求，唤起大家对设计价值的重新思考，其中包括对受灾民众的关注、对生态环境的亲善以及对资源耗材的节制。2009 年由邓敬、殷茈发表的《由"过渡"而始：从坂茂的纸管校舍到过渡性建筑的探讨》一文详细介绍了日本建筑师坂茂在汶川地震后设计的华林纸管小学及建造过程,同时深入剖析了以纸管搭建的小学所蕴含的社会意义与建筑师的社会责任。2014 年,五十岚太郎的《论坂茂:用合理的思考开拓建筑的可能性》一文把坂茂运用低技术的纸管建筑特点视为跨越建筑的两个领域,即"社会性"与"设计感"。

低技术的手工艺特质及其对简单器械的使用,使得它与我们的日常生活联系紧密,同时也体现了它对人性关注的特点。当然,低技术并不是随便敷衍的技术,我们应像对待高技术一样,以认真与尊重的态度对待低技术。更多时候,低技术的设计是探寻一种适宜的方式,以低成本的形式满足公众对生活或使用等方面的各种需求,因而也与前面的服务公众和适宜技术相辅相成。低技术是代表最广大民众的技术,它可以让更多的民众参与到建设过程,以减少不必要的成本开支,最大限度地发扬民众建筑消费和建筑生产的民主性。

四、建筑师的责任与反思

建筑师面临的设计任务总是伴随着多种层面的挑战,诸如城市化、社会公平性、环境气候保护等,建筑师承担了许多影响城市生活的决策,这是一种重要且有意义的职业。随着建筑业市场逐渐饱和、经济趋缓,越来越多的问题逐渐浮现出来,被大众所关注,职业人士的权威性也受到质疑,他们不能简单地凭借职业身份代替大众去选择。当今社会需要一些更加深思熟虑的建筑设计,建筑设计也更需要社会大众的参与。

因为建筑创作的个性化属性,一座座建筑更像许多明星建筑师的个人秀,建筑的社会属性被置于一旁。一方面,灾难来临时,建筑师引导着人们开展重建工作;另一方面,在没有任何建筑师的协助下,许多乡村地区的弱势群体也在自我改造生活环境,甚至创造出令人称赞的建筑。这不得不让我们思考建筑的基本意义与价值。

对乡村建筑技术体系和建造模式的探讨,很大程度映射出当下重视建筑设计伦理学的必要性。设计伦理学中蕴含着对人性的关怀和对生态的尊重,而本书所要探究的低技术可逆性的建筑,同样是对公众技术的关注,是对可循环及可持续资源的追求,是对建筑设计伦理的再现,对完善当下建筑行业的发展具有促进作用。

当代建筑的建造体系一直由专业人士设计并执行,这是一套封闭的系统,对使用者来说有很强的距离感。建筑师通常是指受过专业的教育及训练,以建筑设计为主要职业的人。他们在现代城市中扮演着无比崇高的角色,解决各种难题。令人不安的事实是,如今我们所有称之为建筑的建筑,几乎都是为世界上最富有的 1% 的人而设计建造的。一直以来我们之所以忽略这一点,是因为历史上因建筑造成的社会转型,都是那些 1% 的人代表了剩下的 99% 的人。所以我们可以反思一下这类情景,世界上最优秀的建筑师、设计师只能为那 1% 的人工作,这对于社会的公平与政治的民主都是一种莫大的阻碍。所以退一步说,未来的建筑师必须学会应对将客户从 1% 扩展到 100% 这一挑战。①

第六节　乡村建造的基本理念

基于上文乡村建设的设计伦理,可持续发展是乡村建设的基本理念,具体表现为低影响(low impact)、低技术(low-tech)、低成本(low cost)等特点。其中低技术是关键,它直接关系到对环境的影响及成本的高低,也影响到社会公众的参与程度。

一、低技术和低成本的理念

大多数人认为低技术就是落后的、被淘汰的过时技术,实则不是。低技术(low-tech)相比高技术(high-tech)来讲是成熟的技术,抑或指工业革命前的传统手工艺技术。詹姆斯·沃尔班克(James Wallbank)在《低技术宣言》(*Low-tech Manifesto*)中表示:"低技术是群众的技术。"低技术是能为公众

---

① 甘振坤,王珺.建造体系的民主化——以 WikiHouse 为例[C]//全国高校建筑学学科专业指导委员会,建筑数字技术教学工作委员会,华中科技大学建筑与城市规划学院.数字建构文化——2015 年全国建筑院系建筑数字技术教学研讨会论文集.北京:中国建筑工业出版社,2015.

服务并可以为公众熟练操作的技术。古代中国有"鱼—桑—田"生态耕作养殖的传统,这就是基于低技术进行系统利用而形成自给自足的生活模式①。

高技术是社会发展的必然产物。低技术是一种易操作、成本低、目标易实现和基本没有风险隐患的技术,相反的高技术就是操作难度大、成本较为高昂、伴随着高风险和隐患的技术。从技术层面上看,高技术发展的前提必然离不开完整、健全的经济基础和稳定的法制环境,再加上技术从成熟到普及又需要经历很长时间,所以对于发展中国家或是经济落后的地区而言,高技术的发展前期需要完善的社会基础设施,且并非能使其经济得到增长或是解决环境民生问题。相对的,成熟的低技术更能因地制宜地为当地发展助力②。

某种程度上,低技术与高情感(high-touch)有着紧密联系,低技术在实践过程与时间流动中,更能让人们产生对于人文、自然、历史、文化的体验和感知。相比高技术,低技术具有以下特征。

①相对稳定性。低技术是从古至今延续的一种传统工艺,具有相对的技术稳定性,且与日常生活的文化习俗有着紧密的联系。

②与日常生活紧密关联。低技术依靠手工艺或简单的器械即可实现,体现出一种感性的制作特质。

正如印度诗人泰戈尔所说:"完全按照逻辑方式进行的思维,就好像一把两面都是利刃而没有把柄的钢刀,会割伤使用者的手。"③低技术与高技术不是对立的,没有绝对的低技术,也没有绝对的高技术。强调低技术的方式并不是完全排除高技术,而回到古代传统的手工作坊。低技术是一种过程手段,不是最终目的。低技术的理念是着眼于更大范围地迎合公众的生活诉求,达到更高水准的人文社会与生态自然的协调发展。

今天的低技术可以借助很多高技术,比如用互联网采购建材和工具等。昨天的高技术和产品已成为今天的低技术,高技术与低技术也相互促进,所以低技术并非只是传统的、一成不变的技术,而是紧紧跟随着高技术的步

① 何人可,唐啸,黄晶慧.基于低技术的可持续设计[J].装饰,2009(8):26-29.
② 吴珊珊.阿卡汗奖与中国建筑传媒奖及其作品解读[D].武汉:华中科技大学,2012.
③ 门罗.走向科学的美学[M].北京:中国文联出版社,1985.

调。只是低技术会牺牲掉部分时效性,以低成本、低能耗的操作手段服务于更多的民众。① 低技术一般意味着低成本,但随着人工成本的增加,或随着建筑产业水平的提升,有些高技术也将变成低成本的技术手段,因而需要辩证和动态地分析低技术。国内对于低技术的建筑策略研究要多于实践②。

建造成本是村民自建考虑的最主要的问题之一,现阶段普遍采用的建造技术并非适合所有地区,单纯选用混凝土结构和一些围护材料,会导致建筑的造价增加 20% 左右,可见现阶段选择乡村自建建筑建造模式的重要性。③ 还有过去协力造屋的机制如不再使用,也会增加很多的人工成本。低技术的建筑材料易于获得、成本低且建造简单,这些特点使得低技术经常被用于为低收入者建造住宅和建造公益性质的建筑。在一些受灾地区,创新运用低技术的策略能快速为广大灾民建造临时居所。低技术常被称作"大众的技术",而采用低技术建造的建筑与一般意义的建筑相比,耐久性有明显的差距,但创新应用低技术,能使一般建筑补足自身的短板。低技术设计伦理价值中的以人为本,在很大程度上纠正了公众对低技术策略的态度与认知。低技术策略的出发点是公众,落脚点也是公众,体现着公众对生活的热爱与诚恳。同时在呼应可持续发展的理念中,低技术也有着对资源依赖最少、对地球干预最小的现实意义。

二、低影响与可逆循环的理念

与中国大量快速建设相对的是中国的"大拆"。中国建筑科学研究院有

---

① 科尔曼.生态政治:建设一个绿色社会[M].上海:上海译文出版社,2006.

② 如 2008 年李雪峰发表的《低技术策略下的可持续性建筑设计研究》指出,作为消耗大量资源的建筑业,如何在有限的资源下,运用低技术可持续地建造;2009 年何人可、唐啸、黄晶慧发表的《基于低技术的可持续设计》指出,低技术具有成熟、易操作与独有的地域特征,易于因地制宜地为地方服务;2009 年徐恒醇发表的《设计优游于高技术与低技术之间》指出,在高、低技术之间,设计的抉择应依据既要注重效率,也要以人为本,有利于人的全面发展;2016 年,中信建筑设计研究总院有限公司的建筑师石璇发表的《低技术策略在现代建筑中的应用和研究》通过建筑的低技术策略实践研究,总结生态低技术策略在传统建筑中的应用表现,探讨在现代建筑实践中低技术策略的方法、核心及内涵。

③ 郝际平,孙晓岭,薛强,等.绿色装配式钢结构建筑体系研究与应用[J].工程力学,2017,34(1):1-13.

限公司 2014 年发布的《建筑拆除管理政策研究》报告指出，"十一五"期间，中国共有 46 亿平方米建筑被拆除，其中 20 亿平方米建筑在拆除时寿命小于 40 年，以此推算，"十二五"期间每年过早拆除建筑面积将达到 4.6 亿平方米，有媒体粗略估计，如果按照每平方米拆除费用 1000 元人民币计算，每年建筑过早拆除要花费 4600 亿元人民币。

要实现绿色生态及对环境的低影响，其中一种策略就是可逆循环。可逆性建筑源起于试验新住宅。例如荷兰由于住宅紧缺，从而对集合住宅的研究比较深入；丹麦是世界上第一个将模数法制化的国家，该国广泛推广建筑工业化；美国在住宅建设上并没有采用大规模预制构件装配式建设的方式，而是以低层木结构装配式住宅为主，注重住宅的舒适性、多样化、个性化；日本则在极小的建筑空间中，将最大限度地提高使用效率发挥到了极致。

西方国家在低影响、低能耗建筑方面所做的探索要比中国早很多。例如，2002 年，英国第一个零能源发展居住区 BedZED（Beddington Zero-Energy Development）村已经落成；2010 年，上海世博会德国汉堡之家是城市最佳实践区的一个亮点。建造成本则依不同的技术与材料而定。例如，被动房在德国的造价只比普通建筑平均高 5%～10%。在技术方面，许多技术在国内仍然难以普及运用，尤其在不太富裕的乡村。

可逆性建筑设计（reversible building design）来源于 BAMB（建筑材料库，Building as Material Banks）机构所研发的建筑设计策略。BAMB 致力于创造可循环的方案，使建筑行业实现系统性转变。这个机构是根据欧盟委员会的"地平线 2020"计划而设立的。"地平线 2020"计划致力于在欧洲推动可持续发展，创造一个可以平稳增长的经济体制，是欧盟有史以来规模最大的研发创新计划，主要研究国际前沿和具有竞争性的科技难题。

BAMB 提出通过可逆性设计来增加建筑材料的自身价值，动态和灵活的设计可以使建筑材料纳入一个循环的建造中，以有效减少建筑废弃物和更少地依赖自然资源。BAMB 指出，建筑中的每一块砖、夹板、木头和玻璃都有其本身的价值。但是今天的建造模式使它们的价值被忽视，作用不能最大化。BAMA 的目的是保持这些材料的真正价值，实现一个可循环的建

筑产业。BAMB 拥有来自欧洲 8 个国家的 15 个合作伙伴①。

BAMA 对可逆性建筑设计的研究是深入和具体的,从源头到循环,从建材到模式涉及 6 个板块:①材料护照(materials passports);②可逆性建筑设计(reversible building design);③数据管理(data management);④循环建筑产业模式(circular building business models);⑤政策和规范(polices and standards);⑥案例研究(case studies and pilots)。

由于 BAMB 循环的建造模式涉及复杂的科研系统和管理模式,对目前和一段时间内中国乡村适宜的低技术、可逆性的设计不太适用,所以本书所涉及的主要是 BAMB 对于可逆性建筑设计和案例研究等营建方面的阐述,对于其他 4 种更深层次实现循环建筑经济模式的策略,期待未来能在中国逐步推行。

国内对于可逆性建筑的学术研究多集中在遗产建筑的保护范畴中②。"可逆性"是文物遗产保护重要的原则之一,虽不是本书提到的"可逆性"的学术来源,但与本书要探讨的可逆性建筑存在共通之处。如对文物的保护修复应该是可逆的,是一种敬畏和谦逊的态度,是对历史、现状的尊重,也是对文物本体最小化的干预。这里探讨的"可逆性"也是对环境、基地的尊重和最小干预,是循环的、可再利用的、可持续的。

---

① 　BAMB 来自欧洲的 15 个合作伙伴分别是:Brussels Environment,Environmental Protection Encouragement Agency (EPEA),Vrije Universiteit Brussels (VUB),Flemish Institute for Technological Research (VITO),Building Research Establishment (BRE),Zuyd University,IBM Netherlands,Sunda Hus i Linköping AB,Ronneby Municipality,Technical University of Munich,University of Twente,University of Minho,Sarajevo Green Design Foundation,Drees & Sommer,BAM Construct UK。

② 　国内关于可逆性建筑的研究为数不多。2015 年颜宏亮、罗迪出版的《可拆卸式建筑探讨》一书,围绕可拆卸式移动建筑的特点和案例进行分析,书中提到在建筑立项设计之初,就应该考虑到更多建筑的标准化和灵活性,以及拆卸与构建的可再利用性;2015 年彭泽在《基于快速建造下的临时性建筑设计方法研究》一文中总结了纸材建筑可逆的连接方式;2015 年笔者等在《低技可逆性建造实验——以谦益农场活动中心为例》一文中,记录了项目中可逆性的设计过程与建造策略。相比之下,国外对于可逆性建筑的研究广泛而深刻。欧盟为了能使建筑材料循环利用,实现经济的可持续发展,在其"地平线 2020"计划中建立了两个建筑资源循环利用的研究机构:一个是 HISER,另一个是 BAMB。两个机构都进行了关于可逆性建筑设计的探讨。

（一）可逆性建筑的特点

传统建筑的翻新、维修与拆卸会产生大量的建筑垃圾，而这些建筑垃圾回收起来需要付出高昂的代价。如若建筑以不适应这种变化的方式去设计建造，那么依然会造成大量的浪费和对自然资源的依赖。可逆性建筑设计策略使得建筑材料、产品和零部件能有效地修复、回收、再利用，并能根据需求的改变而作出相应调整，强调组成建筑的各个构件可以回到其最初的状态(图 3-12)。建筑的地板、窗户、电线、内墙等各属于不同的可逆性层次，可以在不损坏建筑其他部分的情况下重复利用、拆卸和更换。BAMB 机构已经研发了多种设计方法和工具促使可逆性建筑设计的实现。

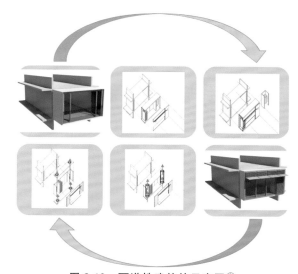

图 3-12　可逆性建筑的示意图①

（二）可逆性建筑设计的目的

设计需要保证循环价值链，可逆建筑设计不是为拆卸和变成废物而设计的，而是要让建筑有能力将建造过程和建筑结构反向还原到最初的元素集合，并重新配置它们以满足新的需求。可逆性建筑设计具有以下作用。

---

① 图片来源：http://www.bamb2020.eu/blog/2016/06/17/summary-symposium-reversible-building-design/。

①创造灵活和可转换、易于维修和更新的建筑,同时产生较少的资源浪费。

②有价值的材料容易获得,使得建筑的功能类似银行一样储存各种建筑材料。

③致力于资源的有效维护、维修,同时保证在使用空间和系统方面的灵活性。

④当使用可循环的材料、产品和部件时,可逆性建筑可以消除浪费并建立一个可循环的建筑行业。

众所周知,我国建筑行业在繁荣发展的同时也造成了巨大的自然资源的浪费,并且处于贫困地区的人们较少享受到建筑技术进步带来的红利。在此背景下,可逆循环的理念将目光转向低技术可逆性的建筑,试图为今后的建筑发展提供一条不同的营建策略。低技术(low-tech)代表最广大民众的技术,可逆性(reversible)则意味着建筑的结构节点灵活连接。低技术可逆性的建筑意味着在不借助复杂设备的前提下能使建筑轻巧地搭建和拆卸,追求建筑材料的可循环利用,以期达到对环境的最小干预。低技术可逆性是面向公众的可持续发展的一种建筑设计策略。

国内对低技术可逆性建筑的研究多以临时性建筑为主,与本书观点不尽相同。国外对于有关低技术可逆性建筑的直接学术研究相对较少,其可逆性多以高技术的形式存在,可作为可逆性建筑的重要参考。设计师探讨更多的是关于用户体验和保护自然资源设计伦理的内容,这也是低技术可逆性建筑的重要设计原则和出发点。

当前,国内低技术可逆性的建筑应用比较滞后,仅有少量建筑师设计的建筑作品在国内问世,低技术可逆性的建筑多是一种活动板房式的临时性建筑,见于建筑工地;或是一些特色酒店、度假村、公园小品等简陋的临时性设施。整体来看,低技术的建筑有些过于简陋,且能体现可逆性设计理念的建筑尚少,但探索渐成勃发之势。如荷兰建筑师何新城(Neville Mars)在武汉设计的移动图书馆;建筑师李兴钢 2015 年采用廉价的脚手架结构在南京建造的"瞬时桃花源",演绎了中国古典园林中的亭、塔、廊、阁;2016 年,建筑师刘珩在北京大半截胡同使用脚手架结构和麻绳搭建的临时时装秀舞台,探讨了建筑的"开放"意义；香港中文大学的朱竞翔老师研发推行的轻型结构系统，如四川"5·12汶川地震"灾区剑阁县下寺村新芽小学项目、云南大理陈碧霞美水小学新芽教学楼项目和童趣园产品等。朱竞翔老师除了探索实践轻型结构系统外，还在《轻量建筑系统的多种可能》《轻型建筑系统的实验及其学术形式》等文章中公开了其2009年开始开发的四种轻型结构系统（包括新芽系统、箱式系统、板式系统、框式系统）和它们的特性，并且探讨了这些轻型结构系统在乡村等偏远落后地区和灾区中的应用，这些都是低技术可逆性建筑探索的重要案例。

国内对低技术可逆性建筑的应用与探索不足或许是因为当下中国飞速发展的建筑业让建筑师们无暇去研究低技术可逆性建筑及其潜质，再者，可能是人们对低技术可逆性建筑的不了解和不认可。目前人们见到的此类建筑多用于一些小型游乐设施和临时装置，它们只具有观赏性而不具备居住性，因而人们普遍对低技术可逆性建筑形成了不长久、不耐用，甚至廉价的印象。

低技术可逆性建筑亦关注人文与自然，在为公众谋福祉的同时，也在尝试探索出能减轻自然资源压力的设计策略。许多建筑师以人道主义援助为出发点，不仅将目光关注到建造本身，更是多以社会的需求作为设计实践的导向，不断深入探索采用什么样的建造策略建造的房屋才能让贫困的人们都能住得起、用得上。基于此出发点，他们对低技术可逆性的建构逻辑进行了深入的研究且极具创新性。H&P建筑事务所对传统的竹子的创新利用为难民提供了搭建十分便利的竹屋的材料，他们的低技术可逆性建筑为世人带来了不一样的建筑体验。面对种种社会问题时，低技术可逆性的策略表现出了丰富多彩的可能性。

三、开放建筑理论

开放建筑理论主要是针对建筑的开放性和灵活性。开放建筑虽然是在大工业化背景下建造过程的标准化和理性化，但因为其结构骨架与填充体分属公共部分和私人部分，具有公众可参与但设计上"模数化体系"又兼具传统民居的特点，即"原型＋变体"的方式具有某种内在的一致性，因而可以

尝试将其作为乡村建设的一种理念进行探索,尤其是针对未来乡村的建设[①]。

(一)开放建筑基本的理论与发展

开放建筑理论最初起源于 20 世纪 60 年代的荷兰。第二次世界大战后,西方世界为应对战后住宅需求量剧增的问题,开始广泛推行住宅标准化策略,以推动大规模的住宅建设。这种做法在大大增加住宅建设量的同时,带来了千篇一律的住宅风格和刻板的城市景观,也影响了居民的生活方式。统一、标准的住宅设计反映了简单、单一的居住方式,无法满足不同社会阶层人群的需求,必然引发许多社会问题。在这种背景下,为了寻求化解标准化和多样化矛盾的办法,荷兰建筑师约翰·哈布瑞肯教授在 1961 年出版了《骨架——大量性住宅的新方法》一书,集中阐述了支撑体住宅的理论,并且在 1965 年 12 月的荷兰建筑协会会议上首次提出了将住宅的设计与建造分为骨架(support)与可分开的构件(detachable unit)两个范畴的设想,这两个范畴的设想奠定了开放建筑理论的基础。

开放建筑理论在我国也被称为支撑体理论或 SAR 理论[②]。1964 年 9 月,由九位荷兰建筑师和一位荷兰建筑协会代表组成了一个建筑研究基金会(SAR)[③]来探讨大众住宅的设计与建造问题,SAR 聘请约翰·哈布瑞肯为研究主持人,从事支撑体与填充体的研究以及开放建筑设计思想的应用。SAR 认为,"造成西方社会战后住宅设计和城市面貌单调的根本症结并不是运用工业化,而是在利用工业化进行住宅建设的过程中丢掉了居民积极参与和选择决定的权利"[④]。在这里,SAR 强调了"决定权"的范围和意义,即支撑体设计的决定权在建筑师,而填充体设计的决定权在居住者,正是在两者的共同参与和操作下,产生了开放建筑这一全新的设计思想和理念。

---

① 　唐颖.基于"开放建筑"理论的赣中地区农村住宅设计研究[D].武汉:华中科技大学,2011.

② 　范悦,程勇.可持续开放住宅的过去和现在[J].建筑师,2008(6):90-94.

③ 　SAR 全称是 Stichting Architecten Research。"Stichting"是荷兰法律规定的一种协会组织形式,这种协会是为了实现某一共同目的而建立的。它的活动由一个委员会主持,委员会有权委任或增选新成员。其他参加协会的人员作为捐献者或支持者参与,没有选举的权利。英文中常译作基金会。

④ 　张守仪.SAR 的理论和方法[J].建筑学报,1981(6):1-10.

随着时代的发展,关于开放建筑理论的研究也在不断地深入。从 20 世纪 70 年代后期开始,SAR 理论通过开放建筑期刊(Open Building International,OHI)、开放建筑基金会等杂志和组织广泛传播,影响并推动着许多国家的住宅建设。20 世纪 90 年代以后,随着工业化技术的成熟与发展,从事开放建筑理论研究的学者们开始了对支持新型开放建筑的要素技术和填充体部品体系的研究,在此期间,日本研发出百年住宅体系(Century Housing System,CHS)和国家统筹试验性住宅计划(Kodan Experimental Housing Project,KEHP)两个结构体系,进一步推动了开放建筑的科技化和工业化发展[①]。进入 21 世纪,人类生存的环境愈发恶劣,各国都开始关注生态的可持续发展并重视建筑资源的循环利用。作为开放建筑要素之一的填充体,可以分类拆除并且再生利用,这一特性对开放建筑理论的推广和发展起到了有力的推动作用。

支撑体和填充体是构成开放建筑理论的两个重要组成部分(图 3-13)。支撑体是指房屋的骨架部分,也就是固定并隶属于公众的部分,例如梁、板、楼电梯等;填充体指可能产生变动及属于使用者的元素,如隔墙、家具等。支撑体是属于群体共同决定的实体部分,相对稳定、耐久;填充体则是属于个人所掌握的空间领域,相对灵活、多变。[②] 这个定义基本上把支撑体和填充

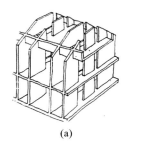
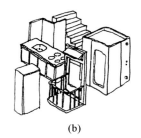

(a)　　　　　　　　　　　　(b)

图 3-13　支撑体与填充体[③]

(a)支撑体;(b)填充体(可变体)

---

①　范悦,程勇.可持续开放住宅的过去和现在[J].建筑师,2008(6):90-94.

②　约翰·哈布瑞肯.变化——大众住宅的系统设计[M].王明蘅,译.台湾:台湾省住宅及都市发展局,1989.

③　贾倍思.长效住宅——现代建宅新思维[M].南京:东南大学出版社,1993.

体划分为公共结构和私人所有结构两种层次，我们可以根据结构框架和填充组件的区别来初步感性地认识它们，但是它们之间更多体现的是控制与决定权限的划分，是根据谁在设计中做出决定的差异来定义的。一般而言，建筑的支撑体部分是由建筑师等专业人员来设计，通过施工人员来建造；而填充体部分则可由使用者根据个人喜好、生活方式和经济能力自行布置和决定。

开放建筑采用支撑体与填充体分离的方法进行设计和建造，其建造过程大致分为三个阶段（图 3-14）：第一阶段是由建筑师等专业人员通过调查和与业主进行沟通，设计出"以不变应万变"的支撑体，由专业的建筑公司施

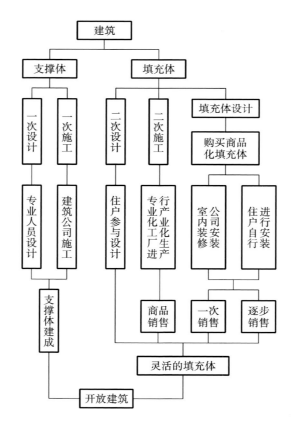

图 3-14　开放建筑设计和建造的三个阶段

工建造；第二阶段是由使用者自行决定和选用填充体构件，填充体部分可由专门化的工厂进行商品化生产；第三阶段则是由使用者在建筑师的协助下，把填充体按照可行的原则放置于支撑体中，形成最终的开放建筑，最后的安装工作可由使用者自己或者委托其他社会劳动组织部门来完成。

支撑体和填充体体现的是两种不同的营建方式和形态。二者可以独立发展，但前提是支撑体的设计应当能包容所有可能的变化，即所有填充体的放置；而填充体的设置也必须能适应每个支撑体，这样才可以使开放建筑更加灵活地适应变化。因此，支撑体和填充体既分离，又相互关联。它们之间利用"模数语言"和"接口构件"相互协调整合，形成高度灵活和可持续发展的开放建筑，以适应家庭结构、生活方式和生产力水平等的变化发展。

（二）开放建筑的设计："模数化体系"与"使用者参与"

1."模数化体系"——一种有用的交流及协调的手段

开放建筑最初是在住宅工业化大生产的背景下发展起来的，因此，为了满足这种工业化生产的需求，必须引入一套行之有效的模数体系（图 3-15）。

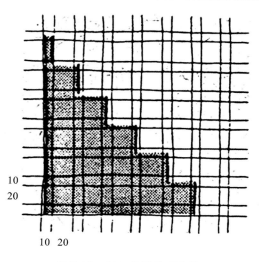

10
20

10 20

图 3-15 SAR 的模数网格①

---

① 约翰·哈布瑞肯.变化——大众住宅的系统设计［M］.王明蘅，译.台湾：台湾省住宅及都市发展局，1989.

同时,为了便于将填充体安装于支撑体中,使二者协调适应,也需要有一套便于配置的模数体系,以使构件的位置和尺寸表达清楚。SAR 理论把模数关系看作一种有用的交流及协调的手段,它采用由 10 cm 和 20 cm 两种窄、宽尺寸组成的模数网格。这种网格规定墙、柱等部分应当布置在窄的网格内,以便在知道构件精确尺寸以前就能决定它的一般位置,并能知道其大小范围①。将模数体系引入建筑设计是推动建筑全面工业化的有效手段,有利于促进建筑产业的标准化、装配化和体系化,并有助于实现建筑的灵活可变和永续发展。

在进行开放建筑的设计时,必须将模数体系和建筑的接口技术结合起来考虑,利用二者来协调支撑体和填充体之间的关系,使房屋的骨架和各构配件、材料以及设备等之间达成良好的配合,以增强建筑的通用性和兼容性。为了实现开放建筑的开放性,较为行之有效的途径是建立一个模块化的体系,使建筑各部件能以此为基础,形成一个开放的新体系——以若干标准节点为核心,放松节点与节点之间的约束与限制,有别于"模数化"过分强调节点间的统一而导致内向封闭,这样就能充分发挥各构件生产厂家各自的优势,同时也满足了各类使用者不同的消费需求,真正实现以人为本的目标。②

2. "使用者参与"——使用者参与设计和决策

日本的新陈代谢派认为,建筑就像有机生命体一样,处于不断的生长变化中。这种观点强调了建筑过程的连续性和发展性,这种发展与建筑活动的主体——人是分不开的。开放建筑的开放性同样体现在人和建筑过程的关系中。人的活动是主动的,建筑过程的发展是被动的,正是人的活动使建筑过程一步步走向发展与成熟。③ 人的活动是建筑过程的内在推动力,推动建筑过程不断向前发展,使其迸发出勃勃生机。

开放的建筑过程提倡在设计过程中对包括设计师、使用者以及其他相关人士开放,鼓励使用者加入设计和决策中来。它体现的不仅仅是"以人为

① 鲍家声.支撑体住宅[M].南京:江苏科学技术出版社,1998.
② 吴巍.计算机技术与装配化住宅[J].住宅科技,2000(6):19-26.
③ 吴锦绣.建筑过程的开放化研究[D].南京:东南大学,2000.

本"，还有"与人为本"。开放的设计过程是"设计—评估—反馈—再设计—成果—反馈—再设计……"的过程。当然，在开放的建筑过程中，有关各方的作用和参与范围在不同的阶段是不一样的，表3-2反映的便是在不同的设计步骤中，不同参与者扮演的不同角色。

表3-2　设计过程中各步骤的参与者及作用[①]

设计进程步骤	参与者			
	公众	建筑师	政府	业主
问题和要求的确定	X	O	X	X
设计目标的制定	X	O		X
数据及资料的收集和分析	O	X		
设计主题和标准的划定		X		X
几个可能方案的制定		X		
优选和评估方案	X	O	X	X
进行深入设计		X		
协商和修订	X	O		X
贯彻完成设计		X	O	O
实施和反馈	X	X	X	X

注："X"代表主要角色，"O"代表协助或支持角色。

　　提倡使用者参与设计和决策是开放建筑理论产生的出发点，是在建筑工业化生产背景下解决标准化和多样化矛盾的有效途径。正是通过鼓励使用者参与建筑设计，建筑充满了个性和特色，在利用工业化技术生产的同时，依然能满足不同阶层、以不同方式生活的使用者的需求，从而促进人和环境的协调发展。

（三）开放建筑的"生产"建造和特点

1. 积极利用工业化生产方式

　　与工业化大生产的结合是开放建筑的基本特征之一，也是其实现迅速发展的有利条件。通过推行工业化和标准化的生产模式，可以快速有效地

　　①　吴锦绣.建筑过程的开放化研究[D].南京：东南大学,2000.

进行建筑的批量生产,加快建设速度,提高施工效率。工业化并不是造成某些住宅建筑千篇一律的元凶,相反,通过这种产业化的生产方式,可以有效地开发利用土地资源,走向集约化设计,保持建筑产业的健康活力以及与其他产业的协调发展。

2. 持久耐用的支撑体和灵活可变的室内空间

支撑体是开放建筑设计体系的灵魂和核心内容,它构成了开放建筑的主体框架,是实现其灵活可变性的物质载体。因此,支撑体部分的设计直接决定了开放建筑的使用周期和空间可变度。支撑体部分是由建筑师等专业人员进行设计和施工的,设计师根据使用者的需求确定支撑体的基本布局,将建筑中相对固定的部分,比如承重结构、外围护墙、设备等设计出来,其余的部分则由使用者根据自身需要来自由安排。对于建设项目的开发商而言,支撑体的设计和建设模式可以节省一次性投资,加快资金的回笼速度,并且减少投资风险,缩短开发周期。

开放建筑灵活可变的室内空间是通过填充体部分来实现的,使用者可以在"骨架"内根据自己的需要和喜好进行进一步设计。对于开放住宅而言,室内隔墙、设备管线、户内装修等都属于由住户控制和决定的部分。通过合理配置填充体,可以提高建筑的可变性和可替换性,以及对生活方式变化的适应性,实现建筑长期使用的可能性。

3. 适应性强,符合可持续发展的思想

开放建筑对环境的适应性好,符合可持续发展的设计理念,满足节约型和循环型社会对建筑耐久性的需求。由于开放建筑采用支撑体和填充体分离的建造方式,使用者可以在支撑体不变的情况下,随着社会变迁、环境变化以及个人生活方式和家庭结构的变化来改变填充体,而不需要推倒旧建筑,重新建造新建筑来应对这种改变。开放建筑可以通过填充体的改变来有效延长使用寿命,达到节约资源和可持续发展的目标。

四、建筑的永久性与临时性

过去对建筑的理解都是追求建筑的永久性或是纪念性,对临时建筑多是不屑甚至鄙夷的,事实上临时建筑具有重要意义,甚至能够如同伦敦的蛇形画廊那样绽放出绚烂的色彩和美好的生命力。

临时建筑是指在一定时间内临时存在的建筑物、构筑物和其他设施,因为必须限期拆除,所以结构简易,材料相对简陋,有时也包括因工程需要而使用钢、钢筋混凝土、砖、木、石等其他耐久性材料,但必须限期拆除(两年内)的构筑物和其他设施。随着人们工作、生活节奏的加快和使用需求变化速度的加快,出现越来越多临时性的建筑物、构筑物和设施。有时出于对全生命使用周期的考虑,过去很多永久性的建筑也改作临时性的建筑来设计建造,比如大型运动会的体育场馆,大型展览、交易会部分场馆等临时性展示用房等。临时建筑建设前也须经规划、国土、建设等部门批准。

人们对于临时建筑的认知和观念都在发生改变,出现所谓高标准临时建筑,虽然在国内是相对较新的事物,但在国外已经有成熟、详细的法律及法规对其进行管理,而且临时建筑和永久建筑的界限有逐步模糊的趋势。判定某一建筑物是永久建筑还是临时建筑,应从法律时效与建筑形态两个方面去衡量。一是在法律时效上,两者之间的根本性区别在于该建筑物的法定存续期限。从我国现行建设法规对建筑物时限的规定来看,临时建筑的使用年限不超出两年[①],若审批的使用年限超出两年即可视为永久建筑。二是在建筑形态上,对建设永久建筑在建筑形态上具有强制性规范标准,并且必须使用符合工程质量要求的耐久性材料(钢、混凝土、砖、木等)。

临时建筑的主体结构等级最低,一般用非耐用物料或便于拆卸再利用的材料建造,例如,框架为轻质钢骨架,围护墙采用双层水泥纤维板,地板为塑料格、建筑模板等。临时建筑在组织结构形式上可以整体移动或拆卸再组装,不采用深入地下的基础。临时建筑采用拆装式结构,要求达到利用次数多、装拆快、损耗少、经济指标低的目的。结构的几何形状力求简单,对各种临时建筑,平面和断面最好选择统一模数,以尽可能减少构件的种类,可

---

① 按照《中华人民共和国城乡规划法》第 44 条规定:临时建设和临时用地规划管理的具体办法由省、自治区、直辖市人民政府制定。如湖北省等地方的城乡规划条例规定:"临时性建筑使用年限不得超出二年,并应当在批准的使用期限内自行拆除。"相关的土地管理法和实施办法规定,临时建(构)筑物不予确权发证,不得改变使用性质,因特殊原因需延长使用的,建设单位应在期满前申请延期,且延期申请只能一次。已超过两年期限而未获准延期,那么它在性质上属于违法建筑。

采用积木原理,组装成不同跨度、不同面积、不同用途的建筑物。[1]

在云南临沧的邦东乡(盛产昔归古树茶),全村因为生产(制茶)的需要,在自建房的基础上利用轻型结构和阳光瓦,或堆叠、或附加、或改造,形成功能明确、体块丰富的新型民居,在新的历史时期验证了传统民居的定义。因为这种方式的广泛应用,有的临街民宅甚至用阳光瓦和方钢管来封阳台或作为廊道的外墙,用来遮挡灰尘,同时也能保证采光。这反映了在建筑材料和建造工艺的产业化背景下,现代民居要靠经济导向来塑造地域性特征。这也是对我们常见的阳光瓦和方钢管等临时建筑材料物性的极好诠释(图3-16)。而这些新民居呈现出某些临时建筑的特点,或者说兼具永居和临建的特点。

图 3-16　云南临沧邦东乡的制茶"新民居"

除了生活性的住宅、乡村集市、临时展场、度假小屋越来越多地具有临时建筑的特点,农村的生产性设施其实更具临时建筑的特点。我国曾在不同年代专门就农村的生产大棚设计进行过图纸审查和技术推广[2],除了农业生物环境工程学方面的研究,还在结构、棚形、锚固节点方面加强研究和建设指导,对大棚的高度、拱顶曲率、拱形曲线在棚肩的过渡、吊柱的上端高

---

① 万桐章.承插式的钢结构临时建筑[J].冶金建筑,1964(7):19-22.

② 佚名.改进塑料大棚设计满足蔬菜生产需要——农业部召开蔬菜塑料大棚设计图纸审查会[J].农业工程,1980(2).

度、压线锚固和棚端锚固的方式、通风时的气流路线等提出了指导图样,加强了大棚的整体性和结构的稳定性,做到符合当时社队自己建造的条件,既有足够的抗风雪荷载能力,又节省材料,并且有较好的通风、保温性能。

相对永久式的生产大棚,装配式轻钢结构在我国的科技农业产业园和大型的农业生产基地已经遍地开花,普通装配式钢管棚具有极好的经济性,也在广大农村广泛使用。生产大棚呈现出另一种乡村工业的美感,从某种意义上讲,其比乡村住宅的装配化程度要高很多。一般的更简易的生产大棚既体现出装配式的特点,也体现出临时建筑的特点,有时还体现出农民在低成本、低技术以及材料回收利用方面的智慧(图 3-17)。

图 3-17　常见的采用装配式轻钢结构的生产大棚

此外,新一代信息技术在农业大棚的建设和生产上进行了比较广泛的应用,并发挥重要作用,如监控、温控、光伏等新型农业大棚智能系统。除了传统的自然农耕以外,很多农业生产技术手段的运用比生活住宅更为普遍。

(一)永久建筑——开放装配式建筑的尝试

乡村的永居性,要求老百姓的住宅要坚固耐用,采用过去的结构体系或者钢筋混凝土结构和相应的材料建造可能更符合乡亲们的想法。虽然装配式住宅已经在乡村开始建设试行,但很多村民认为砖石混凝土建筑更扎实、更坚固。另外,村民对房屋的保养、维修和耐久性等问题也有不同于专业人员的想法。在乡亲们接受装配式住宅之前,可以在乡村的小型公共建筑上试行装配式。乡村的公共建筑虽然数量不多,但其不论是对空间形态还是对具体的社会生活都起到重要作用,之所以在乡村小型公共建筑上进行装配式探索,是因为这样能够起到示范带头作用,同时装配式建筑的建造成本透明可控。

开放式建筑及其装配是一种具有竞争力的新模式。这种体系同时具有现代体系的成本优势和传统体系的地域文化价值,能为解决乡村建筑存在的问题提供新思路。这种"体系"实际上是开放式策略和装配式策略的综合,通过开放式策略允许更多情况下的装配式策略。

开放装配式建筑的应用体现在建筑的全生命周期。开放装配式建筑及其技术主要是由建造模式和建筑体两部分组成。其中建造模式包括设计研发、加工制造以及施工组织三个建造环节,而建筑体包括主体结构和围护结构两个部分。开放装配式建筑以一个具有较低成本,且可简易设计、生产、运输、装配的承重"骨骼"为核心,再通过具有同样特性的"皮肤"包裹而形成,其设计、生产和建造甚至后期维护均以村民为主体,建筑师和制造商只起辅助作用,如图 3-18 所示。

设计研发、加工制造以及施工组织三个建造环节都采用开放装配式策略并进行简化,让建房屋这种本来需要较高技术的工作变得简便易行,使得村民可以参与到建筑的全生命周期中,从而变成乡村的一种生产方式。村民可以出售自己的劳动力,提供有偿(或无偿)的建造服务,形成新型的产业并改善乡村社会结构。最终活化乡村的劳动力,遏止乡村劳动力的大量流

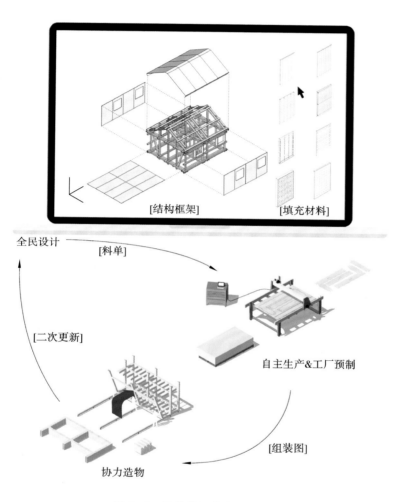

图 3-18　开放装配式建筑示意图

出,促进村民自发性地参与乡村建设,促进乡村产业经济的良性发展。

　　开放装配式策略具有适应性,可以很好地满足不同的建造情况。不同时代的乡村,其城乡关系和发展程度都不一样,从而产生了适应于各自时代背景的技术、工艺和材料,设计方式、建材制造和施工方式也都相应发生了变化。不同的建造模式有其当下的优势,而对于当代乡村来说,开放的架构应该是既能适应新的技术和材料功法,也能兼容传统的材料工厂和地方性的做法,真正寻求的正是一种既经济好用又能保有传统的乡土地域性建筑。有如计算机的接口,在性能提升和技术更新的情况下,能够向下一代兼容。

开放装配式策略,可以保证房屋主体结构的工业化程度,因为流水线生产方式能满足大的需求量、降低成本和保持产品质量的稳定性;可以通过工业化不断研发改善材料性能和施工技术;还可以通过具有地域性原型研究的主体结构来从整体上把控房屋风貌等审美取向。同时开放更多类型的围护材料来支撑开放装配式主体结构,乡土材料、工业材料、高技术材料甚至废弃材料,都可以运用到该建筑体系中,使其满足不同的实际建造情况。并且可以让村民参与到设计研发、加工制造以及施工组织三个建造环节中,减少人力成本和部分运输成本,使得居住品质提升的同时还能降低成本,并且延续了传统的地域文化。

(二)临时建筑——低技术可逆性策略

因为农民进城以及节假日返乡等,乡村的人口流动呈现出钟摆效应,都市乡村体验旅游也呈现出淡季和旺季的差别,所以在乡村新的建设中,一方面要保证适应人流量的巨大变化,另一方面要保证在乡村劳作或留守人群生活环境的基本品质,很多公共性设施或服务性建筑应当改变过去传统的观念,临时建筑胜过永久建筑,这是基于全生命周期生态效应的考虑,也是基于成本的考虑。

低技术可逆性建筑在时间上没有限制,是一种结构满足可逆性再组装的建筑,可逆性建筑的特点是材料回收后能再次用于其他建筑的建造,更新其构件也可达到永久建筑标准。临时建筑与低技术可逆性建筑的关系:低技术可逆性建筑采用临时性、短暂性的建筑结构构件,意图达到建筑的永久性循环建造。

低技术可逆性的建造,回归建筑的基本营建理念:运用低技术与可逆性的策略回到建筑基本的问题,在满足使用需求的情况下,从廉价的材料入手,轻触大地,融入环境,以达到对环境的最小干预。低技术是民众的技术,其为贫困地区和灾区的营建提供更多的可能性,使建筑站在了民众的立场上;可逆性建筑可以循环利用、拆除复建,构件与构件的活性连接既可以使建筑满足使用需求,同时还可以进行变化更新(图 3-19)。

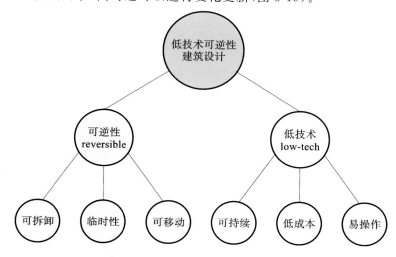

图 3-19　低技术可逆性建筑设计的特点

法国技术哲学家雅·艾鲁尔(Jacques Ellul)在《适用技术的政治学》等著作中,批判现代技术并期盼一种关注地方性的适宜技术(appropriate technology)。建筑大师诺曼·福斯特认为:"当我们决定采用某些技术时,乃根据地区条件来判定,而不论其先进与否。"《北京宪章》中这么写道:"从技术的复杂性来看,低技术、轻型技术、高技术各不相同,并且差别很大,因此每一个设计项目都必须选择适合的技术路线,寻求具体的整合途径;亦即要根据各地自身的建设条件,对多种技术加以综合利用、继承、改进和创新。"

建筑界在工业和科技进步的带领下朝着独特的造型和视觉冲击渐行渐远,业界繁荣的同时也距离建筑的基本属性越来越远。[1] 低技术可逆性的建造,使得设计师暂时摒弃科班教育所传授的许多规范和技巧,回归建筑的基本营建。[2]

① 谭刚毅,杨柳.竹材的建构[M].南京:东南大学出版社,2014.
② 南萧亭.回到建筑的原点[J].重庆建筑,2007(2):5.

第四章　技术路线与方法策略

第一节　模式语言与通用式设计

在持续数千年的农耕时代,乡村是中国基本的社会单元。我国是一个农业大国,历史上长期的农业社会留下大量的农业文化遗产①,反映了各个历史时期的农业生产方式和技术水平,应该在我国文化遗产构成中占有重要地位。广大农村保持着极其丰富的历史记忆、地域文脉以及各具特色的文化遗存,而且大量的无形文化遗产存在于农村地区,文化多样性生存与成长的土壤在农村更加肥沃。

乡土文化"滋润着广阔的村野大地,这是一种有自己独立的生命、品格和香气的文化。说是'一种'文化,其实又随民族、地区而变幻出千种风情,万种色彩","它的厚重、它的丰富,就是我们国家历史的长度和国土的宽度"。② 乡土建筑是自发或半自发形成的,因而受所处地域和创造者的影响较大,可能会随地域自然特点,创造者的民族、文化、性别的差异而发生很大的变化,这也决定了其具有多样性的特点。因此,传统乡土建筑文化不只通过单体建筑来表现,而且由维持和保存有典型特征的建筑群和村落,以及乡村景观和民俗民艺等生活情态完整性地呈现。如按照风水思想营造的传统村落,其周边的环境四方五营,与外界物质、信息、人口的交流与交换,村落内部空间组织、建筑特色、砖木石刻等装饰及室内陈设等,均能表现出传统乡土建筑文化。

---

① 如河北涉县旱作梯田系统、内蒙古自治区阿鲁科尔沁草原游牧系统、浙江杭州西湖龙井茶文化系统、浙江湖州桑基鱼塘系统、湖北羊楼洞砖茶文化系统、江汉平原及浙江等地的垸田水利排灌系统以及历史上建成的水利工程等遗迹。

② 刘杰,林蔚虹.乡土寿宁[M].北京:中华书局,2007.

"乡土"的自发性特点,使其"能够从一种个体行为变成一种集体无意识行为,并产生一种综合结果"。同时也是一种文化的积淀,"本来出于使用的实际目的,在长期的发展以后成为一种文化行为,成为一种约束性的、似乎非功用性、非自发的行为。但其本质仍然是功用的,是集体无意识的体现"①。这使得乡土建筑呈现出某种模式化和类型化的特点。

　　"模式语言"是克里斯托弗·亚历山大等在 1977 年出版的《建筑模式语言》中提出的,其构建理论与方法被各领域广泛运用。"模式语言"是既有经验的抽象与升华,将从个体优秀案例中汲取与积累的经验抽象为模式,构建语言体系,形成普遍化的设计概念,使设计如语言般,公众亦可以运用自如,并在使用当中创造出不同的变化形式。"模式有巨大的力量和足够的深度。它们有能力创造一个几乎无穷的变化,它们是如此的深入,如此的普遍,以至可以以成千上万种不同的方式结合"。

　　乡村呈现出的丰富性和多样性使得对其相关要素组合关系的探索变得既有意义,也具有可行性。乡村"模式语言"的传承更能体现乡村的内在,而不局限于外在的形式,所以在探索新的乡村建造模式时,可以引入"模式语言"的概念和方法。乡村建设指导手册将"模式语言"直观地展现出来,让村民能够直观地理解设计的过程,引导、启发村民参与到乡村建设当中来。因而在乡村的建设和改造中,可以调研当地乡村的特征要素、要素配置和空间组合方式,最终总结出不同的模式语言,针对不同环境的需求制定相应的指导手册。

　　当下乡村地区的设计需求量大面广,如果完全依靠建筑师逐一进行直接设计,既不符合乡村建设的传统,也不符合乡村建设的现实,并非最有效的解决方案。而"菜单式"的乡村建设指导手册,可以在面对大量具有普遍共性的设计需求时,为村民提供科学可行的建造指导,提供正确的价值观念与技术理念,同时提供具有普遍操作性的实施方案。在湖北省鄂州市梁子湖区涂家垴镇的规划与设计中,即采用了这种工作方式,通过编制鄂州市梁子湖区涂家垴镇的村域环境整治和民宅改造指导手册,指导该地区的乡村

　　①　俞孔坚,王志芳,黄国平.论乡土景观及其对现代景观设计的意义[J].华中建筑,2005(4):123-126.

建设(表 4-1、图 4-1)。

表 4-1　美丽乡村建设的形态要素与模式语言

【聚落—规划】篇	【居家—建筑】篇	【环境—景观】篇	
1.聚落布局形式 区域:自然山水田园、农业生产景观; 边界:寨墙、河渠、四方五营等; 节点:村口、村公所、祠堂等关键建筑,神祠、井台、广场等。 2.公共设施 (1)道路 ①入村道路; ②入户道路。 (2)标志 ①村标; ②路标。	1.居住空间形态 2.主体结构形式 3.构造模块 (1)楼地面 (2)墙体 (3)门窗 (4)屋顶 4.室内装饰	1.环境水治理 (1)污水处理 (2)排水 2.景观模块 (1)路径(沿边美化) (2)节点 ①道路交叉口; ②背靠农宅; ③村口、停车场。 (3)宅院 (4)农田 (5)大地景观	3.景观要素(建造手册) (1)院墙 (2)铺地(道路、路牙、台地、院落等) (3)护坡 (4)廊道、花架 (5)标牌指示 (6)室外小品 (7)室内陈设 (8)果蔬爬藤(美化) (9)四季植栽 (10)照明

根据当地的宅基地大小,分别确定两开间、三开间、院落式等建设方式,提炼出具有地域特点的构造和要素,以"菜单"的形式提供给村民,让村民自己进行选择,最终建设实施。甚至还包括如何让村民根据自家的情况从屋顶、墙身到基础进行修缮和改造,以及指导村民进行院落的植物配置和景观建设。进而从聚落的层面对村落的入口、公共节点等进行指导性的建设。

在操作过程中,需要对所在区域村落的历史和现状进行居住层面和建筑层面的调查研究,整理出相应的模式语言,了解政策和居民需求,统计农宅建设的基本情况,分级、分类地进行编制和指导;同时梳理符合地域语境的建筑词汇,确定风貌意向。在此基础上设计具有普适性的改造或新建方式,并将其拆解为菜单式的参考选项供居民选择。

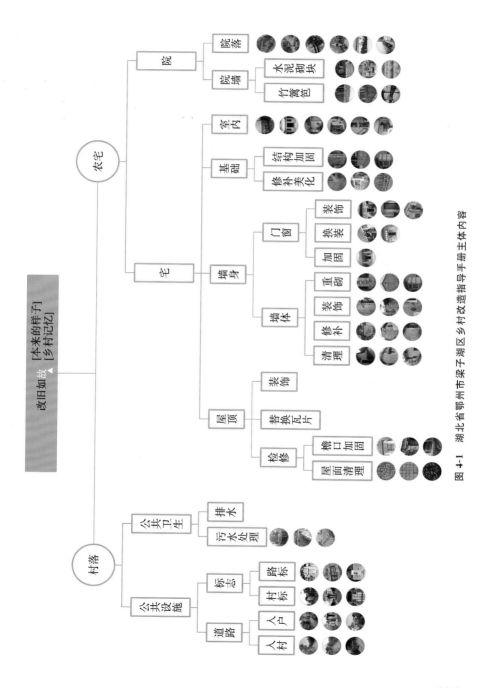

图 4-1 湖北省鄂州市梁子湖区乡村改造指导手册主体内容

通过指导手册提供不同构造模块的组合，每户可根据自身条件，在提供的低造价和较高造价改造方案中自由选择，形成符合自身需求的新建或改造方案。指导手册还提供数种典型的案例式的建筑单体，为村民的建设提供范本（图 4-2）。

新建房屋结合当地居民实际生活和生产需要，设计以传统一正两厢的"堂厢式"为原型，以"三开间两层"为主，分别提供不同楼层、开间数的多个自建房户型"变体"，以及结合院落大小、经济能力、建设时序进行指导性建设。结合村中需求量最大的户型进行实际建造，政府请建筑师为需要新建该类户型的农户提供设计，并将其作为风貌样式和材料选择的范例，其他农户可结合"菜单式"指导手册，根据提供的典型案例来进行类比，工匠同时发挥自己的聪明才智，衍生出更多的变化形式。建筑改造同样也是对需要改造的建筑按层数与开间数进行分类，每类提供典型改造案例。

同时提供院落景观要素模块，每户同样可根据自身条件，在不同模块中自由选择，形成独特的建筑单体加院子的组合；提供选用地方材料的不同院墙形式以及园内景观配置。如院墙分别提供不同的材料和形式，充分利用地方常见的材料，提供不同成本的方案，有竹篱笆、水泥砌块、石材砌块和砖砌块院墙等，再配合植物种植和搭配以特色景观等。

建筑改造则分为构造模块（结构和围护）和装饰模块，分别从基础、墙身、屋顶、门窗等部位进行修补、加固、改造等方案的指导，在相应部位的装饰上提供不同装饰元素和方法的选择（图 4-3）。

中国古代建筑历久不变地遵守着一些共同的构图原则，无论是宫城和风景名胜，还是寺庙道观，甚至是合院和乡村住宅都呈现出定型的结构和相似的空间序列。这种设计便是李允鉌先生所讲的"通用式"设计（all purpose design），而历代的《舆服志》中对车服、礼器、房屋等的等级礼制是必须遵守的，如此建筑的制度和用典便形成了固定的章法和通用的设计模式，[①]而这种设计模式不仅限定了建筑空间中人的行为模式，而且影响到观者的欣赏和阅读模式。

---

① 谭刚毅，曹劲，廖志. 通用式设计与形象选用——江西大金山寺规划与建筑设计随感[J]. 华中建筑，2002（5）：86-90.

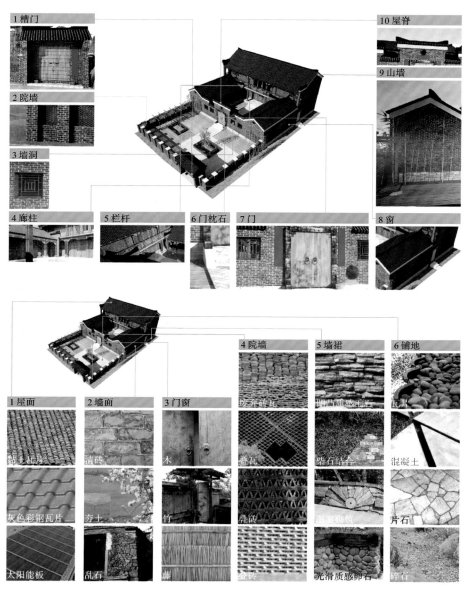

图 4-2 鄂州乡村新建住宅模式指引

119

续图 4-2

[屋顶] 檐口处用封檐板进行加固美化
[门窗] 可采用装配式门窗，上面用木条简单装饰
[山墙] 墙面进行清理修复，边缘刷白
[墙身] 在用竹篾装饰墙面，简洁且独具特色
[基础] 在原本基础上用相近的石材进行修补美化
[庭院] 采用木质铺地形成小径，旁边种植花草

图 4-3　鄂州市涂家垴镇民宅改造指导手册及部分案例

　　通用式设计的方法造就了建筑单体的标准化，从而使中国古代各个等级建筑的建造成为匠人的事，而不需要建筑师设计。建筑中的单体、立面、色彩、用材、数据、比例等都模式化。

室内空间与家具陈设也具有模式化的特点。家具既可作为人的行为与空间的中间媒介,也是衡量建筑和空间尺度的重要标尺。中国古代室内空间的再次分隔主要依赖于家具的组合,家具组合与布置也呈现出模件化的特点。著名汉学家雷德侯在其研究中国艺术的模件化和规模化生产的经典名著《万物:中国艺术中的模件化和规模化生产》中阐释了模件化的图像志①。我们借用其观点和方法分析众多的宋代人物画时,发现画中的太师椅、屏风与围栏三个要素组成一种模式,如在《槐荫消夏图》《宋人十八学士图轴》《倪瓒写照》等地位显赫的人物肖像画中均可看到"屏风＋椅榻＋案桌"的家具组合模式。现在乡村的家具依然沿袭了这种模件化的特点,"案桌＋八仙桌＋太师椅"的组合模式也常见于乡村的中堂陈设。②

　　中国建筑艺术从宏观的群体规划到建筑单体,甚至到室内的家具,都呈现出模式化和类型化的特点,可以说是多尺度的一致性和完整性。"在中国的传统设计思想上,对一切的房屋车服礼器等的制作都是采用一种灵活性很大的通用式设计"③。"通用式设计"的概念就蕴含着对建筑原型的追寻。在这里,原型所呈现的形式既非对某种特定形制的再现,或是对某种特定语汇的使用,也非对某种特定功能组织的总结,而是在此之上的空间形成的内在机制以及其表现的具有普遍性、规律性的空间结构。

第二节　原型演变与类型设计

一、传统民居的空间原型

　　中国传统民居有一个非常重要的特点,就是既遵循一定的原型,又有许多的变体形式。乡村建造的主体——住宅(民居),也是乡村风貌的主要载

---

　　①　雷德侯. 万物:中国艺术中的模件化和规模化生产[M]. 张总,等,译. 北京:生活·读书·新知三联书店,2005:240.

　　②　谭刚毅. 两宋时期的中国民居与居住形态[M]. 南京:东南大学出版社,2008:117.

　　③　李允鉌. 华夏意匠:中国古典建筑设计原理分析(修订版)[M]. 香港:广角镜出版社,1984:447.

体。利用类型学的方法来分析民居的主要类型,从历史和地域模型形式中获取平面类型,将民居划分为原型(archetype,传统建筑形制或某一地域普遍性、规律性和稳定性的模式)及基型(prototype,由原型的转换变形而产生的基本形制);然后对部分对象建构赋形,将类型结合具体场景还原到形式;进而阐释基于各类民居(基型)产生的衍化型和可能的衍化过程,以适应新的需要。

这里的类型分析主要根据住宅的平面进行形制类分,正如柯布西耶所说的"平面布局是根本"。平面反映出空间原型,是生活原型的表现,是结构原型的基础。对于结构和构造类型的分析可按照本章第三节所谈的"样""造""作"三个层面去进行,不论是地方民居的类型研究、保护更新的实践,还是研发装配式或集成式新民居建筑,这个方法都是认知和设计的基础。生成功能模块适用于不同的空间和生活使用上的需要,以新的技术和形式完成从空间原型到结构原型的转化。

1. "一明两暗"("三连间")

"一明两暗"型的民居在乡村通常称作"三连间",其重要的衍化形式主要有三种:①增加开间,变成"五连间""七连间",甚至是更多开间的"排屋";②在两边(或一侧前面)添加诸如柴房、仓库、厕所、牲畜棚等附属用房,这是一种常见的衍化形式;③多层的楼宇式。在城镇化的过程中,许多乡村的"小洋楼"多是采用这种"一明两暗"的平面型制,只是在层数和材料上不同。其中还有一种就是在二层的通面阔或中间开间加外廊的挑廊式。这种"一明两暗"类型的民居组合形式主要有两种:①并联的"一"字形平面,如湖南炎陵水口村每一户都是"一明两暗"型的民居;②串联的行列式民居,如湖北通山江源村的住宅(表4-2)。

2. 堂厢式与三合天井型

堂厢式主要由正屋(堂屋)和厢房组成,根据厢房的数量和布局分为呈曲尺形的"一正一厢"和呈凹字形的"一正两厢",这一类的民居开始有"群体"和"围合"的趋势。

①"一正一厢"即拐尺形格局的住屋,这种房屋多用篱笆等将堂屋和厢房前的空地圈起来,形成一个禾场或小院子。还有比较自由的山地民居,如湘鄂西的吊脚楼,平面通常根据地形及地势,灵活安排各部分的居住功能。

表 4-2 两湖地区"三连间"类型民居的形制及实例[1]

类别	亚型		实际案例	备注（别称）
	名称	平面形制		
原型	一堂二内			
基型	三连间		湖北麻城岐亭王奉嘴　湖南桂阳城郊黎家洞	"一明两暗" 四排三间
变体 1	五连间		湖南浏阳白沙镇民居　湖南炎陵县三河镇庙前村	X排X间为土家族等少数民族民居的称呼 六排五间
	七连间		湖北恩施彭家寨	七柱十一骑 十排九间
变体 2	附加式		湖南浏阳白沙镇民居　湖北通山九宫山镇彭家城村	几种变体的复合形态
变体 3	檐廊式		湖北京山天门观村	湖南桂阳城郊黎家洞民居
	楼栋式		湖南桂阳鳖鱼乡刘宅　湖南浏阳白沙镇民居	
	挑廊式		湖南浏阳大围山镇民居　湖南浏阳白沙镇民居	
组合方式	并联式		湖南炎陵县水口镇水口村江家组	
	串联式		湖北通山洪港镇江源村	

① 李晓峰,谭刚毅.两湖民居[M].北京:中国建筑工业出版社,2009.

②"一正两厢"亦叫作"三间两搭厢",意为由正屋三间和两厢(廊)组成三合院。通常以三面围合建筑的三合院形式出现,这类形式广泛分布于鄂东南、湘东北和赣西北地区。还有一种与"一正两厢"类似的形式是"堂庑式"。所谓"堂庑式"布局模式,是指正房三间居中,正房左右为纵向线式组合的单列式排屋。

三合天井型的民居与"一正两厢"型的民居有着非常紧密的联系(表4-3),两厢与正屋围合的小庭院被纳入"家"中,在这里,光、自然和神祇交汇。这种类型因中间庭院的大小不同,也有称作三合院的。广东的"三间两廊"与云南的"三坊一照壁"形制相仿。在此基础上,横向发展的有五开间、七开间甚至九开间的大屋;在进深方向,主要以"进"为单位,一般来说这种三合天井式民居以两进及三进居多。除常见的中轴对称的天井式民居之外,非对称或随形就势加建的情况也十分普遍。

表4-3 两湖地区"堂厢式"类型民居的形制及实例①

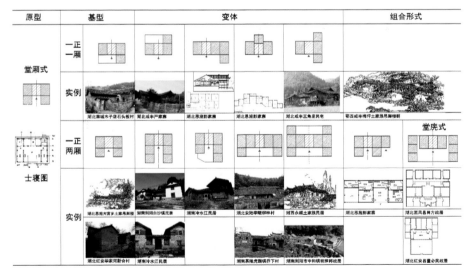

3. 四合中庭型

四合中庭型民居即正屋、两厢与入口处的门厅(或倒座)等围合而成,即

---

① 李晓峰,谭刚毅.两湖民居[M].北京:中国建筑工业出版社,2009.

"四厅相向，中涵一庭"（图 4-4 至图 4-6），依据中间的庭院大小以及比例关系可分为四合天井型和四合院型。

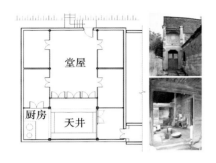
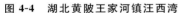

图 4-4　湖北黄陂王家河镇汪西湾

图 4-5　湖北黄陂王家河镇罗岗村

4. 组合型

上述三种是全国传统民居的基型，是现实遗存的众多传统民居的平面构成"模板"，通过分析不难发现，再复杂的民居其实也是上述几种基型的变体或是组合形式。以天井（或合院）型为基本单元可以通过串联（串堂型）、并联（联排型）和复合（毗连型）的方式进行组合。

串联天井式一般采用三开间或五开间的形制，天井前后布置正屋，左右布置厢房，使正屋、厢房从四面围合天井，总平面多为"五间三天井"的横向或者纵向组合，房屋紧凑，注意次间的利用并设置阁楼，布局合理，利用率高（图 4-7）。在进深上的叠加组合成为串堂型，而标准的天井（合院）式民居横向排列，各自可独立成户，也可将数个天井（合院）横向直接或间接连通。毗连型指民居平面由并联、串联两种模式综合构成，众多天井（合院）呈"田"字形毗连（图 4-8）。此类民居往往平面方正，呈矩阵式布局，规模庞大。屋前部通常有较为开阔的场地，一些民居就围合着这块场地而形成院落。

民居正屋两侧纵向的排屋，也称为横屋或从厝。而所谓天井（合院）排屋式是指串联天井式居中的情况下，两侧布置一至两列横屋（从厝）。此时中部天井（合院）式单元的厢房多作为侧厅使用，又称"书厅"或"花厅"，形成一条或数条横向的厅井相间的轴线（图 4-9）。还有一种变化形式就是在天井或合院底端布置一排或两排横屋，形成"围拢"之势。

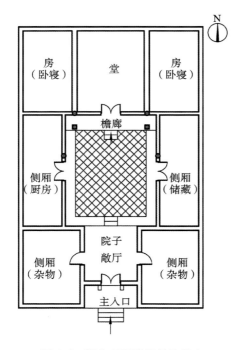

图 4-6　湖北枣阳邱家前湾某宅

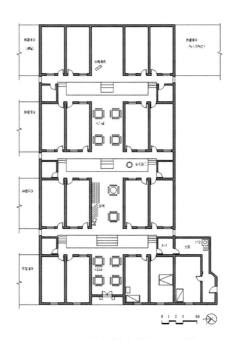

图 4-7　湖北通山洪港某民居

　　还有两种复合的方式，一种是在并联、串联的基础上，将两侧的厅和天井与主轴线呈垂直布置，形成侧厅，有的数个侧厅也呈并联关系，天井呈"丰"字形排列（图 4-10）。另一种将两个天井之间的（厢）房打通，变成纵厅或横厅，形成四厅相连（相向）的格局（图 4-11）。随着宗族聚族而居方式的式微，毗连型以及更复杂的组合型民居现在基本已不适用。

二、合院瓦解与原型衍化①

　　上文所述稳定存在了几千年的合院原型近代开始瓦解。如图 4-12 所示，因街巷改造，原来的前院花园已经成为街道，侧面的小天井则成了出入的巷道。随着居住压力的提升，原本是虚空间的天井也在逐步被填塞，慢慢

------

　　① 此小节主要内容引自谭刚毅，钱闽. 合院瓦解与原型转化[J]. 新建筑，2003（05）：45-48.

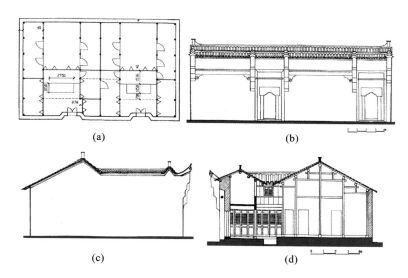

(a)　　　　　　　　　　　　　　(b)

(c)　　　　　　　　　　　　　　(d)

图 4-8　湖北黄陂大余湾的余传进宅

（a）平面；（b）正立面；（c）侧立面；（d）剖面

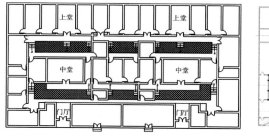

图 4-9　湖北随州洛阳镇孙家大屋

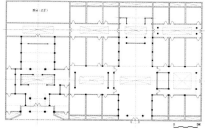

图 4-10　湖北通山陈光亨旧官厅

萎缩，基地的分割使得原来合院式的住宅变成了联排式住宅，合院也随之消失。

　　还有一些村子，原本是数间三进合院式的房子并排在一起，"土改"时把所有合院的院墙拆除，将前后进分给不同的家庭，这样便成了联排式的格局，原来的合院也就成了村中的主要道路。后来人们便在自家的宅基地上翻盖新房，自然也就成了没有院落的"一明两暗三开间""一步退金"的三间平房或楼房（图 4-12）。

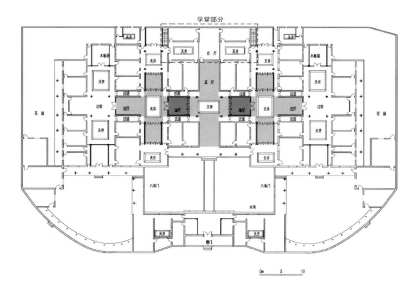

图 4-11　湖南锦绥堂四向天井

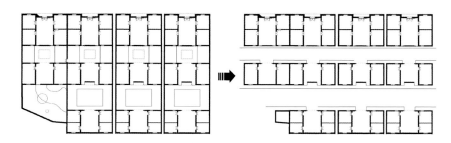

图 4-12　澳门半岛大堂巷 7 号的卢宅

　　改革开放后,逐渐富裕起来的农民建房时开始求变,尤其是在珠江三角洲等先发地区,这一时期的民居大多延续了"正房为头,厢房为肩"的平面格局,仅是在建筑材料上以砖代土,以钢筋混凝土代替木基层屋面,呈现出平顶化和楼层化的趋势。到了 20 世纪 90 年代,随着生活水平和经济实力的提高,农民对住宅的要求有了极大改变,传统纯内敛封闭的合院格局很难满足现代人对采光、观景、停车等的要求。传统合院原型中,外墙不开窗或者开小窗的防御要求和风水讲究也不再适用于新民宅,而且在这个时期,土地问题越来越成了促使合院解体的重要因素之一。建房用地面积的减少要求住宅平面格局更紧凑，出现了各种各样适应不同地块的形式，而且逐渐填实了合院（图 4-13）。这样一来，合院就彻底瓦解、消失了。通过图 4-13 至图4-16的分析，依然可以看出新民居的"设计"过程还是拉普普所说的"模型（model）"加"调整（variation）"[①]的过程。正因如此，新民居的演变才更多地保留了住户的主体意愿。

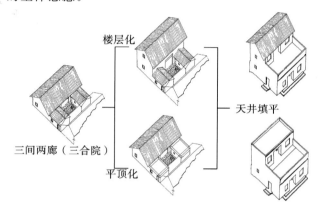

图 4-13　合院消失过程分析图示

图 4-14　广东民居的厅堂供奉祖先和神灵功能的延续

---

①　RAPOPORT A. House form and culture[M]. Upper Saddle River：Prentice Hall，1969：8.

图 4-15　广州从化区典型的新民宅

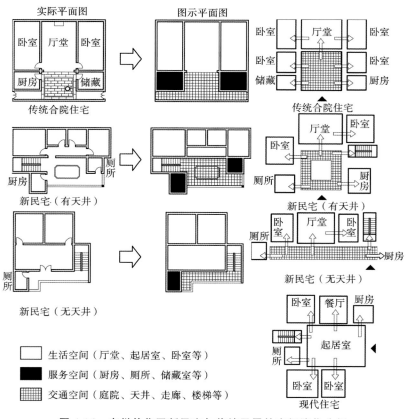

生活空间（厅堂、起居室、卧室等）

服务空间（厨房、厕所、储藏室等）

交通空间（庭院、天井、走廊、楼梯等）

图 4-16　广州从化区新民宅与传统民居的空间演化分析

第三节　方法策略："样""造""作"

一、传统建筑技术的"样""造""作"①

上述的类型分析可以导向新民居的设计策略,如设计满足生活需要的空间型时,就要确定相应结构的构造形式,以及材料的选择和相应的工法。建筑作为一个形态系统,其整体性、关联性和特征要素等都不可少。事实上,中国传统建筑技术采用的是如张十庆教授阐述的"样""造""作"三个层面的严格系统(图4-17),这也为我们今天乡村建造的空间形制、建造模式、技术工艺提供了理论上的支撑。实际上以上三个概念起到了把形态要素层级化的作用,可以为实例研究提供一个起始的操作工具。②

(1)样:指整体的样式形制。

(2)造:作为"样"的重要体现,是具有特征性的构造做法。

(3)作:"造"的相关工种和工序。

中国古代,凡造型所依据的稿本称作"样"。建筑营造所依据的"样"多指蓝图或模型。根据"样"的概念和性质,可以说"立样"是建筑营建的第一步,即形式设计阶段,以"样"表现设计意图,提供直感的形象。"样"是设计意图的形象表达方法,还有便是配合设计意图的文字表达。"样"的形式可以是图,称"样图",但不是一般意义的图,在建筑营造上指的是工程技术图,有明确的比例尺度。绘制样图是都料匠的手艺,唐代柳宗元《梓人传》中有如此描写:"画宫于堵,盈尺而曲尽其制,计其毫厘而构大厦,无进退焉。"在宋代李诫《营造法式·举折》中此称作"定侧样","举折之制,先以尺为丈,以寸为尺……侧画所建之屋于平正壁上,定其举之峻慢、折之圜和,然后可见屋内梁柱之高下,卯眼之远近"。由此可知,通过样图便知道建筑的形态、规

---

① 此小节主要引用张十庆教授的研究观点和结论。详见:张十庆.古代营建技术中的"样"、"造"、"作"[C]//张复合.建筑史论文集(第15辑).北京:清华大学出版社,2002:37-41.(因为本小节是后文立论的基础,故而引述较多,向张十庆教授谨表谢忱。)

② 肖旻.广府地区古建筑形制研究导论[J].南方建筑,2011(01):64-67.

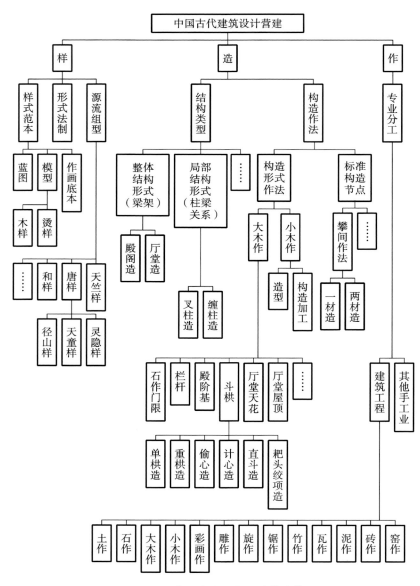

图 4-17 中国古代建筑设计营造①

---

① 图片来源:吕洁蕊根据张十庆《古代营建技术中的"样"、"造"、"作"》绘制。

模,而且是通过恰当的比例(如上文的十分之一比例)画的侧视图,表现梁架及卯眼的尺寸位置,以计算建筑尺度及构件用料尺寸。

模型较图纸的优点在于便于表达造型复杂的对象。"样"除木样以外,还有纸样,即以草纸板按比例热压制成,又称作"烫样",亦是模型的一种。

众所周知,中国历代设有专司土木营建的机构,通过"法式"的形式进行管理和控制。其中,依"样"而行,是管理和控制上的一个重要手段。一如前面所提的民国时期的《内政部全国公私建筑制式图案》。

"样"在性质上的另一特色是可表示样式系统和技术源流。除从张十庆教授所论述的中日、中韩等建筑关系的源流分析[1],即"样"呈现出源流祖型的意味和样式范本的作用以外,也可以从今天乡村建筑的"风貌建设"看出"样"的移植、演替。

在建筑营造过程中,如果说"样"是形式设计,那么"造"则是确定结构类型与构造作法。也就是说,"造"是"样"在技术上的深入和具体化,目的是达到结构形式的标准化和构造作法的定型化。"造"这一性质反映的正是中国古代建筑发展的一个重要特征。《营造法式》中的"殿阁造"和"厅堂造"所指内涵,即其所表现和关注的是结构概念,而非样式概念。

不同的结构形式,亦有可能被赋予或反映一些相关的意义和性质,如时代、地域及等级等。若以等级意义而言,《营造法式》的"殿阁造"显然高于"厅堂造"。日本古代住宅有"寝殿造""书院造"之分。实际上,构造作法上"造"的规定,所追求的正是构造作法的定型化。

相对于结构形式的标准化与构造作法的定型化特征,营建过程的专业化则是中国古代建筑的又一特征。建筑工程较其他造型门类的复杂性,在于其涉及多工种这一特性。而关于具体的专业分工,正是"作"所涉及的内容。也就是说,中国古代的建筑工程以"作"的形式进行工种划分和安排。建筑工程是一个众多相关工种配合的过程。《营造法式》制度记十三作,包括了建筑营造过程中的各相关工种,此十三作可归纳成三部分,即土、石二作,大木、小木二作及彩画、雕、旋、锯、竹、瓦、泥、砖、窑九杂作。

---

① 日本建筑史上,千百年来不断移植模仿了不同时期和地域的中国建筑,相应地形成了若干相对独立的建筑样式,如史称的"和样""唐样"及"天竺样"。

由此可见，中国传统建筑技术中"样"重的是形式制度的意义，即通过形式设计，表现设计意图，提供直感的形象，这是建筑营建的第一步，就是今天对农村宅基地大小、楼层数等作出的规定，以及对乡村风貌的控制和指导原则。"造"重的是结构和构造的意义，以结构形式的标准化与构造作法的定型化为目的，是"样"在技术上的深入和具体化，比如是传统结构的继用，或砖混结构的泛滥，还是采用新的结构和装配技术等。"作"重的是专业工种的意义，反映的是营建过程中的专业分工、工种配合及工程筹划。今天的"作"一如从前，但很多工种已基本不用或在内容和形式上发生了转变，这一部分大多是劳动力相对密集的部分，直接影响到建造成本，所以机械化、装配化的趋势越来越明显。

中国古代建筑营建的性质和过程，或可用"样""造""作"来定义和概括，从阶段性来看，是从"样"到"作"再到"造"这样一个过程。"样""造""作"三者互为一体，从特定的角度反映了中国古代建筑发展进程中，标准化、定型化及专业化的性质和特色。"样"为整体的样式和形制；"造"为"样"的重要体现，是具有特征性的构造作法；"作"为"造"的相关工种和工序，其形态要素层级化且具有可操作性，是重要的工具和手段，同时既是营造实践经验性的总结，也避免了模糊性。这也为今天乡村实验性建设的探讨，尤其是结构主体和围护系统的工业化、装配式的实践探索提供了重要的理论源泉。同时，通过对《营造法式》分析可见，在"样""造""作"三者中，很明显《营造法式》所注重的是"造"与"作"，而非"样"①。所以从某种程度上讲，结构技术、材料工法比所谓的"风貌"更重要，事实上，在今天，"造"和"作"的丰富性自然会营造出更多式样的新乡土建筑，基于地方生活和空间原型的推演，所谓的地域性自然融入其中。

二、样式形制——从生活原型到空间原型的演化

建筑的寿命可分为物理寿命和社会寿命，也就是建筑除需安全耐久以

---

① 张十庆.古代营建技术中的"样"、"造"、"作"[C]//张复合.建筑史论文集(第15辑).北京：清华大学出版社,2002:37-41.

外,还要符合时代的使用需求。作为乡民永居的住屋,其首先意味着建筑应该是安全的,再者也是适合村民生活模式的。民居直接反映了农民的生活模式。在很长的时间里,其原型具有相对的稳定性。而随着村民的生产生活模式甚至价值观产生变化,居住空间格局需求亦发生了变化。在此情况下,着眼于田野调查并进行类型学和人类学的分析,再通过归纳、演绎得出满足现代生活需求的民居原型是必要的。

在公元前 11 世纪的殷商时期,合院类型建筑已初步定型。经过周代"一堂二内"建筑形式(图 4-18)的过渡及秦汉代的合院民居型制的确定,到公元 6 世纪始的唐代及宋代这种以虚空间为核心的房屋,围合民居空间形式已趋完善,其后一直延续至明清和近代而达到成熟。

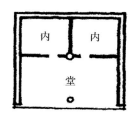
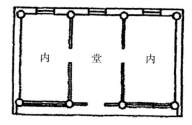

图 4-18　"一堂二内"的建筑原型[①]

自古以来,民居即与人的生活息息相关,不仅反映了人类的生活需求,更体现了整个社会文化的价值观。家又称为家庭,其中的意义颇为深刻,一个家,是需要一个可以与自然对话的庭院的。内部开敞为院、外部以围墙封闭的合院式住宅格局,是基于农业生产方式的一种居处心态,是封闭与开放两种矛盾心态的融合。

据考古学的研究,人类在农业社会早期,很普遍地采用"一明两暗"的格局。中间为堂屋,是会客、聚会、就餐、祭祀的地方;两侧是卧室,与早期"一堂二内"的格局一致(图 4-19)。这种简单的民居形式应是存量最多的一类,也是其他类型平面格局的基础,可以说是其他所有平面形制的原型。这种平面布局方式在现代乡村住宅中采用最多。

---

① 刘致平. 中国居住建筑简史:城市、住宅、园林[M]. 北京:中国建筑工业出版社,1990.

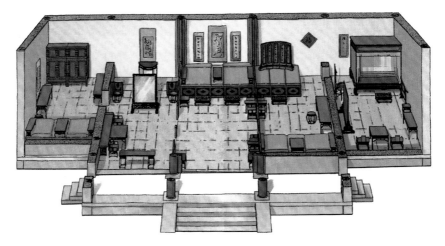

图 4-19　传统厅堂原型"一堂二内"的延伸①

　　传统民居的空间形态,无论是大屋、围屋、排屋或花屋,还是普通的住宅,都是以三连间的基本单元来进行并联、串联或以其他形式排列组合的,这样的三连间和合院组合成为当地住宅的基本模式,并且衍生出非常丰富多样的变化形式。同时乡村中也出现了这样的三间两廊、三合院等形式,出现了楼层化、平顶化的趋势,合院瓦解与原型开始转化。这不是偶然的,有着多方面的原因。首先,封建大家族聚族而居形式的逐渐瓦解。随着经济的发展以及家庭人口数量和结构的变化,三五口人的小家庭自立门户,其居住空间与家庭成员角色的对位关系变得简单,直至弱化。其次,城乡街道格局、住房制度等的变化也是促使合院萎缩或瓦解的一个外在因素。

　　空间原型的演化从根本上源自生活方式的变化。在乡村,各个时代的居住形式并存,呈现出迭代的居住形态。无论是传统合院住宅还是新民居,都有意保留了厅堂或主起居室空间的完整性和功能的纯粹性。在新民宅中,楼梯、厨房、厕所也绝少直接对厅堂或主起居室中间开门,而是通过独立的廊道来连通。这说明在农村,民居仍然自觉或不自觉地沿袭了传统的空间序列和组织原则,而且厅堂空间的神圣性较其他技术、功能等特性具有更

　　①　谭刚毅,钱闽.合院瓦解与原型转化[J].新建筑,2003(5):47.

持久的影响力和生命力。尽管有着人口、土地的压力，但新民居仍然隐含着传统建筑的空间序列和组织原则。我们可以分析这些演变过程中与传统有关的因素，从而掌握民居变迁中变与不变的机制，以及影响变迁的涵构力量的消长，逐渐引导和塑造稳定、适宜的新民居形式。

类比文学概念中的原型，同一原型所衍生出的作品各不相同，其所实现的手段是基于此原型的再创作，此时原型的特征通过人物的塑造、情节的叙述，甚至景色的描绘等方式呈现。同样，从原型到建筑个体的过程要通过建筑的建造再体现，这个过程即形成建筑差异性的过程。而原型本身只不过是建筑个体再现中的一个媒介，通过这一媒介，建筑的新形式才能产生。

三、造与作——从结构原型到工法的延续与更替

建筑的物质性——结构和材料构造是基于空间实现的，所以空间原型的变化导致建筑技术的"原型"与其"变体"出现变化，以"框架＋围护"为主的现代结构思维使得建筑的开放性更加凸显，传统的或地域性的材料不同程度被替换。有的以空间原型存续，但采用新的材料和结构体系重新演绎，呈现出新的结构类型；有的因空间原型发生演化，则顺承地采用新的结构类型呈现。

"造"与"作"涉及具体的结构、材料和工艺。通过大量的田野调查不难发现，无论是结构体系，还是材料构造，都存在着"迭代共存"的特点，也就是新旧并存的技术模式以及相应的工程模式（参见本章第四节及第五节）。因此，笔者团队的工作方式是对乡村的居住建筑现状进行系统的调查研究，选取广大乡村地区常见的自然、有机且易再生的材料，如秸秆、木材、竹材等，通过简单易行的构造手段创造诗意的人居环境；研究所选材料的特性、表现手法、构造手段及居住舒适性等问题，并探讨材料与机械——人工建造及推广的可行性；通过研究具体的技术模式和工程模式，探讨乡村建筑的材料属性、构造特点、建筑舒适性与节能环保等相关问题，同时探索乡村低技术的建筑产业加工模式，以期达到成本低、品质高、适用广的新型乡村建材和建造方式，思考乡村建筑新的可能。不仅对乡村环境和自然生态起到保护作用，也为当今住宅设计以至建筑设计的理念、策略等提供参考价值和借鉴意义。

第四节　适宜的技术模式:技术与文化的新旧共存

　　各地传统民居形态丰富多样,采用的结构和技术形式也是非常丰富的,但在某地基本上是采用相同的结构和材料。在今天,随着技术的传播与迭代,乡村中的建筑技术非常多样,存在更多的组合方式,甚至呈现出一种混杂的状况。这些都为探索未来乡村建筑技术暗示了某种方向——新旧并存,交融共进。

一、结构体系

1. 传统材料的现代结构表现

　　当代乡村建造技术的"混杂"在结构上的一种表现形式,是采用传统的材料,基于现代力学产生新的结构形式。如在崔愷主持设计的西浜村昆曲学社项目中,建筑主体部分为钢框架结构,但其戏台、竹亭等部分采用了以原竹为主体材料的结构。戏台的一层仍以钢柱支撑,而二楼则完全以数根捆束的原竹为柱,之上以原竹构成的三角锥空间桁架支撑其屋面(图 4-20)。空间桁架虽然是基于现代结构原理的结构形式,但因其以原竹为材料,在乡村环境中让人完全不感到突兀。

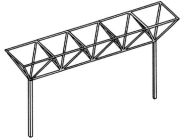

图 4-20　竹戏台及其屋架结构

2. 现代材料的传统结构表现

　　基于现代材料与传统材料的某方面共性,以现代材料来表现传统乡村中出现的结构形式与结构逻辑。如在南京大学赵辰主导的对闽东北传统建造体系的研究及其基于此的屏南北村民宅设计中对传统穿斗式结构的呈现，即考虑使用轻钢代替木材，作为新技术条件下对传统结构的表现（图 4-21）。尽管选取不同于传统的建筑材料，但是更加安全环保，也是基于传统的结构原型，因而是更加适宜的结构技术和表现。

　　同样以钢材表现传统结构形式的还有柏庭卫在休宁县双龙小学校园内设计的休宁亭。其虽以钢材为结构材料，但结构原型取自《清明上河图》中的虹桥，即"叠梁拱"或称为"贯木拱"（图 4-22）。这种结构至今在浙南和闽东北乡村地区的一些木拱桥中有所使用。

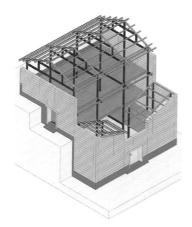

图 4-21　轻钢对传统穿斗式　　　图 4-22　钢材对贯木拱结构的表现[2]
　　　　　结构的表现[1]

3. 新的结构体系与传统构造技术结合

　　基于这种新方式建造的建筑在当代乡村建造中有较多成功案例，如谢英俊的轻钢体系所体现的开放体系，即以轻钢为主体结构材料，其他构造则倾向使用当地做法。

　　在杨柳村的实践中，按照谢英俊的原设计，一层采用草泥土墙的做法，

---

① 　南京大学赵辰工作室资料。
② 　柏庭卫.杠作：一个原理、多种形式[M].北京：中国建筑工业出版社，2012.

二层则考虑到减轻自重和增加侧向抗剪强度，使用钢网灌浆墙，三层用木板封外墙（表4-4）。但在实际建造过程中则使用了石砌墙体和多种材料的组合。他听取当地村民的意见，一楼使用当地工艺方法砌筑石墙，而二层墙体在建造过程中与当地村民产生过争议与分歧。大多家庭愿意使用钢网做混凝土墙，但小部分家庭坚持使用页岩砌到二层[①]。这些家庭中，有的是出于对经济的考虑，当地石材丰富，使用石材并无材料成本，其制作工艺又是当地居民掌握的，不需要再花钱买钢网并请人制作，另一部分人则是出于对羌族传统房屋的偏爱，觉得石墙才是真正的房屋。但出于对抗震性能的考虑，以及整体风貌的协调，最后杨柳村内所有房屋外墙皆采用的是一层石砌，二层钢网混凝土的做法。

表 4-4　杨柳村民居墙体的做法

示范一层外墙	示范二层外墙	示范三层外墙	示范内墙	非典型做法
石砌墙	免拆模网＋混凝土	竹夹板＋草土墙＋防水隔热层＋防腐木板	石灰砂浆＋免拆模网	木墙、钢丝编织墙、素混凝土墙等
一层石砌墙	免拆模网（未抹灰）	三楼外墙防腐木板		

在内墙的做法上，当地居民各自采用了不同的做法。有的村民采用素混凝土隔墙；有的村民自行想出别的做法：以铁丝交织固定在墙体钢架上，

---

① 罗家德,孙瑜,楚燕.云村重建纪事：一次社区自组织实验的田野记录[M].北京:社会科学文献出版社,2014.
　　该书依照社会科学研究中匿名的原则将村名以"云村"代称,但其记录的便是2008—2009年杨柳村重建的过程。

再用木板作为模板,内浇灌砂浆,节省钢网的成本;有的村民采用木板做隔墙;也有村民采用直径为 8 mm 的铁线编织成鸟笼构造的隔墙。这些隔墙皆为就地取材,具有草根的智慧。当然在各种做法中也有受到建筑师反对的做法,有的居民试图以砖砌筑二层隔墙,这种做法不仅破坏了整体结构,还起不到抗震的作用。三层阁楼部分,根据设计,外层以防腐木板包裹,但内部由于大部分村民自行建造的民居并未采用示范建筑所用的草土墙填充,轻钢结构直接暴露,导致了这些建筑的三层部分保温隔热性能和室内感官效果皆不理想,在实际使用过程中,多作为储藏空间使用。

4. 传统结构体系与新建造技术结合

当代乡村建造活动中同样出现了基于传统结构体系与新的建造技术结合的做法。在传统结构如传统木结构建筑与夯土建筑中,都有在其围护结构、具体构造节点采用新技术的做法。如在传统结构中引入新的围护材料,不同材料的结合便无可避免地产生了新的构造做法。如在山东省栖霞古镇都村的民居改造与新建中,在传统砖木结构的内墙中增加了现代的保温、防水构造,并且使用传统麻捣土做内墙抹面。屋顶做法也并非直接铺设小青瓦,而是在木构架与瓦之间同样增设保温防水层。这是在原有的建造体系主体不变的情况下,辅之以新的建造技术,增加了居住的舒适性。

任卫中先生在安吉的生态夯土农宅实践中的二号屋即是对传统木构架的再利用。在这个项目中,他收购了一个在当地老屋拆除的木构架作为主体结构,再以卵石墙体和轻质填充式黏土墙体为外围护结构。这栋建筑面积为 200 m² 的房屋,木构架的成本只有 8000 元,包含装修在内的整体造价仅为 6.5 万元。对旧木构架的再利用在一定程度上减少了建造的材料成本(图 4-23、图 4-24)。

5. 新结构与旧结构的共存

结构层面的丰富和混杂还体现在新旧结构体系共存的建造改造案例中。众多的改造案例采用了在原来传统结构上置入新的结构体系,如表 4-5 所示。

| 图 4-23 | 安吉生态二号屋建筑外景 | 图 4-24 | 安吉生态二号屋内部木结构 |

表 4-5　新旧共存的结构

结构方式	图例	实例
内部置入砖混结构	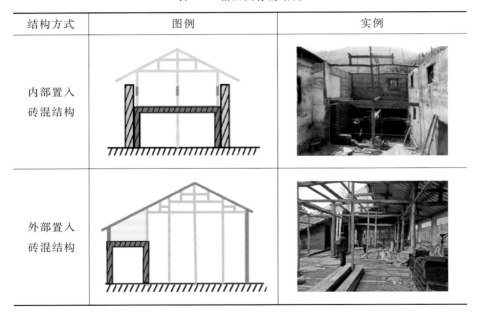	
外部置入砖混结构		

注:红色为新建结构、黄色为旧结构。

何崴于浙江省松阳县四平乡平田村设计建造的爷爷家青年旅社则在原有的土坯结构中另置入了三组可容纳 4～6 人的以木材为框架结构材料、以阳光板为围护结构材料的"房中房",作为其住宿单元(图 4-25)。

图 4-25　内部新置入木框架结构①

当下中国乡村建造中,传统技术体系式微,新技术的推广存在着各种条件的限制。但正因为如此,乡村建造技术的探索和选择应该是多元的。无论是低技化的倾向、集成式的制造还是装配式的探索,从这些不断涌现的建筑技术新思潮中,我们可以看到新型的乡村建造技术体系在不断发展。在这个发展的过程中,难点主要在于对中国乡村住宅转型以及乡村住宅工业化解决途径的思考;创新性在于从设计思路、设计方法、建筑选材直到建造过程都贯穿适应性建筑(adaptive architecture)的理念,将它上升为一种理论、指导思想,并在此基础上研究材料与建造,探索地方材料转化为现代绿色建材,建构技术转译为现代建造手法的方式,将材料、结构、构件与工业化对接,从而构成一整套设计建造体系。在乡村建造体系研究的基础上进行模块设计、装配式建造,有利于和工业化、产业化体系对接,易推广、易施工。将适合农村的如被动房、新能源等适宜技术进行集成,整合为绿色模块,并考虑将乡土材料转变为新型绿色建材,减少环境破坏,传承传统建造工艺。

二、材料构造

1. 工艺替换

在传统乡村的建造模式中,对材料的使用更多来自世代相传的经验积累,材料的使用方式多依据其自然状况而决定,且受制于彼时的条件、工具。而在当代由建筑师主导的乡村建造中,材料的使用方式则随着技术、工具的

---

① 图片来源:http://www.archdaily.cn/cn/775963/ye-ye-jia-qing-nian-lu-she-he-wei。

发展与不拘泥于传统工艺的新思路,而出现了更多的可能性(表4-6)。这种基于传统材料的新构造做法并非违背了其本身的物理属性,而是在新的结构体系、技术发展的条件下,材料从其特定的构造方式中被解放出来。

表4-6　工艺替换

材料工艺	竹筒的拼缀	竹材的层叠建造	卵石砌块制作
图示			
案例	广西壮族自治区大保村小学社区中心	湖北蕲春虚心谷	西藏阿里苹果小学

在西藏阿里苹果小学的建造中,墙体使用了预制的卵石混凝土砌块进行砌筑。当地传统建筑多采用卵石干砌筑的方式筑墙。而在这个新建筑中,创造性地将卵石作为骨料来制作混凝土砌块,其表面的卵石外露,制成标准化的砌块,改变了原来的干砌方式,大大加快了建造速度。其表现出的风貌也与场地融为一体。

2. 性能复合

没有一种材料是万能的,为了满足不同性能的需要,建造活动经常采用复合型材料或多种材料组合的方式。在传统单一材料的构造做法中,其功能与表现是统一的,如夯土墙的砌筑,就是一种既在热工性能上表现优异,同时在材料表现上也有其独特质朴意蕴的传统技艺。但基于技术的发展,围护结构的"复层化"开始成为一种趋势,固定的材料只需满足一定的功能,多种材料通过合理构造进行层叠,性能上得以互补和加强。

同样以生土材料为例,传统的夯土墙是以夯筑的方式形成的整体,上述两点要求对其来说是统一的,其在墙体纵深方向的材质是统一的。但生土同样可以"复层化"的制作方法满足单独一个方面的需求,如在传统的砖墙内填土的做法便是以其增加砖墙的热工性能,并降低造价,其表现出的是当时的建造者实际上并不希望以生土这种材料作为建筑的直接展示面。

　　而值得注意的是,当代的建造活动中则出现了完全相反的做法,即以泥土为装饰的做法。不仅包括黄土抹面的做法(图 4-26),还有表皮夯土的做法(可以做到只有 10 mm 厚的外饰夯土层)(图 4-27)。在现代夯土技术中也有这种层叠式的做法,在夯土墙厚度不够时,为了保证其绝热性能,使用各种自然纤维与其组成复合墙体(图 4-28)。

图 4-26　黄泥抹面

图 4-27　砖墙外夯土表皮的夯筑过程①

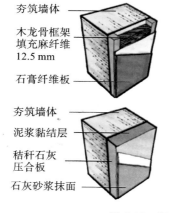

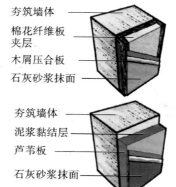

图 4-28　复合夯土墙体②

---

① 图片来源:张剑。

② 穆钧,周铁钢,王帅,等.新型夯土绿色民居建造技术指导图册[M].北京:中国建筑工业出版社,2014.

正如上文所说，虽然夯土建造已是在热工性能上表现优异的围护结构形式，但在现代乡村建造中依然出现了基于不同需求的不同层叠式做法。我们可以同时看到两方面趋势，其一是对建筑舒适性的要求不断提高，这要求更多能满足需求的材料以层叠制作的方式加入围护结构构造的组成中。这种趋势同样表现在砖墙、砌块墙体或是更需要增强其保温性能的轻质墙体制作中，我们能看到聚苯乙烯、岩棉等保温材料以这种方式介入，形成"复层化"的墙体。其二是传统材料开始出现"饰面化"的趋势，传统"外砖内土"的墙体构造选择以砖为其建筑的展示面，以土为其隐藏的基于功能需要的层叠层次，而当代的建造中，为了以土为其展示面，在承担主要结构、围护功能的砖墙、现浇混凝土墙体之外，选择以涂抹或表面夯筑的形式制作另一个层叠的层次，传统材料以这种形式出现，已不再是传统建造中一般对建造方式起决定性作用的材料，而是作为满足人们情感需求的形式出现。

3. 节点变更

传统的乡村建造中，如木结构建造体系、砖石体系、竹体系等（图 4-29），常用的节点连接方式有榫卯、绑扎、搭接等，往往是同一种材料之间的节点连接，而在当代乡村建造实践中，因新材料与新建造技术的引入，在节点上也产生了许多新的连接做法。

木材与钢筋绑扎固定　　　竹材与钢材的插接　　　槽钢承托竹材
毛坪村浙商小学　　　　　西河粮油博物馆　　　　虚心谷厕所

图 4-29　原竹构造节点变更

在虚心谷的建造中，竹展厅的外墙以原竹为材料垂直密集排布而成，其外层墙体的竹材与钢结构主体的连接方式为将竹节内灌水泥砂浆，埋入钢筋，再以不锈钢喉箍固定，同时可以预防竹材的开裂。完成杆件的制作后，将预埋的钢筋与钢结构主体进行焊接。通过对钢筋长短的控制，制造了波浪形竹墙悬挂的效果（图 4-30）。

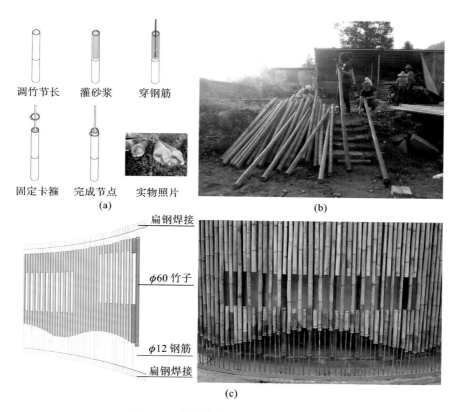

图 4-30 竹外墙建造过程与构造节点

（a）竹端钢筋节点示意；（b）灌装预埋操作；（c）竹杆件焊接固定

三、文化表达

1. 乡村建造的"乡土意向"表达

现代技术的传播使得形式的模仿超越时间、地点成为可能，这使得传统因地制宜的技术观可以仅仅成为一种基于价值观的选择，而非如过去般是基于"气候、文化、神话和工艺的综合反应"①而产生的必然结果。物流的发展使得原本只能在某地使用的材料可以出现在世界上任何一个角落，现代

---

① 弗兰姆普敦 K. 现代建筑：一部批判的历史［M］. 张钦楠，等，译. 北京：中国建筑工业出版社，2012.

技术的普及使得传统的技术逐渐被淘汰。基于这种社会现实,技术的时空性似乎已经逐渐消失。在文化趋同的背景下,技术的趋同似乎也是不可避免的。现代技术带来的是以工业化和标准化为基础的生产模式,对其粗浅的理解使得建筑的面貌趋于雷同。罔顾历史文化和地方材料的优势而使用现代技术,使得乡村建筑的发展显得如此断裂而不连续。

然而拉普卜特《住宅形式与文化》中对物质决定论的批判,举例分析了在相同的物质条件下建筑形式也可能因为文化的原因而出现不同的形态(同理可用于建筑技术选择的变化),表明了文化对建筑形态(技术选择)的重要影响。

经济和技术的发展使得建筑表达乡村特点可实施且必要。一方面,在乡村建造中,传统建筑技术尤其是其表达出的乡土之美和乡土意向逐渐受到关注,建筑师参与的设计在技术的选择上开始更多地偏向对地域技术及传统技术的挖掘。在此影响下,村民在自建的过程中,也开始逐渐重新重视并使用带有地域特色的传统建造技术。另一方面,在技术的更新中,设计者和建造者也开始思考,在乡村的建造活动中,新技术与人们期待乡村建筑所表达出的乡土意向是否是对立的。乡村建筑中技术的"再现"可以使主体产生联想,达到审美的趣味。[1] 在当代乡村建造的技术运用中,我们可以看到以不同层次的方式对乡土意向的表达(表4-7)。

表 4-7 乡土意向的表达层次

表达手法	完整的复制	机械的模仿	结构性的重组	隐喻的表达
定义	对传统技术的直接复制使用	以写实的手法追求形象的真实	在结构逻辑下的替换或变化	对乡土意向概念化的表达
手法	复制	象形	母题、原型	抽象
实例				
	木构架的复制	PE稻草的使用	材料的替代	意境的塑造

---

① 宋昆,荆子洋.建筑中的再现[J].建筑学报,1999(8):36-39.

基于不同的表达方式,建筑师对乡土意向的表现层次也不尽相同,同时需要认识到,成功的转换并不是肤浅的符号模拟,而是要理解乡土意向背后真正的形成机制,或选择性地使用适宜的传统技术,或将基于此自发形成的形式上升为结构化的逻辑体系,或进行概念化的意境提取,成为意向表达与功能并重的新型建造体系。

　　除了上文提到的建造技术所表现出的结果与文化有关,建筑技术的实施过程即其建造方式也与文化有直接关系。传统的建造方式是社会与它所处地区的关系的基本表现。而一种对现代建筑的批判是基于标准化与工业化的现代技术对人的异化。如卓别林的电影《摩登时代》中所表达的日复一日的流水线上的工作,在技术至上的时代失去了个性与创造性。这种担忧使得人们开始转向对手工艺与地方技术"人情味"的怀念,本地居民的参与正是这种"人情味"的重要体现。

　　在传统的建造过程中,往往看似平常的技术也蕴含着深厚的文化背景。作为"异乡人"和他者的建筑师,仅靠调研或文献阅读并不能真正了解其中的内涵。只有让使用者同时作为建造过程的主体,文化才能够呈现。在传统乡村建造中,建造活动往往是蕴含着仪式与宗教方面的意义的。上梁、立架等建造的重要节点也伴随着民俗仪式活动,这种物质性建造的行为及其文化的表现也经由这些仪式体现、延续并升华(图 4-31、图 4-32)。

图 4-31　广西壮族自治区侗族的
　　　　　上梁仪式①

图 4-32　谢英俊轻钢体系的上梁仪式②
　　　　　——牧师祈祷

①　图片来源:https://kknews.cc/zh-sg/culture/34m8gmg.html.

②　图片来源:谢英俊工作室提供。

2. 文化认同与技术运用的双向调适

"乡土意向"实际上是一个历史性的概念,其内涵在历史的发展变迁中是不断变化的,美国社会学家奥格本提出的"文化滞后理论"即表达物质发展(技术发展)和文化认同的进程并不是同步的,技术的发展总是先于文化的认同。表现在建造技术上,即体现在如现代建造技术走向成熟时,人们的审美意象仍然停留在传统建造技术所表现出的形式上。正是因为这种客观现象,才会出现前文提到的在砖墙或混凝土现浇墙体上以土装饰的情况发生。某种程度上,对传统形式的执着影响着新技术的推广。

某些传统村落极具特色的东西因为"好心办坏事"而遭到破坏,如有着百年历史的鹅卵石村道在村落整治和维修过程中全部被拆除,改成铺砌水泥路,村中主要负责人甚至引以为傲。当代乡村建筑以自建砖混结构为主,墙装饰以彩色釉面砖,并在装饰中加入欧式风格元素,可以看出价值观和文化传播对建筑技术、材料的选择与应用的影响,某种意义上讲甚至是决定性的。基于"乡土意向"表达的技术选择,很大程度上不为当前乡村居民所理解。这是当代建筑师在乡村中使用新技术普遍会遭遇的窘境。如罗德胤在访谈中就曾提道:"……目的是实现一个理想的样板房,作为对村民思想改变的媒介,使其意识到新的建造方式的优点。"①因而不能简单迎合这种异化的价值认同,而应选择适用的建造表达技术,创造新的"样板",从而影响当地村民对"乡土意向"的理解。

对"乡土意向"的认识体现出的是对当代乡村的文化认同。在当代,传统技术的复兴与新技术的推广都受到了当前乡村中异化的审美认同的阻碍。在这种状况下,需要的是文化认同与技术的双向适调。单一地强调某方面的重要性都是不切实际的,对任何一方面简单的取舍都是武断的。在文化的适调上,建筑师以"样板房"等运用技术的方式,推动乡村审美认同的提升。在理想的状态下,的确能给乡村带来新的价值观的提升。在技术的适调上,要寻求乡村文化要素与现代建筑技术的恰当融合。通过双向的适调,才能做到在新的时代背景下,技术对"乡土意向"的恰当表达,在技术发展的大背景下取长补短,获得新的发展动力。

---

①　罗德胤,王璐娟,周丽雅. 传统村落的出路[J]. 城市环境设计,2015(Z2):160-161.

第五节 适宜的工程模式:技术运用的在地性

　　乡村建造有其不同的建造模式和特点。乡村建造首先是"能建"(可行性),这与乡村建设的运作机制、建造成本直接相关;其次是"建好"(可控性),要保证基本质量和长效寿命(相比现状问题来讲);最后就是"易建"(普遍性),也就是技术相对成熟、大众化,便于推广应用。因此乡村的建造模式选择跟建造技术的内在要求和建设所处的外部环境条件限制相关,应该是全过程的可控性,其中最基本的还是建造技术的选择(图 4-33)。建造的可

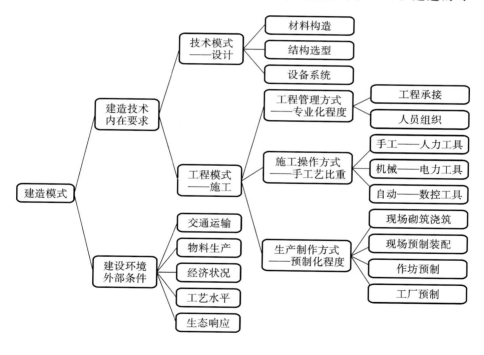

图 4-33　建造模式①

---

　　① 图片来源:基于李海清等《易建性:作为环境调控与建造模式之间的必要张力——一个关于中国霍夫曼窑之建筑学价值的案例研究》绘制。

控从何时开始？既有研究已清楚表明全程控制的重要性。也就是在设计阶段，就要考虑好技术模式和工程模式的选择策略，并不是只有在工地上的工作才是控制。20世纪以来，汽车、造船和航天等制造业突飞猛进，生产的经济与高效、产品的高品质日益凸显，而建筑业却仍停留在19世纪的建造技术和模式中，因此到了对建筑的建造技术和模式进行反思的时候了。

一、工程管理、施工操作与生产制作

设计阶段就应该考虑到适宜的技术模式，也就是上文所谈及的结构选型、材料构造及乡村越来越多的家电和生产机电设备的使用。这直接决定了建造的难易程度甚至是否可行，还应考虑相应的工程管理、建造的工具等。

1. 工程管理方式：匠作体系的远去

随着社会的发展和转型，乡村住宅的使用者和建造者分离。过去所说的"能工巧匠"式的匠作体系已经远去，一个大木匠师很难单独接到承建房子的业务，这些匠师也在逐渐老去，有的成为非物质文化的传人，有的被工程公司聘用。过去的匠作百工体系被今天工程公司的现代分部工程体系所取代，在专业化程度、建造品质、施工效率等方面很难说是一种进步，但确实在应对框架结构、新兴材料等方面，现在的工程公司和管理运作方式具有更强的适应性。

在工程的工作人员管理上，现在的乡村其实跟过去并没有太大差别。过去有大师傅带着两三个徒弟，在建房时招募一些相对有经验的人员以及家族成员协力共建。今天在乡村承建的工程公司，只是过去的大木匠师变成了项目经理或者是小工程公司的老板本人，手下相对固定的"懂一些技术，会看些图纸"的人员变成了工地的实际组织者，也还是根据项目工程的规模和进度临时招募乡村剩余劳动力或返乡的农民工。有的工程队甚至因为没有建设资质，不具有过去匠作体系的约束力。

从工程管理方式来讲，量大面广的乡村住宅和其他建筑的建设技术选择更应该具有某种容错性，也应当适度减少现场工作的环节。

在乡村项目中，多以"营造"等相关词语表达建筑师在乡村所做的工作，也就表明建筑的建造过程与结果同样重要。建筑师的职责不再只是图纸上的工作,设计与建造也不再是两个割裂的过程,而是统一于"营建"之中。城市中的建筑设计和建造涉及多个专业,分工更细,而当建筑师置身于乡村建造的实践中时,则可能失去其他专业与成熟体系的支撑。此时,建筑师必须具有设计全过程、多专业综合处理的能力。城市建筑在建造中遇到的许多具体的问题既可寻求标准化的解决办法,亦可将问题转给其他专业团队解决,而在乡村建造中,建筑师必须面对这些问题,且往往缺少更专业的团队的支持。故在乡村项目中,建筑师绕不开"建造"的问题,同时比城市中的项目可能要考虑更多的因素。因而从建筑师参与乡村建设的一些成功案例中,我们也可以看到形式创造之外很多建造上的创新。

　　2. 施工操作方式:机电工具的使用

　　中国传统文化"重道轻器",使人觉得谈论器物工具是比较低级的事情。在建筑领域,事实上工具不仅影响到建造,对建筑本身也有重要的影响。随着现代学科体系的不断分化,在科技史、建筑施工、水利施工、木材加工与家具制造诸领域,才出现关于工具的深入探讨[①]。

　　中国传统的施工工具种类相对来讲并不算丰富,但每一种工具可以发挥不同的用途,无论是制作的产品品质,还是工具的"创造性"或"非正规"的使用,都体现出匠师的水平,尽管"工欲善其事,必先利其器",但工匠的精神和技艺被看作是比工具更重要的事情。犹如中国厨房和德国厨房里刀具的差别那样,今天的工具可谓变得异常丰富,功用划分越来越细,同时由人力为主的工具转向以电力机械为主的工具。但同样体现出中国工匠对工具的态度和智慧的是工具的使用。

　　在乡村进行施工建造时,经常会出现李海清教授所说的"工具的用途迁移",也就是其用途超出了工具设计者和制造者的本意。如挖掘机原用于挖掘土方,而略加扩展,亦不过配置抓木器以便抓取、搬运原木,或配置破碎锤,用于拆除坚固的旧房。但若将挖掘机用于打桩,则其用途发生了显著的转换。通常情况下,建筑师并不倾向于使用这类挖掘机来打桩。这就不能

---

　　① 　参见鲁道夫·P.霍梅尔、李浈、李海清、袁烽和法比奥·格拉马奇奥等学者的研究。

回避经济核算的考量:挖掘机可身兼挖土、打桩二职,可省去另租桩机的开支。因此,实现挖掘机的用途迁移可有效降低施工机械的台班费。[①]

在乡村施工时,我们经常可以看到工匠因陋就简,制作完成相应的工具。家庭装修时,常见木匠用几根木方和几块木板迅速搭建起一个木工施工的操作平台,稳定可靠,同时方便便宜,又避免较大型的木工台锯到处搬运。乡村建造工具的自创"发明",以及"非正规""另类"的使用,事实上在具体、特定的环境条件下发挥了无可替代的关键作用。尽管可能存在安全和稳定性等方面的不足,但这正是其自身的初始目标决定的,一旦正规化和标准化了,也就难保其追求随机适应性的优势了。

施工操作方式和工具的使用影响了乡村建筑的施工品质,甚至决定了某些设计无法实施,尤其是那些"想象着挺美"的建筑。因而我们必须基于施工和工具进行建造的全程控制,也就是前端指向建筑的策略谋划,后端关联工程实现。就工具对于建造全程控制的意义而言,来自策略谋划端的要求是基于建造模式预判的工具类型选择,而来自工程实现端的要求则是善于临场应变的工具运用,乃至于工具用途的迁移以及工具的改进和创新,而这些无不需要专业配合上的协同工作和开放精神[②]。

一名建筑师,无论曾受过多么专业的培养,都难以对建造现场有真正的体认和理解。建筑师曾是其前身——工匠的一员,如能多一些工匠式的思维和行动意识,或许能成就一种删繁就简的清新策略。[③] 因此,基于乡村建造现场的体验和实践,思考乡村建筑建造的全程控制,必须从建造模式层面对技术模式和工程模式进行两方面的控制。既要有技术运用的适应性意识,进行简化或本土化、容差、容错和冗余性的设计与建造,更要有"控制与不控制(有所为有所不为)"的全局系统考量和智慧。在明知山区大型运输和施工机械无法到达的情况下,采用土方量大的环境改造和一些重型材料构造;明知经济困难,预算紧张,施工队伍素质不高,工艺水平较差,却仍采

---

① 李海清.工具三题——基于转型建筑建造模式的约束机制[J].建筑学报,2015(7):7-10.

② 李海清,等.易建性:作为环境调控与建造模式之间的必要张力——一个关于中国霍夫曼窑之建筑学价值的案例研究[J].建筑学报,2017(7):8-13.

③ 韩冬青.在地建造如何成为问题[J].新建筑,2014(1):34-35.

用需要精确控制的技术模式和工程模式,这些甚至不是工程经验不足的问题。设计者应该也必须为无处不在的、想象中的可能性提供足够的、实施上的必要性论证支持。

在乡村施工条件的限制下,有的建筑师采用了另一种技术策略,即将现场建造施工的难度转给制造及设计解决。典型的例子如谢英俊对其建造体系中构造做法的简化:以铰接的方式代替以往轻钢结构中采用的焊接方式,这种做法较之以往的做法易操作,安装快速,即使施工错误还可以修改拆卸,易于让无施工技术的村民掌握,让专业人员、工匠、村民均能够参与建造。通过对建筑体系的低技化以及组装流程的简化,协力造屋这一施工方式得以再发展与传承。建筑的生命周期也变得丰富多彩,可以根据户主的发展来自行更新、扩展和拆除。这也是生活形态、风俗民情的地域化体现。

乡村住宅建设施工是直接提高乡村住房条件的有效途径。目前,大型的建筑机械在乡村使用时存在诸多不足之处,传统建筑过程的机械化、智能化程度较低,工人劳动强度大,作业效率低且作业质量无法得到有效保证。针对这些问题,应致力于开发适宜性、高效能、智能化、多功能集成化的农村建筑建造装置与装备,提升住宅施工土方作业、混凝土作业、物料搬运等建筑过程的施工操作水平;研制开发多功能集成化的土方作业机械,设计适用于集成化需求的通用化、标准化、系列化执行器;提出适宜乡村住宅施工的集上料、搅拌、输送、布料为一体的小型智能混凝土一体机设计技术,解决乡村住宅施工混凝土作业人工依赖程度高的问题,提高机械化应用程度;提出一种车载塔吊设计与控制技术,实现乡村住宅施工建造中智能化的建材搬运和智能建造;探讨房屋建造过程中砖瓦铺设机器人技术,推进乡村住宅施工建造中的智能化应用水平,提高房屋建造质量与效益。

3. 生产制作方式:预制装配的兴起

机电工具的使用和机械化程度的提升也势必催生和促进乡村建设的工业化,也就是建设由低层次的工业化,或者说是前工业化(preindustrial),逐渐升级为真正的工业化。除却中国传统木结构建筑体系的某些装配式建造特点,今天的乡村建筑已经在不同程度上使用了预制材料或采用了装配式的建造方式,但大多不是"有意识"的选用,更多的是自然而然的选择或权宜之计,也是基于某种"易建性"的考虑。前现代时期的日常建筑大多具有简易化的设计特点,而环境调控品质却难以尽如人意,人工环境舒适度大幅提升是进入现代时期以来才发生的[①]。通过相应的标准化,建筑构件和部品的品质逐步提升,进而逐步走向集成化。所以"易建性"包含了简易化、标准化、集成化等基本原则。标准化、集成化决定了工厂加工的成分越来越多,因而整个建筑工业预制装配的比例也越来越大。理论上走向标准化、集成化会进一步提升建造品质,改进环境调控品质,但事实上存在产品标准"缩水",新旧技术和建造方式并存的衔接,以及跟设计—建造的协同和整体提升的问题。

此外,理论研究和实践经验已证明,工业化程度越高的建造模式,如结构材料、饰面材料甚至施工结构所用材料(如模板)的标准化、预制化程度越高,其体系的封闭性就越强,尤其是对于建造模式自身的表现需求越多,则对施工误差的容忍度就越小,对"策略性的控制"要求就越高[②]。预制装配的建造模式在乡村的适用性现在尚存一定的障碍,但也不能单向追求易建性而堕入唯简易是从的泥坑,就人们日益增长的对环境品质的需求而言,必须寻求适宜的设计—建造模式。

当代以建筑师设计为主的运行模式,对现在的乡村来说复杂且不经济。一方面,建筑师的设计费相对太少,不能体现设计的价值;另一方面,当代中国普通人根本雇不起建筑师,还觉得建筑没有设计方案也一样能建起来,在乡村这种矛盾更是突出。对贫困地区的"业主"来讲,建筑师的设计费用比较高昂。[③] 在建筑材料选择上面,也有不合理选材造成的造价高昂,西安建筑科技大学郝际平教授指出,混凝土结构的大量使用使得建筑造价增加了20%左右。可见现阶段不适宜的建造模式带给建筑成本的增长之大。因此更多的材料复合化,采用工厂加工的方式,扩大市场供应,不仅从建筑材料方面降低建造成本,也有助于提升建筑性能。此外,多种装配式的结构、部

---

① 李海清,等. 易建性:作为环境调控与建造模式之间的必要张力———一个关于中国霍夫曼窑之建筑学价值的案例研究[J]. 建筑学报,2017(7):8-13.

② 李海清. 建筑工艺水平地域差异现象、成因与对策[J]. 时代建筑,2015(6):46-51.

③ BELL B, WAKEFORD K. Expanding architecture: design as activism[M]. New York: Metropolis Books,2008.

品等运用增多,不仅使得技术更加成熟,也将降低建造成本,同时有助于乡村生态环境的保护。所以在乡村预制装配的建造方式和相应的生产制作方式也将越来越普遍。

二、适应性:现实的限制条件

由于环境影响和人们的使用需求是复杂多样的,从实践逻辑来看,工具选择和运用的关键是"在地性",即是否针对项目地点的具体客观条件——地形、气候、物产、交通和经济等,真正解决具体问题。同样是轻型建筑,同样是运输工具,朱竞翔团队在不同项目中使用过集装箱、海运轮船、货柜汽车、普通货运汽车、小型工具汽车、自制缆车、铲车、汽车吊以及土法上马的"全地形小吊车"等,乃至于最为原始的人工徒步搬运。不难理解,即便是在高新技术日新月异的今天,在具体项目中一味追求工具的技术先进性并无必要,由于受经济条件约束,在大多数情形下也不存在这种可能。①

1. 交通运输

相较于城市,乡村地区仍属于较偏远地区,这种特殊性制约了建造技术的选择,特别是原材料的选择。一方面,交通运输对技术选择的制约是强制的,如道路等级、地貌的影响限制了大型设备、大型运输工具的进入;另一方面,相较于城市,乡村的相对偏远导致建造中材料的运输成本大大增加。

在乡村自建中我们不难看到此类问题,对于某种材料的依赖使其需要经历远距离的运输,造成了成本的增加、生态的破坏等种种问题。建造中对于原材料的选择会基于多方面的考虑,但乡村的交通状况亦是我们无法回避的现实。要作出适宜乡村的技术选择,必须考虑到乡村交通状况的特殊性。

单就此考虑,本土材料应当是乡村建筑的最佳选择。但在考虑交通因素时,也不能一概而论。基于乡村发展的不均衡,在选择建筑材料时要考虑到不同的乡村有着不同的交通状况。如马清运在为其父亲建造住宅时,考虑到当地有良好的交通条件,因而选用了钢筋混凝土为主体结构材料。同

① 李海清.工具三题——基于轻型建筑建造模式的约束机制[J].建筑学报,2015(7):7-10.

为工业化的材料,轻钢等轻型结构材料在乡村中的推广则能够更好地满足更多交通状况较差、偏远地区在运输成本上的现实条件。特别是谢英俊的"开放体系",其主体结构材料为轻钢,围护材料则多为当地本土材料,这种对技术的选择一定程度上降低了材料运输的成本。

2. 经济状况

在乡村建造中,其成本限制相对于城市项目来说是更加苛刻的。对于自建项目,作为使用主体的村民受限于自身的收入,必然对造价格外关注。在乡村,村民对造价更敏感,这就需要建筑师在乡村建造中更多地考虑降低造价的问题。民居建筑专家朱良文教授,也是云南阿者科传统村落保护发展的推动者,他认为造成云南及我国西部一些传统村落贫困的主要原因有两点:①外部条件差形成的经济落后;②教育条件差带来的智力贫穷。当前贫困型传统村落的保护发展困难主要包括三个:①资金的来源与筹措;②发展的思路与办法;③保护的策略与技术。因而,外界的资金与智力支持不可少,但相应的保护和建设思路应该采用与经济较发达地区不同的策略和思路。朱良文教授团队对阿者科村落实体(环境与建筑)的保护发展选择了一条面对实际的用本地材料、本土技术及本村人力的"低端"技术路线,力求以低造价来获得较好的维护改造效果。① 同理,普通的乡村建造也应针对地方的经济状况区别对待。建造的工程模式选择与地方发展的经济水平和支付能力有关。

恰当的设计—建造模式选择非常重要。同时,许多方面的因素都影响到了建造成本,通过一系列的控制可以减少许多无意义的浪费。有许多技术的策略与具体手段都是对乡村建造成本限制的回应,如选择当地的天然材料或当地易得的材料。谢英俊在晏阳初乡村建设学院生态礼堂的建设中,选用当地大棚的弧形架塑造大空间,此即在材料及技术上基于紧张造价的适应选择,是充分基于乡村的现实以及当地的现实(即在项目条件下,选择乡村易得的材料和乡村最具性价比的施工方式)而进行的综合考虑的结果。

---

① 朱良文,王竹,陆琦,等.贫困型传统村落保护发展对策——云南阿者科研讨会[J].新建筑,2016(04):64-71.

在建造的态度上，以往大拆大建的做法则是非常不适宜的。乡村建造更应该采取一种经济实效的建造策略，通过更微观的介入改善乡村的建成环境。农村家庭普遍并不富裕，村落或者户主本身都希望在造屋时控制成本。从材料、运输、人工几个方面来缩减预算，做到可持续发展。通过就地选材来减少材料成本；通过选择分段式接合结构和轻型化材料来方便小型货车运输，减少运输成本；通过在地加工来减少运输成本；通过协力造屋、操作简化、材料轻型化、设计权的开放来减少雇佣施工员的成本；通过自行后期维护来降低成本。一切都以"高性价比"的原则进行房屋建造。

乡村地方建筑工业升级换代，也可以为地方经济提供新的增长点。国家最新的建筑产业相关规划倡导 30% 以上的建筑采用预制装配式，提升建筑产业化水平。事实上，欧洲和日本等发达地区及国家的乡村建造，也基本上采用类似的模式。学习它们先进经验的同时，需要探索如何将现代技术低技调适，充分利用地方材料，降低成本，适应中国乡村的生活和生产方式。

3．施工条件

当代乡村因为在社会发展上处于不同的阶段，所以不同乡村施工人员的施工技术水平也会处于不同的状况。一种情况下，当地乡村仍存在能熟练使用传统技术、地域技术的工匠，这为建筑师在乡村建造的技术选择提供了技术支持，建筑师通过与当地工匠的合作、学习，能够汲取适宜当地的技术或加以改进，从上述许多案例中我们都可以看到这种对当地技术的学习所形成的优秀技术呈现。在这种情况下，当地施工条件反而会成为拓展技术的选择。

4．生态环境

在传统乡土文化里，"因地制宜"一直都是十分重要的建造观点，究其原因，较低的生产力水平和较小的开发规模使人们在营建时对于自然生态条件的顺应和利用停留在一种近乎本能的"趋利避害"的低层次，所以传统社会里的环境问题显得不那么紧迫、尖锐。而近现代以来，随着生产力水平的发展和人们改造自然的能力极大提高，人类对环境的影响也达到了新的高度。在这种状况下，乡村的自然生态环境不断受到各种挑战，脆弱的生态平衡正在走向失衡。

　　技术的进步使得人们改造自然的能力随之提高，某些交通相对便利的山村开始旧貌"换"新颜，如对原有的地形进行粗暴的改造，盲目的开挖使得山体滑坡等自然灾害的可能性大大增加。大面积的混凝土的使用使得道路地面渗水成了问题。在新的材料和技术的发展运用过程中，人们往往忽略了其对环境的影响。当代建设活动中的不当行为造成生态环境的破坏，这已是当今建筑活动中不争的事实，并引起社会普遍的关注。所以基于对乡村生态的考虑，必须在建筑技术和工程模式上同样做到生态的适应性。

　　基于上述乡村中现实条件及不同乡村的特殊性，"在地建造"成为当代建筑师在乡村建造中广泛采取的策略。建筑师面对真实的乡村生活、土地、交通条件、经济基础、现有资源提出解决方式，以及面向真实的基地条件与限制，与特定地域环境之间直接互动关联，才能作出适宜的技术选择与判断。淡化"建筑师"主观的臆想和身份认定，才能真正做到对乡村现实的适应。

第六节　建造技术的乡村适宜性

　　城市中的建造体系的发展得益于工业化的制造与标准化的施工，并且这两者相对成熟稳定。当我们转向乡村时，建造问题则需要被给予更大的关注。因而需要思考如何向当代建筑体系学习，汲取传统的低成本乡村适宜性技术，探讨和重塑乡村建造体系。不论是建筑师的"下乡"，还是原乡人的自建，都以不同的方式探讨各自理解的乡村适宜建造技术，反映出乡土性与现代性、产业化与地域化等方面的思考和探索。

　　当今对乡村居住问题的研究多是社会层面上关于居住模式、居住环境等方面的研究，或者说是主要局限于规划和政策层面上，尚缺乏更具实用性、操作性的技术层面的深入研究。随着建筑师对乡村建筑及乡村问题的介入，乡村建筑的技术手段极大地丰富起来。在当代乡村建设的不同地区和不同具体条件下，技术条件差异较大，使得在具体的项目实施中，建筑师的差异化探索呈现出较大的丰富性。同时，相较于城市中的项目，当代乡村建筑的规模通常较小，而且在审批等程序上具有"优势"，故在当代乡村建筑设计中，能看到更多建筑师对结构的思考与创新，以及在文化、资金、交通、施工水平等的约束后"绽放"。

虽然乡村传统的建造体系和方式在传承上遇到了一定的困难，但即使在大量使用现代建造技术与工业化的情况下，传统的建造技术仍有它强大的生命力，传统技术亦有回归的趋势。传统技术包含对共有的生活方式的共识或回忆，回归传统亦蕴含着人们的情感需求，具有文化上的价值。另外，致力于挖掘传统技术包含对"彼时此地"生活和环境问题的相对最佳解决办法，当然当我们面对"此时此地"，重新发现这些技术在特定条件下能够存在的合理性，及其在面对当今乡村建筑业存在的高成本、高能耗、高污染等问题时，能提供另一条建造思路和具体技术手段。

同时在当代乡村实践中，技术多样性包括引入的新技术。特别是建筑师主导的项目，建筑师的教育背景使其面对乡村建筑问题时思路更加开阔，从而使更多新的技术进入乡村。而且在乡村建造的过程中，因在地性的要求，现代技术在乡村使用时更加因地制宜，更易发展出简易化、低技化的版本。随着科学技术的发展，更适用于乡村的新材料和新技术也逐渐成熟，所以在技术的选择上，不应以"新"与"旧"作为评判标准，积极引入适合于乡村的影响和成本可控的新技术，能使解决乡村具体建筑问题的方式更加多样。所以，新的乡村建筑适宜技术体系不应摈弃本土建筑的传统形式与构建法则，而应当合理利用新理念、新技术，重新审视如何在新的环境下作出适应性的进化，同时它也应是在遵循恰当的建造逻辑，在原有或改进的结构体系基础上，使用本土的建筑材料，引入合适的新材料和新技术，形成新的体系。采取"乡土技术的科学转化，现代技术的低技调适；乡土材料的产业优化，现代材料的地域适配"等方式探讨乡村的适宜建造技术，从而将低技术手段的研究上升到一个新高度，也是对中国居住问题的深化和补充。

一、乡土技术的科学转化

技术的现代化包括材料性能的科学优化和结构施工技术的现代化，这

是丰富建筑类型和形式的基础,同时如果地方性材料本身在建造方面存在较大缺陷,或者性能不堪新的使用需要,也不可能要求村民去使用。例如穆钧对改善生土材料性能的研究和对现代建造技术的探索与实践等。在以往传统地方性材料的现代化应用中,建筑师常直接将其应用在现代建筑中或直接套用现代建筑的形式,但这样的建筑往往经不起时间和自然环境的考验,出现一系列的问题。穆钧团队多年来的乡村实践给传统地方性材料的发展指明了新的方向。

1. 传统木结构的当代建造

学者赵辰建议不妨以建构文化的视角来关注民间建造体系,这样有利于排除风格化视角所产生的对不同文化的建筑之间的不平等[1],并且以民间建造体系为特征的"土木/营造"作为中国建筑文化的本源[2],而传统民间建筑体系的主体当属轻型建筑。无论是帐幕采用的丛生的柳条榆木、作为覆面材料的羊毛毡、绑扎用的牛皮条或马鬃绳,还是干栏建筑所用的树木、"编竹苦茅",较之穴居材料及其衍生的材料都要轻,结构形式也相对轻巧多样,更具装配的特点。后世的演变、融汇、发展更趋多样,"轻重"相济。[3]

以木梁架为结构主体的建筑形式是我国传统建筑的主流结构形式,在当代建筑师的乡村实践中,也有很多案例选择使用传统木构架作为主体结构。这些案例有的是对传统木构架形式的完整再现,有的是对旧木架的再利用,有的则是在传统木构架基础上的改造与创新,还有的是基于"结构原型"的现代演化,都在某种程度上体现出传统木构的建造逻辑,可以说是传统木结构的演化。

南京大学周凌工作室设计的桦墅村口乡村铺子即完整再现了传统的木构做法。虽然在围护结构等的建造已非传统做法,但在主体结构的建立上,建筑师通过重新使用当地传统的结构形式,希望能重现传统的地方风格(图4-34)。

① 赵辰.中国木构传统的重新诠释[J].世界建筑,2005(8):37-39.
② 赵辰.关于"土木/营造"之"现代性"的思考[J].建筑师,2012(4):17-22.
③ 谭刚毅.中国传统"轻型建筑"之原型思考与比较分析[J].建筑学报,2014(12):86-91.

改造后

图 4-34 乡村铺子实景与结构示意①

　　张雷的桐庐莪山畲族乡先锋云夕图书馆项目所用的手法则是对原有的木构架进行局部改造。原建筑为当地畲民建造的土坯老屋,为木构架与碎石夯土墙共同承重的结构。外部的夯土墙起到了主要的结构和围护作用,木构架则在内部形成了框架结构,使内部空间可灵活布置。在改造过程中,为了重新划分功能区,设计者拆除了原本屋内的夯土隔墙,这使得结构的稳定性降低。于是在设计卫生间以及咖啡厅的门厅部分时,在夯土墙与木框架之间加建了一层由砖、混凝土砌块砌筑而成的砖混结构墙体,紧贴原有的夯土墙,形成了一个三重构造的新结构体系。另一个对原结构的改进是抬升了原建筑的木结构主体,梁柱框架整体抬高了约 60 cm,利用这个高度设计了高窗的构造,改善了原夯土墙形成的封闭性较强的问题,将空气、阳光、风景引入室内(图 4-35)。

　　里坪小学也是基于原有木结构的改造。在 5·12 汶川地震后,里坪村原有校舍被毁,学校搬至当地一座破庙进行教学。此庙为穿斗式木结构,但随着时间的不断推移以及此次地震的影响,其木结构主体已出现明显的偏斜。在此基础上,建筑师对原有木结构形制做出了有别于传统做法的较大修改。其一就是通过杠杆原理将屋架整体抬高了 50 cm,其下砌筑混凝土柱墩,增

---

① 周凌.桦墅乡村计划:都市近郊乡村活化实验[J].建筑学报,2015(9):24-29.

加层高,同时在外端建墙裙以防止位移;其二,在原穿斗式结构上加设了地穿与斜向支撑;其三,拆除了原建筑的屋顶,在顶部加建阁楼(图4-36)。

图 4-35 桐庐莪山畲族乡先锋云夕图书馆的砖墙加建和木柱抬升

抬高与加固地基　　　　加建阁楼　　　　　　加地穿与斜撑

图 4-36 里坪小学改造①

　　华黎主持设计的高黎贡手工造纸博物馆,虽在结构形态上已与传统的木构架形式大不相同(其对角线的构成手法使得其与传统的木构手法不同),但其依旧使用了传统木构的技艺,以榫卯连接为主,辅之以铆钉连接。一方面,该博物馆由当地木匠建造,通过当地工匠与建筑师的共同研究,打破常规做法,实现了梁与柱的斜接。另一方面,其建造逻辑可以说还是传统木构体系的延续,即基于木结构原型的演化(图4-37)。

---

① 马丹丹,邓颖慧.穿斗式木构建筑改建探索——以震后里坪小学为例[J].中外建筑,2011(5):54-58.

图 4-37　高黎贡手工造纸博物馆木结构搭建过程①

乡村实践中的传统木结构如表 4-6 所示。

表 4-6　乡村实践中的传统木结构举例

类别	方式	建造图示（红色为新建、黄色为旧结构）		
再现	传统木构架的再现和旧木构架的再利用	桦墅村口乡村铺子	安吉生态夯土农宅	
改变	新结构的置入和旧结构的加强与形变	七园居	里坪小学	莪山实践

---

① 图片来源：blog.sina.com/huali72。

续表

类别	方式	建造图示(红色为新建、黄色为旧结构)	
演化	连架式的演化和结构原型的演化		
		地球屋 001 号	高黎贡手工造纸博物馆

2. 竹结构的当代建造

竹材作为一种自然材料,很早就开始被人类用于建筑的建造。竹子作为纯天然的可持续使用的绿色建材,具有优越的力学性能、耐久性和安全性,并且价格低廉,作为天生的建筑材料,在古今建筑领域一直有着广泛的应用。

松阳大木山茶园景观亭和临安太阳公社的猪舍、鸡舍与长廊等都以竹材作为主体结构的材料。临安太阳公社结构单元基本相同,用四根竹以螺栓连接形成一个四棱锥,四个面再以三根竹向外侧延伸出一个四棱锥,即形成其中一个基本单元。猪舍由这样四个基本单元组成主体结构,落于卵石砌筑的墩子上(图 4-38、图 4-39)。

图 4-38　太阳公社猪舍

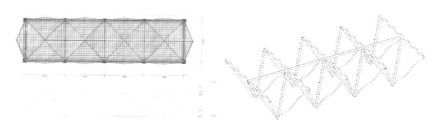

图 4-39 猪舍平面图、立面图和结构示意图①

　　谦益农场虚心谷入口处的竹子大门,采用铁箍绑扎的方式连接竹材,为了增加结构的耐久性,用金属铁箍代替了传统的棕绳,形成层层出挑的屋檐。位于虚心谷院落中的竹亭子,则是采用施加外力、加热等手段使竹子弯曲变形,表现结构的柔曲美,同时弯曲的竹材作为结构构件,可以增强其受力的合理性,骨架采用二十四根竹子弯曲而成,每两根弯曲的竹子通过现场焊接成固定角度的钢管连接件套接而成,形成一个拱形,每四个拱在纵深方向呈一定角度固定于地面,构建出三个拱形的空间(图 4-40、图 4-41)。

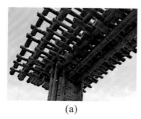
(a)

(b)

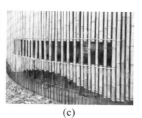
(c)

图 4-40 虚心谷建筑中的竹结构应用
(a)采用钢扎带绑扎的竹门;(b)利用竹子韧性特点的竹亭;(c)灌注水泥砂浆的竹筒建的换气墙

　　现代的竹结构会加入五金件的连接方式来实现竹构件连接和受力的合理性(图 4-42)。因天然生长的特性,竹子的直径与长度不易统一,构件的精确度不易把控,竹材本身容易开裂,尤其是在穿孔或榫接加工后的节点处,更显脆弱(没能充分利用其材料特性),使得建筑整体的稳定性得不到保证,通过五金件的连接构件可以改善材料的构造性能,丰富其使用方式。相对来说,简易制作的五金件有利于加强竹结构的应用。但是在贫困与偏远地区,因技术水平有限,无法制作工艺复杂的五金件,工厂预制又会造成高昂

---

① 陈浩如. 乡野的呼唤——临安太阳公社的自然竹构[J]. 时代建筑,2014(4):132-135.

的成本,所以强行使用五金件反而会适得其反,应根据场地环境采用适宜的
竹材结构。

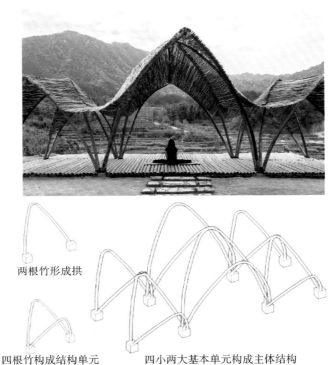

两根竹形成拱

四根竹构成结构单元　　　四小两大基本单元构成主体结构

图 4-41　虚心谷观景台及其结构示意

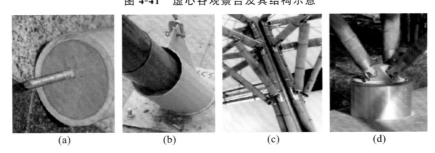

(a)　　　　　　(b)　　　　　　(c)　　　　　　(d)

图 4-42　竹结构的预制五金件节点[①]

(a)混凝土预制节点;(b)预制套筒;(c)预制钢构件连接;(d)基础钢构件连接

---

①　谭刚毅,杨柳.竹材的建构[M].南京:东南大学出版社,2014.

3. 生土的当代建造

广义的生土建筑是指以原生土、夯土以及土坯为主要建筑材料,或者是以土作为主要围护和承重结构,局部结合木结构修建而成的建筑。国内外生土建筑种类繁多,在我国比较为人们所熟知的有窑洞民居、客家土楼以及其他各类生土民居建筑和用生土材料建造的公用建筑。

自 2004 年建成的毛寺生态实验小学起,吴恩融、穆钧及其团队一直是生土建筑在乡村实践的坚守者和创新者。从他们一系列乡村生土建造的实践中可以看到他们对现代生土技术的不断探索。如在提高传统生土建筑的安全性与抗震性上,他们总结了增设构造柱与增设圈梁的做法。在夯土承重墙的四角及纵横墙交接处应该增设构造柱,屋顶位置增设整体木圈梁或水平砂浆配筋带,可增加房屋的整体性。另外,在抗震设防要求高的地区也可以在墙身中部以加入中间配筋带的方式进行加固(图 4-43)。在马岔村村民活动中心的建造中,便利用了上述已形成的技术体系。在夯筑结构系统中,亦是采用了加入混凝土的构造柱、中间配筋带、顶圈梁的结构逻辑(图 4-44)。

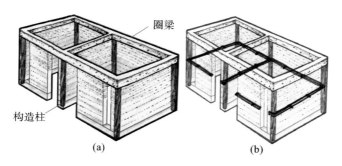

图 4-43　生土建筑的结构加固措施[①]

(a)加设构造柱与圈梁;(b)中间配筋带

---

① 穆钧,周铁钢,王帅,等.新型夯土绿色民居建造技术指导图册[M].北京:中国建筑工业出版社,2014.

 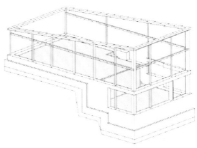

图 4-44　马岔村村民活动中心与多功能厅构造柱体系[①]

其他建筑师也将夯土这门传统技术重新用于乡村建造中,如上文提到的任卫中也在浙江安吉进行了夯土生态农宅的建造,香港中文大学吴恩融与昆明理工大学柏文峰等团队在云南昭通进行生土灾后重建实践,昆明理工大学柏文峰团队还在云南省香格里拉市独克宗古城灾后重建中进行生土民居实践等,其技术也是基于传统夯土技艺的再挖掘,在此不再赘述。

此外,还有对于袋装土建造的尝试,如刘燕青、张鹏举于内蒙古自治区锡林郭勒盟苏尼特左旗的民居建造,便是以填充料(包括土、砂及当地的羊砖)、骨料(包括石子、煤渣及矿渣)及胶凝材料(包括黏土、粉煤灰、石灰及水泥)混合填充而成的沙袋砌筑而成,其与夯土相比,降低了人工成本,也使建造过程更加简便。袋装土非常适合于弧形墙体的建造(图 4-45),这种特点也使得其建造成果似乎生长在大地上。

4. 乡土构造做法的再现

在谢英俊的定州地球屋 001 号、002 号与兰考地球屋 003 号的实践中采用的草土砖墙做法可改善建筑的热工性能。在定州地球屋 001 号中,墙体采用草土砖的做法。草土砖的制作是以方木龙骨支撑模板,将稻草、麦秆导入混合好的泥浆中进行压制。在兰考地球屋 003 号建造之初,原计划也是使用草土砖,但由于当地居民对此项技术的掌握并未满足建筑需求,便改为在外砌砖墙内填充草土,并在草土外层编织竹条以做固定(图 4-46)。

---

① 李强强. 基于现代夯土建造技术的马岔村村民活动中心设计研究[D]. 西安:西安建筑科技大学,2016.

图 4-45 沙袋墙体施工过程①

图 4-46 定州地球屋 001 号草土砖制作和兰考地球屋 003 号草土墙建造②

兰考地球屋 003 号中使用了竹编泥墙，和草土填充共同作为围护墙体

（图 4-47）。竹编泥墙作为一种古老的墙体建造技术，在我国各地皆有使用，南方地区使用较多。传统土墙存在着种种问题，包括结构的不稳定性。竹编或柳条编填草土墙可以避免以上情况的发生。此后谢英俊在许多乡村实践的隔墙制作中，都采用了竹编泥墙的做法，在合作的里坪小学改造项目中，隔墙也使用了这种做法。

图 4-47　地球屋的竹编泥墙①

在西河粮油博物馆项目中，设计师使用了回收的黏土砖作为铺地材料。在北侧室外平台铺设过程中，则使用了当时堆放在场地内部的瓦片作为铺地材料。在铺设过程中，设计师接受了当地工匠的建议，将瓦沿长向中心剖开，切口朝上铺设，并结合当地工匠的智慧，使用了传统的"灌沙法"固定。其做法是将瓦片铺设后灌入沙子，等待沙子自行沉降（图 4-48）。

建筑师在下寺小学的地坪构造中使用了水磨地面的手法。水磨地面以包括废旧校舍拆下的砖瓦以及当地的卵石、山石为骨料，加入水泥浆铺设后研磨而成，形成了别具一格的肌理效果。在此项目的地面做法中，建筑师以就地取材、物尽其用的思想，传递出环保思想。另外，该项目所采用的水磨做法亦是如今城市项目中已不常用的做法，这种做法在乡村中的运用，鼓励了当地工匠保留传统手工艺，也形成了不同的风貌（图 4-49）。

在当代乡村实践中也有对植物屋面的运用。中国乡建院在山东胶东初

---

① 图片来源：http://www.abbs.com.cn/bbs/post/view? bid=1&id=8124600。

(a)   (b)   (c)

图 4-48　西河粮油博物馆各部分地面铺装

（a）餐厅地面铺装；（b）展厅地面铺装；（c）室外地面铺装

图 4-49　下寺小学水磨地面肌理①

家村的实践中沿用当地传统山草顶的做法，并进行改良。在初家村的村委会与初家村乡村图书馆两个新建项目中都使用了这种屋面，甚至在村庄整体的风貌改造过程中，也对原水泥瓦顶的民居进行了山草顶的改造。虽然这两个新建项目与民居改造过程都使用了山草顶，但做法各有差异。在新建村委会的过程中，使用的是以传统木构架为主体结构并铺设山草顶的做法，即在木屋架上铺设檩条、芭板之上再铺设山草屋面。屋顶的底端则未铺设山草，而是改为铺设小青瓦。初家村乡村图书馆则是以冷弯薄壁型钢结构为主体结构形式，在轻钢结构形成的屋面结构上加设保温层，之上再铺设山草屋面。在量大而广的民居改造中，则在已有的彩色水泥瓦上直接铺设

---

① 图片来源：朱竞翔作品展览资料。

山草,但底部的瓦面处理依然采用了统一的露明做法,将原有的其他颜色的瓦面改换为统一的青色瓦面(表 4-7)。

表 4-7　山东胶东初家村山草屋面的不同做法

案例	初家村村委会	初家村乡村图书馆	当地民居改造
图片			
构造层次	山草屋面 芭板 传统木构架	山草屋面 保温层 轻钢结构屋架	山草屋面 水泥瓦 搁置木梁

　　浙江杭州临安太阳公社项目中的猪舍亦采用了茅草屋顶覆盖。猪舍所用的茅草来自基地附近的山谷,由当地农民在农闲之时采摘编织而成茅草屋面后人工挂于竹结构的主体之上。鸡舍则因为建造季节原因,收割不到合适的茅草,改为使用竹瓦屋顶。竹瓦的做法为将整条竹子一剖为二,清理其中竹节后将半竹正反相扣,自然形成顺畅的排水通道。基于项目用途的特点,这两个建筑都没有采用现代防水的做法,而是直接将植物性屋面铺设在竹结构主体上(表 4-8)。

表 4-8　太阳公社屋顶的搭建与构造

案例	猪舍		鸡舍
屋顶搭建			
构造	①茅草;②竹片椽子;③竹檩条;④竹梁		①竹瓦;②竹片椽子;③竹檩条;④竹梁

　　在湖北蕲春郑家山小学的改造中,同样使用了这种竹瓦的做法。项目选用的竹材来自基地附近的竹材加工厂,竹材在这里进行整根去青、防腐处理之后运送至建造场地。在当地篾匠的带领下,村民及参加建造的志愿者

一起参与了对屋顶竹材的处理。首先将经处理的整竹从中间一剖为二,再用榔头对竹子内的竹节进行清理,最后对整条竹瓦的内外涂刷清漆,是否上漆需酌情处理(图 4-50)。

(a)   (b)   (c)

图 4-50　竹瓦处理过程

(a)剖整竹;(b)清理竹节;(c)上漆

在新建的以镀锌钢管焊接而成的主体结构上,基于防水与保温的考虑,在中间加设两层中空的阳光板。处理完毕的竹瓦则正反相扣铺设于阳光板之上,竹瓦正反相扣的做法有如传统的瓦垄和瓦沟。竹子与阳光板用自攻螺钉固定在镀锌钢管上(图 4-51、图 4-52)。

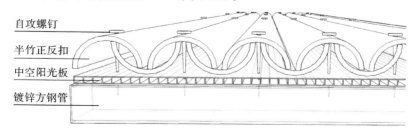

自攻螺钉
半竹正反扣
中空阳光板
镀锌方钢管

图 4-51　"竹瓦"屋顶构造详图

二、现代技术的低技调适

在乡村建造的过程之中,因其所在地的条件及更多的在地性,现代技术在乡村的使用往往需要因地制宜,转变为简易化、低技化的变体。

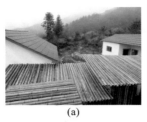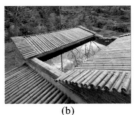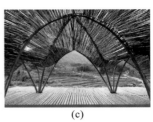

(a)　　　　　　　　　(b)　　　　　　　　　(c)

图 4-52　竹屋面的应用

(a)走廊竹瓦屋面;(b)厕所竹瓦屋面;(c)观光亭竹枝屋面

（一）主体结构的低技化

1. 轻钢结构的乡村建造

轻钢结构指的是"轻型钢结构",因其自重轻,建造过程适合以简单的工具辅助人工操作,技术较为简单易学,施工时间短,湿作业少,在国外的低层住宅中有广泛的运用。基于以上轻钢结构特点,在乡村一些特殊情况下的建造具有很明显的优势。例如灾后重建以及一些乡村偏远地区的建造。目前在我国乡村地区使用轻型结构体系进行持续实践与研究的建筑师有朱竞翔和谢英俊等。

谢英俊先生惯用冷弯薄壁型钢结构,是在国际上已有的 LGS(冷弯薄壁型钢龙骨式结构)轻钢结构住宅体系基础上,进行本土化的建造。其横向杆件多为 C 型,直承重构件为 U 型冷弯薄壁型钢。其结构形式在西方 LGS 轻钢结构的基础上进行了改进,使用了局部的斜撑而非面板作为增加侧向稳定性的构件。四川省茂县杨柳村是运用轻钢结构体系的项目之一。杨柳村为羌族村落,在 5·12 汶川地震中受灾严重,集体搬迁至山下重建村落。当地村民拥有丰富的造屋经验,技术成熟,因此自主建造的愿望强烈,这暗合了谢先生长期以来"协力造屋"的目的。建筑师经过调研后提出轻钢结构原型,基于结构体系的开放性,可满足村民对房屋大小的弹性需求。其次,受到传统穿斗式结构的启发,其以"榀"为结构单元,同时增加了檩条并减少了椽子。以"榀"为逻辑的搭建方式也与传统穿斗式的建造逻辑类似,易于村民学习。由于围护体系和结构体系并置,且部分结构体系暴露,展现了一定的建造逻辑。

2. 桁架结构的乡村使用

桁架是格构化的梁式结构,常被用于需要大跨度空间的建筑中,是典型的外来结构体系。现存的乡村建筑中,桁架结构主要应用于近代建造的乡村礼堂或乡村工业建筑中,如民国时期黄郛在莫干山乡村建设中开办的蚕种场,即使用了豪式木桁架(Howe wood truss)为其屋顶结构。在河南新县西河村粮油站改造项目中,原建筑也使用了木桁架。这两个乡村建筑现在虽经建筑师改造过,但在改造过程中,均未对其桁架结构做出改变,只是进行了加固与翻修。如在莫干山蚕种场(即为现在的庚村文化集市)的改造中,使用了加设钢夹板、增设螺栓、增加螺母等方式增强其原有木桁架结构体系(图4-53)。

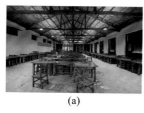  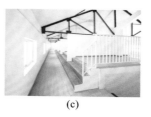

(a)　　　　　　　　　　　(b)　　　　　　　　　　　(c)

图 4-53　乡村建筑中的桁架结构

(a)西河粮油博物馆及村民活动中心;(b)莫干山庚村文化集市某餐厅;
(c)鄂州梁子湖区徐桥粮油站改造的村公所

当代乡村实践中也有对木桁架的使用。如在唐山乡村有机农场设计中,同样使用了豪式木桁架为其屋顶结构,与上文两个早期的木桁架不同的是,建筑师选择了新的工业材料——胶合木作为制作桁架的主要材料(图4-54)。

在毛寺生态实验小学的建造中,设计者没有使用当地传统的实墙搁檩的做法,而是以钢筋加固木屋架,形成上弦——受压,腹杆采用原木;下弦——受拉,采用钢筋。这种结构类似桁架的形式,粗壮的木梁与纤细的拉索形成鲜明的对比,凸显了结构的轻巧,又使其与常用的实墙搁檩做法看起来差异不大(图4-55)。

轻型钢屋架与钢筋混凝土屋面相比,用钢量接近或更少,但节约了木材与水泥的用量。当采用轻型屋面时,可以使用角钢、薄壁型钢、钢管等组成

图 4-54　木桁架与室内空间[①]

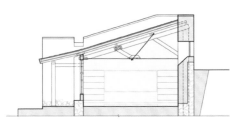

图 4-55　毛寺生态实验小学教室和结构[②]

的轻型钢屋架。但由于材料性能的限制,轻型钢屋架适宜用于跨度小于18 m的建筑中。

　　谢英俊在晏阳初乡村建设学院内设计建造的节能礼堂,其结构的选型及建造的过程都体现出了建筑师对于乡村现实的回应。项目需要的大空间营造和乡村现实带来的资金紧张因建筑师的介入产生了一种创造性的解决方式。形成该礼堂结构主体的弧形架是直接购买的当地常用于温室大棚的弧形桁架。格构化的梁与柱以角钢、圆钢、C型钢现场焊接而成,其形式分别为三角形桁架梁与方形桁架柱(图 4-56)。

(二)构造做法的低技化

　　随着对环境舒适性要求的增加,乡村建筑也会增加防潮层与保温层等

　　① 图片来源:http://www.gooood.hk/tangshan-organic-farm-china-by-arch-studio.htm。

　　② 吴恩融、穆钧.基于传统建筑技术的生态建筑实践——毛寺生态实验小学与无止桥[J].时代建筑,2007(04):56.

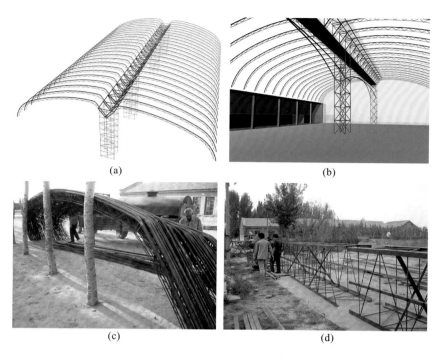

图 4-56　弧形架的使用①

(a)结构模型；(b)模型室内视角；(c)温室大棚弧形架；(d)现场焊接完成的桁架柱

提升其围护性能的构造层次。如在乡村经常被忽视的基础和地坪的做法，往往带来受潮、保温隔热不佳甚至安全隐患等问题。图 4-57 是国外乡村住宅常见的基础层做法。这种采用预制装配的工业化建造方式非常值得我们学习借鉴，不仅有品质保证，同时量大后成本更低。在我国乡村还需时日去推广，但广大建筑师和工匠也发展出许多低技术的做法。

　　如在张雷主导的浙江桐庐莪山畲族乡新建的民宅设计中，即在垫层之上铺设了卷材防潮层，再铺设 60 mm 厚炉渣作为保温层。在该村民宿与乡村图书馆的改造过程中，也在内衬砖墙地梁施工的同时，重做素混凝土地坪及防潮层。而在谢英俊地球屋系列的设计中，其防潮处理便是使用了塑料

①　图片来源：http://www.abbs.com.cn/bbs/post/view? bid=1&id=7404166&sty=3。

薄膜,在打基础时,整体铺一层塑料膜,再以黏土夯实,之上再铺设以土、稻草、石灰混合而成的硬化层。基础四周以草垫、毛毡作为保护,以防止底层湿气上升后破坏墙体(图4-58)。

图 4-57 国外某乡村住宅的基础层做法①

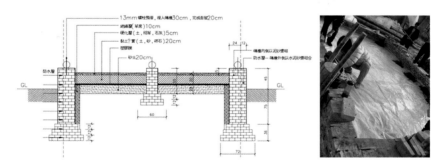

图 4-58 地球屋地坪构造(塑料膜的铺设)②

在朱竞翔的下寺小学地面处理中,建筑师使用了回收材料作为地坪的原料,将震后废弃的混凝土预制板作为地坪的蓄热垫层,原为救灾临时活动板房的保温彩钢板则在新建过程中作为地面的保温层(图4-59)。在里坪村小学的改造中,屋顶的保温层使用了临时板房拆除后废弃的泡沫板,防水层为厚塑料布,都是基于材料易得性与经济性的选择。防水层之上再铺设挂

---

① 图片来源:http://www.youtube.com。

② 图片来源:http://www.abbs.com.cn/bbs/post/view? bid=1&id=7404166&sty=3。

瓦条,一方面出于降低难度的考虑,另一方面也可使瓦下产生空腔,确保瓦下空气流动。另外,建筑铺设的瓦为原小学回收的黏土瓦,也降低了建筑的造价(图4-60)。

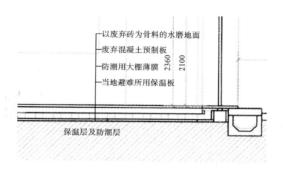

图 4-59　下寺小学地面构造详图[①]

图 4-60　里坪村小学屋顶铺设保温材料和防水层[②]

基础的建造对土地的低影响是对土地作为乡村生态重要组成部分的一种保护。如朱竞翔在鞍子河保护区实践及白水河山地宣教中心建设中都采用了架空的形式。这种形式不需要对场地进行过多的处理,人为工作减少了,对自然环境造成的破坏也减少了。主体结构的立架式基础脱离了对土地的依赖,减少了对农田的破坏。建材的模块化和在地化减少了运输难度

①　图片来源:根据朱竞翔作品展览资料改绘。
②　图片来源:谷德设计网。

和组装难度,使得该建筑体系可以减少对于工厂预制、交通道路和硬化地面的依赖(图 4-61)。这些举措都使得回归山林田园成为可能,更符合传统农业生产的场所活动方式。

图 4-61　建筑轻触大地①

(三)低成本绿色技术的选择

　　建筑回应自然的主要方式之一是结合地方气候,在当代乡村建筑实践中,同样可以看到建筑师在气候回应上的策略。传统民居多在整体与构造的设计上,通过被动式调节,不依赖设备,做到对地方气候的回应。徐州陆口村格莱珉乡村银行的外墙以集热墙的形式利用太阳能:深色的面层朝阳,吸收热能,由双层墙体空腔中的空气进行不直接的热传导,这种传导可由位于二层的用户操控的翻板活门的开闭来控制。又如休宁县双龙小学墙体的两种材料之间形成的空气间层,可通过对通风口的控制,在冬天与夏天形成拔风,促进空气流动,也可关闭形成温室效应,具有两种不同效果。湖北蕲春虚心谷项目的展厅部分也采用了这种生态技术策略。半圆竹厅的双层外围护结构间的空气层起到了热交换与空气流通的双重作用,可通过其弧形砖椅面板的开合进行控制。夏天打开可加强室内外空气流通,带走热气,起到降温的效果;冬天座椅闭合,形成温室效应,增加室内热舒适性(图 4-62)。

　　以适宜技术的合理选择减少对环境的破坏同样可以在当代乡村建造活动中找到许多实例。如放弃高污染、不可再生的材料,转而选用天然材料,便是一种在材料选择上保护环境的策略。也可以通过材料模块化来提高运

---

　　①　图片来源:在库言库网。

夏季砖凳盖板打开——通风换气　　　　冬季砖凳盖板放下——密闭保温

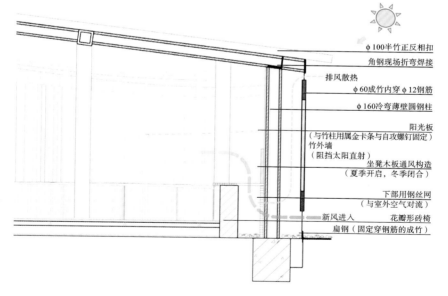

图 4-62　夏季竹厅通风防热示意图

输效率，或者通过建筑体系开放装配式的特性，便于维修或更改等，都能达到减排降能耗的效果。

另外通过主动的方式，以适宜设备的引入减少能源的使用对环境造成的破坏。如朱竞翔先生在许多乡村项目中对太阳能设施与小型风力发电设施的引入便是新能源、清洁能源技术在乡村建造中应用的尝试，亦是在能源使用上对环境保护的一种尝试。对乡村生态的回应，在建造中体现为适度的建造技术的使用。技术本身对乡村生态环境的影响是双向的，不适宜的建造技术会造成乡村生态环境的破坏，此时"适度的技术"是指在乡村中技术的应用应该是克制的，而非炫技式的。显然低技术、低成本的生态技术现阶段往往在乡村中有更多的适用空间，这是由现阶段乡村的现实特点所决定的。同时需要注意的是，对乡村生态的回应应该是全生命周期的，是全过程的。不仅应包括适应性的设计及适应性的技术，建筑的建造模式和施工组织等也是其一部分。

低成本绿色技术的选择及其经济性能在满足"易建性"的基础上实现环境品质调控。运用被动式技术、自然本土材料、地方营造工艺达到不改变乡土建筑地域风貌，做到"最小干预""最低影响"，从而达到建筑的"可识别"和可持续发展。

可逆性强调的是建筑构件组合方式的可反复拆装与组合，目的不仅是为了更加持久与稳固地使用并保护建筑，更是为了能接驳今后的方案，而不是在替换的时候将已有成果推倒重来。可逆性满足了建筑可永久替换构件并持续更新的潜质，可逆性建筑范围涵盖了临时性与永久性的建筑。满足可逆性的临时性建筑被赋予了更多、更持久的使用潜质，满足可逆性的永久性建筑更具有可自我更新的生命力。简而言之，满足可逆性的建筑就已经具备了能不断在材料与结构上自我更新的持久生命力。同时在理念上也与建筑的可持续设计不谋而合。

做到运用可逆性的建造策略，不仅能实现对场地生态的保护，亦能做到建筑本身的可循环利用，可逆性的结构构造能使建筑构件实现可持续的自我更新。建筑师在承担起为大众服务这个社会责任的同时，也要关爱给人们提供生活物资的大自然，在解决民生问题的前提下，尽可能少地消耗自然资源,并能坚持可逆性的建造策略,实现场地的可逆性和建筑的可逆性,真正达到可持续的发展目标。

三、乡土材料的产业优化

　　无论是乡村综合环境整治还是乡村建筑的适宜性建设技术探索,背后都暗含着乡村现代化建设的历史命题。作为地域性代名词的传统地方性材料常被视作贫穷落后的象征,出现一系列生土建筑立面粉白,在砖石建筑立面贴瓷砖的现象,因此传统地方性材料较少被纳入现代探索的行列。建筑师介入乡村建设后,对传统地方性材料的应用也多停留在营造乡土氛围、展现传统风貌上,而对新乡土材料的研发和使用关注不够,大大限制了其应用的可能性。也有建筑师坚持从不同层面探索传统地方性材料的使用方法,研究推广乡村适宜性技术,同时消除人们对本土材料"低品质"标签化的认识。

(一)生土的土料优化

　　传统生土建筑的建造主要是对生土配比和夯筑技术的发掘和优化。在《抗震夯土农宅建造图册》中对土料的优化建议包括掺入稻草、秸秆等天然拉结材料,以及加入石灰、水泥、粉煤灰、炉渣等改性剂,仍然传承传统夯土技术并对其进行经验性的改良。传统的生土技术中,夯筑体内容易存在空隙,墙体的整体强度存在隐患,这成为建筑受雨水侵蚀或外力影响开裂的原因之一,可以通过构造手段加以防范,如给夯土墙"穿衣戴帽"等。

　　传统夯土就地取材,以原状土壤或添加植物秸秆等天然稳定剂制作,现代夯土基于现代材料科学,根据实验分析结果对土壤进行级别配比。在2014年出版的《新型夯土绿色民居建造技术指导图册》中,对土料的优化处理已经转向与基于材料科学的国际现代夯土技术相适应,即基于"级配原理"的现代夯土技术(图4-63)。不需添加其他改性剂,根据"级配原理"在原状土中视原土质情况掺入不同配比的细砂和砾石,保持适当水分,在这种合理的组成配比下,颗粒间的空隙最大限度地减少,经过夯击可使其紧密聚合,夯筑体的力学性能和耐久性能随之大幅度提高。现代夯土的制作原理与混凝土类似,故被称为"生土混凝土"。土料性能是决定建筑品质的关键,法国国际生土建设中心对土料在取材、配料、混合等方面均进行了科学性优化(表4-9)。其中最为关键的是"土砂石级配"原理,即通过调节土壤原料中砂石等骨料与黏粒等黏结成分的比例,使土壤在经过高强度夯击后达到极高的强度,具备耐水、防潮等优秀性能。[①]

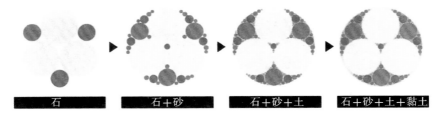

图 4-63　级配原理[②]

表 4-9　土壤成分级配优化[③]

原始土壤一般成分				原始土壤成分关系图	级配优化成分关系图
成分	砾石	砂子	粉粒	黏粒		
粒径	>2 mm	0.02～2 mm	0.002～0.02 mm	<0.002 mm		
图片						
作用	骨料			黏结		

(二)竹、木集成材

传统材料及其建造方式在当代技术发展中也产生了变化。如近代胶合木及其他集成材的出现,很好地改进了原木的缺点,或增进性能、提升丰富

---

① HOUBEN H,GUILLAUD H. Earth construction:a comprehensive guide[M]. French:ITDG Publishing,2005.

② 穆钧,周铁钢,王帅,等.新型夯土绿色民居建造技术指导图册[M].北京:中国建筑工业出版社,2014.

③ 同上.

度，都使"木"这种材料的丰富性大大增加（图 4-64），更好地应用于建造活动中（图 4-65）。

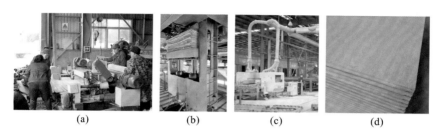

| (a) | (b) | (c) | (d) |

图 4-64　胶合板加工流程

（a）原木旋切；（b）薄木压平；（c）胶合烘干；（d）成品胶合木板

芭莎·阳光童趣园　　　　　　　　　　　　　南苑

(a)　　　　　　　　　　　　　　　　　　　(b)

图 4-65　竹木集成材的应用[①]

（a）以木材集成板材为结构材料；（b）以高强竹纤维复合材料为结构材料

随着材料科学的发展，出现了对竹材进行的工业化加工与重组。这种新材料开始被建筑师运用于乡村建造中，其中包括多种以竹为原材料经过胶合加工而成的产品。常用于建造主体结构的有一种俗称为"竹钢"的竹基纤维复合材料，其以纤维化竹束为构成单元。另一种是原本被用于集装箱底部的 3 cm 厚的竹胶合板，还有竹木模板等。随着建筑师的实践，这些原本并非应用于建筑的材料也被用于乡村建造中。

李道德的牛背山志愿者之家项目，便在改造过程中应用了竹基纤维复

---

① 图片来源：朱竞翔，形式之外的体系——芭莎·阳光童趣园；穆威，先进建筑实验室（AaL）、周超，原榀建筑事务所。

合材料为其新加建部分的主体结构材料。原竹材来自四川本地,也在四川当地的企业进行材料加工,运送至建筑所在的场地。并利用场地附近的废弃操场进行现场放样,通过几个固定点对竹纤维进行弯曲,然后现场进行胶合处理,使其形成需要的曲度(图 4-66)。

图 4-66　现场定点放样胶合制作异形结构主体

位于湖北鄂州涂家垴镇万秀村的一叶书吧则是以竹胶合板为结构材料进行的乡村建造实践。书吧使用的竹胶合板的强度高,有硬度较普通木材高、防腐防碱性能好的特点,作为书吧的主体结构材料,通过镀锌钢板和螺栓进行连接拼装。其结构板材采购自附近工厂,预先切割成所需形状尺寸。镀锌钢板于当地小作坊加工,根据设计螺栓连接位置打孔(图 4-67)。

(a) (b) (c)
(d) (e) (f)

图 4-67　一叶书吧结构所用材料和主体结构搭建过程

(a)竹胶合板;(b)镀锌钢板;(c)连接用螺栓;(d)镀锌钢板和螺栓进行连接;

(e)基础以镀锌钢板螺栓连接;(f)每榀之间以小块胶合板插接

书吧由 16 片类似"肋"的竹胶合板框架构成整个形体和室内外空间,每一榀框架由相同尺寸的"柱"和 3 种尺寸竹胶合板拼装而成门形"屋架",框架之间由相同尺寸的小块竹胶合板进行连接。门式框架为书吧的主体结构，通过不同高度渐变或跨度渐变形成不同的形态，探索解决装配式建筑形态相对单一的问题。利用板材做结构，可以将其宽度过大的劣势转化为优点。屋顶利用竹胶合板的宽度，设计成内外两重屋面，中间形成很好的空气腔层，可以通过气流带走热量，有利于减少室内得热。另外，墙体很厚，可以充分利用板材柱体形成家具与结构的一体化，家具与结构的一体化同时可以提高整体结构的连接性（图4-68）。

图 4-68 一叶书吧

（三）秸秆草砖

承重秸秆草砖墙体系是指屋面荷载直接通过秸秆草砖传向基础的结构体系，它又被称为"内布拉斯加法"，因为这项技术最早于19世纪末在内布拉斯加州被发明出来。这种结构形式简单、制造周期短、成本低，在秸秆建筑发展的初期受到了广泛青睐。

然而这种结构形式也有诸多限制。首先由于秸秆草砖形变量较大，无法承受过重的荷载，因此仅能用在单层建筑的设计建造中；其次，为防止形变不均匀而造成的墙面屈曲问题，秸秆草砖墙体的高度与厚度比应控制在5∶1以内，这样一来就限制了建筑的高度；最后，在墙面设置门窗洞口也应尽量小而狭长，洞口的高度必须大于宽度以满足结构要求。

承重墙必须选用经过良好压缩的秸秆草砖砌垒而成，墙体需采用预应力处理，同时应保证每块秸秆草砖至少需要两根固定在基础上的加强筋穿过（图4-69）。为了达到这一要求，需要对顶部圈梁进行张拉处理，墙体内的预应力要稍大于屋面荷载，这样才不会对秸秆草砖结构产生过多的二次压缩。秸秆草砖墙体的表面处理有多种方式，抹灰是较为常见和简易的做法之一，但应注意墙体外侧的防水及防潮问题。

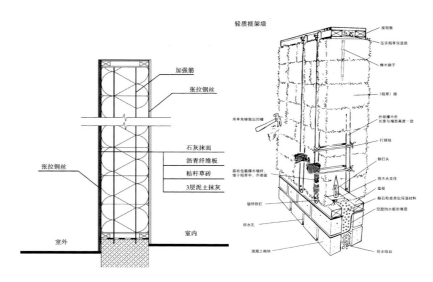

图 4-69　承重秸秆草砖墙体剖面图与构造示意图

如今,国外对承重秸秆草砖墙体的研究进入了一个新阶段。在材料使用方面,已经摆脱了单一材料的局限性,通过加入轻质混凝土等其他材料进行改良,增加其结构强度,现在已经可以建造 2～3 层的房屋,实用性和适用度得到较大改善。在构造设计方面,英国谢菲尔德大学建筑学院开设的 Low-impact Materials(低影响材料)课程中专门涉及有关秸秆草砖墙体构造大样的研究(图 4-70)。

另外一种非承重秸秆草砖墙体系呈现的优势非常明显。首先,它能够适用于更灵活的建筑设计,它可以摆脱秸秆草砖自身结构性能的制约,增加秸秆建筑的层数和高度,故应用可以得到扩展;其次,在结构形式上,由钢、木等组成的框架结构比直接用秸秆草砖墙承重更为坚固和安全;最后,在非承重秸秆草砖墙体系中,秸秆草砖的主要功能是保温隔热以及外部装裱,因此可以适当减小秸秆草砖的尺寸,这样不仅能节约材料,还能增加室内使用面积。

该体系建造过程的关键在于秸秆草砖与承重结构的连接方式。使用简单柱时,需考虑柱与秸秆草砖的位置关系,由于秸秆草砖的切割和定制是一个较为复杂的过程,结构柱网以及门窗洞口的位置和尺寸应尽量与秸秆草

图 4-70　英国谢菲尔德大学建筑学院学生的 Low-impact Materials
课程作业之———秸秆草砖建筑

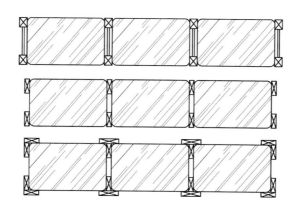

图 4-71　非承重秸秆草砖墙体系中的三种组合柱做法：
H 型截面柱、实心木柱、格构型柱

砖的尺寸相一致。组合柱（图 4-71）是一种更好的选择，它不仅可以将秸秆
草砖固定得更为紧密，还可以为室内外饰面提供一个相对稳固的工作基底。

非承重秸秆草砖墙体系彻底解除了秸秆建筑在形式上和规模上的限
制，可以根据不同功能创造更为灵活的建筑空间。英国诺丁汉大学的
Gateway Building（图 4-72）是欧洲规模最大的秸秆建筑，它就是利用秸秆草

砖结合钢、玻璃、混凝土等其他材料营造出特定建筑空间的一个典型案例。在这个建筑中，秸秆草砖被固定在木制框架结构之中，仅作为墙体填充材料起到保温隔热作用。

图 4-72　英国诺丁汉大学 Gateway Building

乡村建设中传统地方性材料的实践还体现出具有现代感的形式探索，为现代建筑创作提供新的材料和形式语言，同时也是在发掘传统地方性材料的特性与应用方式，为这类材料的使用提供广阔的领域（图 4-73）。现代技术支持下的传统地方材料，在材料肌理、材料色彩、建构形态、空间语言方面都有着生动及多元化的表现效果和优秀性能，这是建筑多元化发展不可或缺的珍贵资源。

图 4-73　生土材料和竹材的现代化应用①

---

①　图片来源：土上建筑展，谷德设计网。

在我国,地方性材料现代应用的"拦路虎"主要是价值观和审美的问题。广大民众对这类材料的性能和表现力并不认可,甚至认为是贫穷落后的象征。材料性能和制造工艺的优化使地方性材料在建筑类型和形式上有了更大的应用可能性,这或许不能立刻改变人们对这类材料的看法,但也能产生一些潜移默化的作用。

（四）传统材料的工业仿制

　　许多传统材料在大范围的建设过程中早已不复使用了,但在特定的项目中仍然对其有需求。但不可否认的是,许多传统材料本身存在着许多问题,而这正是其逐渐消亡的最大原因。而在新材料的发展中,基于这种需求,也产生了以现代工业制造来模仿传统技艺的做法,吸引着人们对其进行研究、应用,来满足其特定风貌和耐久度、防火性能的共同要求。

　　如出现了以纯铝片剪压而制成的仿天然铝茅草瓦,以高密度聚乙烯为原材料生产而成的 PE 茅草瓦、仿真芦苇、仿真棕榈叶等。随着乡村旅游的发展,如今这类以人工材料制成的、模仿传统屋面的材料在当代一些农庄、农家乐的建设过程中亦有使用(图 4-74)。

(a)　　　　　　　　　(b)　　　　　　　　　(c)

图 4-74　仿真茅草及应用

(a)铝茅草;(b)PE 茅草;(c)仿真茅草在乡村中的应用

　　坡顶瓦屋面被视作传统风貌的重要体现,因而传统瓦的制造模仿便有了广泛的市场需求。如金属瓦是与传统黏土瓦形状相同的新型瓦材,它的瓦型更为丰富,所形成的肌理与传统黏土瓦更类似。金属瓦在对细节要求较高的乡村建造实践中常有使用,如在昆山西浜村昆曲学社的建造中就选用了这种瓦材(图 4-75)。还有各种机制陶瓦和树脂瓦等,在形式和颜色上模拟传统的青瓦。

图 4-75　西浜村昆曲学社金属瓦的使用效果

　　石板屋面（闪片房）也有替代的材料和做法。图 4-76 是英国采用的传统的石板瓦屋面（图中可见其传统施工和修补工具）以及新的金属仿石板（页岩）的屋面。这种 Metal Roof Shingle（金属屋顶瓦）有 30 年质保期。这些替代品相对其模仿的原生态材料优势显而易见。与传统材料相比，它们大多更具优势，更无困扰传统材料的防火等问题。这些仿传统的新材料适用于新的需求，关键是要重新设计适用于新的材料的构造方式。

图 4-76　英国传统的石板瓦（左上）和替代的新型金属仿石板瓦[①]

用于屋面铺设的仿真茅草只需将成品茅草瓦用尼龙丝或特斯林绑扎于檩条之上，安装较为简单。而传统的茅草屋面不仅有复杂的编织、制作过程，也需要定时更换。在传统工艺逐渐消逝的今天，这种工艺更费时费力，成本更高。这种材料的更新选择另一方面是出于对翻修屋顶的传统习俗逐渐消解的无奈妥协。以胶东地区海草屋顶工艺为例，在其盛行之时，每个村庄内都有 7～10 位苫匠，但现在整个地区掌握这门技术的工匠屈指可数。作为一种非物质文化遗产，这些建造技艺确需保护和传承，但无法回避的现状是工业化的生产渐渐取代手工建造方式，至少在大量非历史建筑的改造和新建的建筑上是可以采用新的工业化的材料和技艺的，也希望通过大量的运用反向唤醒对传统技艺的认同。通过建筑师的介入和在地建造，为恢复与发展本地建造手工艺带来契机。

四、现代材料的地域适配

　　材料科学的发展带来了各种新技术的革新并进入乡村的建造活动中，混凝土建造技术在乡村的广泛使用便是材料科学发展对乡村建造带来的特别显著的影响之一。另外在围护结构方面，改善保温等性能的材料和做法有了更多的选择。聚苯乙烯、岩棉、玻璃纤维等工业化生产的材料也都进入乡村建设中。在朱竞翔团队研发的轻芽体系中，其结构墙板体系使用了聚苯乙烯板，强度较之岩棉等其他保温材料高，而新芽体系中的结构墙板是主体承重结构之一，需要承受侧向力，故聚苯乙烯板符合其需求。且聚苯乙烯是新型的有机保温材料，具有价格上的优势，乡村项目中的建筑造价一般预算比较紧张，故选用聚苯乙烯作为保温材料的较多。岩棉板强度较低且价格较高，但防火性能较好，在当代乡村建筑实践中亦有使用。如在吴钢主导设计的休宁县双龙小学中，墙体围护结构采用了这种材料。另外像阳光板，即聚碳酸酯空心板材等塑料合成材料也是在当代乡村实践中所用较多的新型材料（表 4-10）。这些现代材料大多用在基础、墙体内的隐蔽工程，用在表面的也多与传统材料或构造做法取得某种相似性。

表 4-10　新型材料的乡村应用

新型材料	所用建筑部分		建造案例
聚乙烯 （PE）	地坪防水		使用较广，如谢英俊地球屋系列等
聚苯乙烯 （PS）	墙体保温		使用较广，如里坪村小学改造、常梦关爱中心小食堂等
聚碳酸酯 （PC）	阳光板	透明瓦	休宁双龙小学、祝家甸村砖窑改造、虚心谷等
亚克力 （PMMA）	墙体		朱竞翔芭莎·阳光童趣园

续表

新型材料	所用建筑部分		建造案例
岩棉、玻璃棉等纤维材料	墙体保温	屋顶保温	休宁县双龙小学、西浜村昆曲学社等
沥青材料	屋面	墙体	唐山有机农场、美水新芽小学等
木塑板等复合材料（PC\PE\PVC）＋植物纤维	墙面装饰		西浜村昆曲学社、中乾集成房屋等

　　要降低产品的成本，从社会经济层面主要得靠采用新技术、新工艺及新设备。既要提升建造品质，又要降低建造成本，一种可能的解决策略就是装配式建造。长期来看，新技术增进的是社会的普遍技术水平，今天的乡村建筑的建造技术，某种意义上更多的是对传统技术的改进和部分更新，并不是全新的技术换代。对于一个地方甚至一栋建筑的乡村建筑的建造，成本的降低不完全靠通用技术，而是在工程组织、材料选购、运输等各个环节，不断

微调削减成本,看起来毫不起眼,却简单实用。但这种成本的降低不具备累积的效应,只有当乡村建筑变成了一种工业产品,享受通用技术带来的红利,才能将各个环节的成本优势进行累积。这需要时间,但如果不基于预制装配建造,则不同个体的成本优势将具有偶然性,不能累积,也不便于推广和发展。

某种意义上讲,乡村建设风貌的缺失,是经济的原因,所谓形式追随经济(form follows financial),这是因为乡亲们基于成本控制的需求,在现有的建造技术的基础上采用局部的改进,使用部分新材料等,出现了各种风貌杂乱并存的情况,如果逐步推行预制装配式建造模式,尤其在基于传统生活类型研究的基础之上,通过研究提出恰当的预制建造体系,采用批量化的个性定制,可以达到乡村建筑的风貌可控、和而不同。

第五章　乡村适宜建造技术探索与实践

引用阿摩斯·拉普卜特《住屋形式与文化》中的判断原则,建筑的使用者、建造者和设计者三者合一;建筑以传统为基础,使用当地材料;建筑不是为了取悦于他者而建造,而是以功能的要求为前提,反映了社会的价值观等。因此,沿袭这种思路,分别从生活原型—空间、材料建构—营造、传统存续—遗产、社会价值—意识等方面进行阐述。

第一节　类型承续与范式突破

一、类型:承古续今

传统村落在没有规划师和建筑师参与的情况下既能够符合民众的生活习惯和满足民众的需求,又有典型的地方风格,并形成和而不同的丰富性,其中的智慧就是类型学的原理,"原型+变体"的模式造就了传统村落明确的地域风格和多样的民居单体。乡村住宅的自建传统使其平面组织和功能单元直接反映了农民的生活和生产需求,因此对居住单元模式的研究首先应着眼于田野调查并进行类型学和人类学的分析,再通过归纳、演绎得出现代生活需求,经过研究设计,采用类型学的方法得出乡村住宅的空间单元模块和变化方式。

湖北省鄂州市梁子湖区涂家垴镇在乡村建设中基于鄂东南的传统民居原型以及当地农民新的生活方式,确立了以传统"堂厢式"为基本原型,进行正屋的楼层化,确定厢房和院落的扩展等变化形式,并根据不同家庭的收入状况,进行不同阶段的建设以及采用不同开间数(建设规模)的变化形式等(图 5-1)。

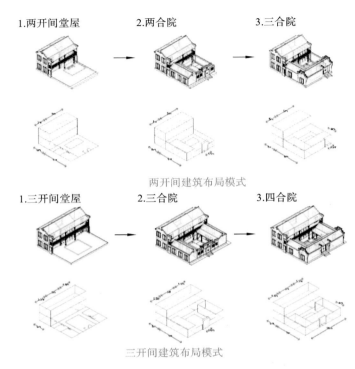

1.两开间堂屋　　　2.两合院　　　3.三合院

两开间建筑布局模式

1.三开间堂屋　　　2.三合院　　　3.四合院

三开间建筑布局模式

图 5-1　湖北省鄂州市梁子湖区涂家垴镇的新建民居类型

　　基于示范的新建民居和改建的模板,本村及周边乡村的村民和工匠不断模仿和再创造。一方面,村民从建筑师设计的模板中看到了效果,成为其模仿的最初动力;另一方面,在建造的过程中,同样推进了这些技术在此地区的传播。当地的施工队在掌握了样板建筑的建造方式后,可以将这种模式推广,衍生出许多变化形式,和而不同(图 5-2)。

建筑改造"模本"　　　　　　　　　村民自建的"变体"

图 5-2　湖北省鄂州市涂家垴镇乡村民宅的设计及周边村民的模仿

　　笔者团队在云南临翔的拉祜族村寨扶贫时,观察村民的生产和生活方式,发现居住者、农机器械和家禽、牲畜等分别占据了农家小院的主屋、配房以及猪圈、羊栏。根据三种性质的活动,将建筑分成三个基本的建筑空间模块,根据不同的基地条件和组团关系进行拓扑变形组合,布置不同的院落,根据组团关系确定入口位置,形成不同的宅院。这样因地制宜、因家庭而异,形成多种变化的方式。

这些少数民族地区大多经济条件比较差,家庭经济收入多以家禽和牲畜养殖为主,所以猪圈、羊栏等牲畜养殖空间不可以从农家的组成中排除掉,少了猪圈的农村也少了农村的味道,因此在村落规划中,针对较少的农户组团住宅或者地形位置比较不规则的院落住户,可以考虑将猪圈进行小集中式的并置。并置方式根据相邻户主庭院的形态,结合场地现状来布置(图 5-3)。当住户数量增加时,则需要考虑卫生条件满足人畜分离的需要,将猪圈集中到院落以外的地方安置。距离要恰当,否则牲畜的饲养和排污等就会因为距离较远而成为家庭日常生活的负担。

农宅基本活动研究

需求多样

根据现今村民的生产和生活方式,一户农宅由主屋、备用房以及牲畜养殖栏圈组成。

一宅多变——因地制宜适应环境变化

图 5-3 基于类型学方法的云南临翔拉祜族村寨民居设计

适应变化

根据三种性质的生活活动，将建筑拆分成三个基本的建筑模块，根据不同的基地条件和组团关系，进行拓扑变形组合，规划院落和入口位置，形成不同的住宅空间模式。

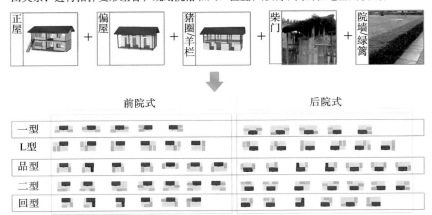

牲畜养殖——小聚合、大分离

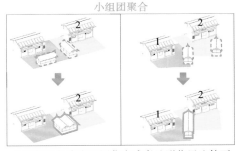

针对较少的农户组团住宅或者地形位置比较不规则的院落住户，可以考虑将猪圈进行小集中式并置，并置方式根据相邻户主庭院的形态，结合场地现状来布置。

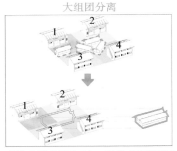

当住户数量增加时，则考虑将猪圈集中到院落以外的地方安置，满足人畜分离的需要，猪圈集中并置的方式可以根据地形现状等设计与排布。

续图 5-3

　　采用类型学的方法进行乡村住宅设计的典型案例有浙江东梓关的新民居。孟凡浩建筑师在当地传统民居宅院形制、建构建造方法与村民现有的家庭结构、价值观念都显现出较大偏差的现实情况下，探寻一种原型、模式及策略。设计之初，"明确了以低造价实现村民生活品质改善和提升的首要前提，同时遵循简单易行、便于施工营造、利于推广的政府诉求，并力求完成对乡村本真特征进行还原的建筑师职责"①。

　　民居作为"本土的，没有建筑师设计的建筑"，已经成了过去式。有了建筑师介入的乡村住宅应该延续传统基因的记忆，也应适应现代功能需求的调适与转变。孟凡浩并没有拘泥于传统杭派民居造型符号的"拿来主义"，而是从传统村落民居集聚现象的背后，从"没有建筑师的建筑"的集成秩序获取灵感，以类型化的组织路径获得生长的延续性，弱化单体效应而突出群体组织的多样态与丰富性。

　　该村的民居通过两个基本单元建筑基底的适度变化演变出四种类型，这些单元通过前后错动、东西镜像形成中间庭院的规模组团，生成适应不同的生产和生活模式需求的"变体"。若干个组团的有序生长便逐步衍生发展成为聚落总图关系（图 5-4、图 5-5）。这种"单元—组团—村落"的生长模式与传统村落的集聚逻辑秩序一致，与行列式布阵相比，在土地节约性、庭院空间的层次性和私密性上都有了显著提升，也为推广的延续和价值的传递提供较强的可操作性。②

二、功能：承前启后

　　建筑类型的诞生与消逝是对人们生产和生活方式变化的回应，所以在社会变革时期，往往伴随着新的建筑类型的产生，旧有建筑类型的升级或被社会发展所淘汰③。一如上文所述的合院瓦解与原型衍化的过程。在今日乡村不断涌现出新的建筑类型和不同的空间使用方式。

　　1. 新建筑类型的创造

　　建筑师介入下的乡村建设，不仅致力于从物质和精神层面改善乡村居民的生活品质，也在努力实现单一产业向多元化产业转变的目标，因此也创造了不少新的建筑类型。徐甜甜设计的红糖工坊本质上是一种产业升级，但在将小型家庭作坊整合成现代化工坊的同时，还融合了村民活动、游客参

---

　　①　吴盈颖，孟凡浩. 杭州富阳东梓关回迁农居建造实践[J]. 新建筑，2017(4)：64-69.
　　②　吴盈颖，孟凡浩. 杭州富阳东梓关回迁农居建造实践[J]. 新建筑，2017(4)：64-69.
　　③　拉普卜特. 文化特性与建筑设计[M]. 常青，张昕，张鹏，译. 北京：中国建筑工业出版社，2004.

节约用地	邻里空间	庭院空间

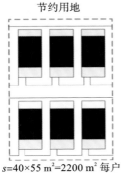

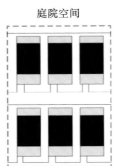

$s=40×55$ m^2=2200 m^2 每户平均占地面积为366.7 m^2。

公共空间分布在道路两边，邻里交流活动少。

庭院空间单一，枯燥无趣。

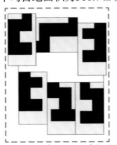

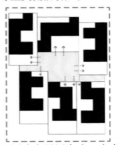

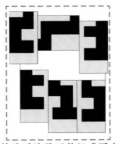

$s=39×50$ m^2=1950 m^2 每户平均占地面积为325 m^2，相对于兵营式布局组团模式更为节地。

组团式布局围合成一个半公共空间，私密性好，利于邻里交流与活动。

前院后院及天井组成了丰富的庭院空间，可满足住户各种生活要求。

图 5-4　东梓关村类型化院落组团单元①

图 5-5　东梓关村组团模型②

① 吴盈颖,孟凡浩.杭州富阳东梓关回迁农居建造实践[J].新建筑,2017(4):64-69.
② 同上。

观体验及活态展示等功能,将原本单一功能的生产工坊转变成融合第二产业及第三产业的新型乡村工坊。而李以靠设计的华腾猪舍里展厅更是在原本生猪养殖建筑的基础上创造了综合生产、加工、销售、餐饮、展览等融合第一产业、第二产业及第三产业的新建筑类型。除此以外,还包括民宿、乡村博物馆等,这些新型建筑呈现出功能综合性和复合性的特点,打破了产业模式对建筑类型的限定,大大拓展了建筑的发展空间。

2. 传统建筑的转型与升格

在乡村建设浪潮中,传统建筑也在寻求转型和升格。所谓转型,指在生产和生活方式变革下,一部分传统建筑的使用空间消退失效,开始寻求功能上的转型,例如张雷的先锋书店。升格则指一部分建筑类型为适应更高的需求,而在功能、空间形式等各方面实现升级,穆钧的马岔村村民活动中心可以说是一种新型乡村公共建筑,也可以说是传统乡村公共建筑的升级版。

在传统乡村聚落中,祠堂和公屋等是村民集体聚会议事的场所,也是村民的精神寄托之所。在人民公社时期,乡村礼堂成为新的议事聚集场所,而现在村民活动中心成为乡村新型的议事聚集场所,甚至包含更多更丰富的功能,如基于旧屋改造的湖北省鄂州市熊易村的乡村记忆馆不仅是村湾历史和老物件的陈列馆,更是教学培训、乡亲们书画交流甚至室内广场舞的地方(图 5-6),成为乡村的"客厅"——一种新的乡村公共空间。在传统建筑类型的转型和升格中,传统建筑空间与新型功能的结合,新型建筑空间对传统功能的适应,都创造了更加丰富的建筑类型与形式。

在乡村中,对于那些功能性还未彻底消亡的空间类型,我们则会在保留其历史性的同时利用现代技术或者现代材料进行适当的改造修缮,再植入相关功能,让这种类型继续作为一个"活"的空间,继续承载新一代人的记忆。例如马岩松在日本乡村改造中设计的光之隧道,不同段落的色彩呈现以及隧道壁上的不规则镜子引导人们在过去、现在和未来之间遐想,直至最后的高潮部分将洞外湖光山色最大限度地拉到人们的身旁,这种种的操作手法都将这个空间类型活化,让来人感受到隧道应有的历史氛围的同时,也给他们注入新的记忆。

图 5-6　湖北省鄂州市熊易村的乡村记忆馆以及开展的活动

三、形态：推陈出新

随着社会的发展，乡村不再只是农村，农业也在现代化，农村也有在工业化，出现了其他的相关业态。在建筑师徘徊于传统和现代之间时，也产生了一些突破传统和现代范式的建筑形式。多种需要孕育了多种建筑，也足够引导我们去探索"当下的"建筑样式。正如周榕教授所说，解除传统乡村建筑、现代城市建筑、建筑设计理念这三重的禁锢，充分利用丰富的现实条件与要素，让乡村建设进入更加广阔的创造空间。

华腾牧业是依托现代高科技的人性化养猪企业，华腾猪舍里是以养殖生猪为基础，综合生产、加工、观光、旅游、休闲、文化等多种功能的生态农业庄园，是桐乡市第一批省级现代生态循环农业示范主体。上海以靠建筑设计事务所为华腾猪舍里农庄设计建造了 6 个作品,华腾猪舍里展厅位于浙江桐乡洲泉镇,业主希望通过这座展厅进行猪肉加工过程以及猪肉产品的展示。首先建筑需要结合现有环境资源,从人工成本、工人技能、时间成本等层面节省造价,同时功能流线上需要展示从原料到饲料,从养殖到屠宰,从深加工到销售以及售后的完整过程。建筑师自身希望通过这座建筑进行设计方向上的一种尝试,探索建筑师如何在乡村严苛的自然及工艺条件下,在乡村建设的风格化浪潮中,去应对中国大面积的乡村建设问题。建筑师李以靠在项目设计建造中并不提前预设策略,而是采取在遇到问题后利用现有条件去解决的相对灵活的方式。受自身前期经历的影响,李以靠遵循"表糙理不糙"的原则,反对建筑的过分奢华,追求空间的高品质和工艺的精致。

如图 5-7 所示,华腾猪舍里展厅处于田地中央,位于整个庄园的入口部分,建筑南、北、西三面紧邻道路,为人流较多的场所,且为游客进入华腾猪舍里庄园的必经之处。

图 5-7 华腾猪舍里生态农庄导览图(左)及猪舍里展厅所在位置(右)①

功能组织上考虑建筑外部的污水净化系统和建筑内部的游客参观系统两方面(图 5-8)。展厅与净化水池、猪圈之间形成生态循环水引导路径,依托自然净化和养殖场高新技术之一的水循环利用系统,实现生态环境的保护和资源的最大化利用。建筑功能包括产品加工及观光体验、产品展示及销售、火锅餐厅,流线上实践参观、购买、食用体验的一体化。

在综合建筑造价、展厅建筑需要大跨度开敞空间以及设置采光筒等因

---

① 图片来源:以靠建筑提供。

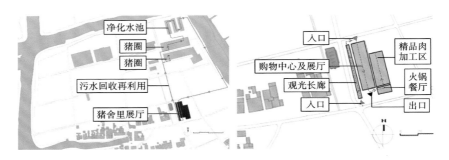

图 5-8　生态循环水引导路径（左）及展厅功能分布与参观路径（右）

素下,猪舍里展厅采用了钢架结构,以实现建筑灵活的立面、屋顶及室内设计。材料选择上,展厅的材料在没有预设的情况下,根据现场条件进行选择,主要采用了适应乡村资源与施工技术的红砖、钢材、混凝土、水洗石等,甚至还有水,因此在材料使用上呈现出一定的混杂性,但依靠建筑师自身的专业素养,实现了新颖有趣的搭配效果。

　　猪舍里展厅的建筑形式源于李以靠对原有猪圈形式的解读、保留与改造。在原双坡屋顶的基本形式基础上,为满足展厅采光及通风需求,在屋顶设置了梯形采光筒(图 5-9),形式来源于柯布西耶设计的昌迪加尔议会大厦。建筑师创意化地将水循环系统转变为展厅入口处强烈的仪式化空间,以体现华腾养殖场的生态特性。

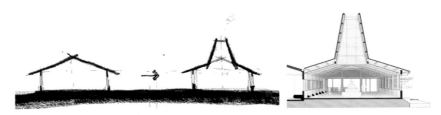

图 5-9　展厅形式演化草图（左）及展厅采光筒剖面图（右）①

　　华腾猪舍里展厅建成后,以一种新的空间范式为游客提供综合性的服务体验,极大地提高了生态农庄的知名度,促进了乡村产业的发展。建筑形式也引起了广泛的讨论,建筑师遵循不提前设置策略的原则,见招拆招,以

---

　　①　图片来源:以靠建筑提供。

一种貌似混杂的材料搭配方式营造出了丰富有趣的建筑表现形式
（图 5-10）。

图 5-10　建筑外观（左）、水系统与景观结合处理（中）及入口设计（右）①

　　猪舍里展厅综合生产、加工、销售、餐饮及展览等功能为一体，建筑类型
处于一种模糊状态。相比于以往的乡村建筑实践，猪舍里展厅在建筑类型
方面取得了两方面的突破。首先，区别于 2018 年在生态农庄建成的华腾猪
舍里烤肉店和田中央图书馆，其将城市生产和生活模式下形成的建筑类型
直接引入乡村，并进行在地化的"转译"，将城市建筑功能结合乡村的自然条
件，实现一种体验式的乡村商业建筑或文化建筑设计，而猪舍里展厅不是现
代城市产业模式下的建筑类型，也不是传统乡村产业模式下的建筑类型，是
在现实需求下创造的一种新的建筑类型。其次，这一建筑类型不再局限于
某一种产业模式，如乡村中应用于农、林、牧、渔业等第一产业类建筑，或城
市里应用于加工制造、餐饮等第二、第三产业类建筑，猪舍里展厅突破了第
一、第二及第三产业之间的界限，也打破了产业模式限定下的建筑类型。

　　猪舍里展厅虽然获得了建筑类型上的突破，却没完全打破已有建筑范
式的束缚，正如李以靠自己所说，"最终还是被大师影响了"。猪舍里展厅在
设计建造过程中深受现代主义大师柯布西耶的影响，在建筑形式上有明显
的呈现。例如，猪舍里展厅的主要设计理念"表糙理不糙"便是受柯布西耶
"粗野主义"理念的影响。另外，展厅的混凝土入口形式以及飞猪标志，是对
柯布西耶的昌迪加尔开放纪念碑的致敬，而屋顶采光天窗的设计灵感则来
源在于昌迪加尔议会大厦（表 5-1）。周榕教授在"普通乡村"论坛上对猪舍
里展厅提出批评说："由于其未能摆脱建筑设计范式所造成的形式惯性，在

---

　　①　图片来源：以靠建筑提供。

不少地方并没有挖掘出项目所蕴含的丰富可能性。"

表 5-1 华腾猪舍里展厅的建筑范式分析

项目理念	"表糙理不糙"——李以靠	"粗野主义"——柯布西耶
	华腾猪舍里入口——李以靠	昌迪加尔开放纪念碑——柯布西耶
入口设计		
	华腾猪舍里采光天窗——李以靠	昌迪加尔议会大厦——柯布西耶
天窗设计	 	 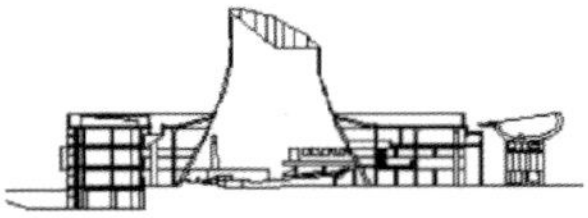

在乡村我们似乎看到更多的"李以靠"在建筑材料的选用和匹配上实现了一种不加预设的风格,这种"现实生动性"源自建筑师以一种应对当下条件、解决现实问题的方式所创造的建筑。在不受现代城市建筑范式和传统乡村建筑范式的影响下,创造了生动有趣的建筑样式。

第二节　乡土材料的新生

一、生土的现代性探索与困境

　　乡土材料主要有土、木、砖、石,最能体现乡土材料新生、焕发活力的特征,甚至成为网红材料的当属土。

　　在我国传统建筑中,生土材料与木材一样具有重要的地位,生土建筑类型丰富、工艺多样、历史悠久且使用广泛。生土材料指自然形成的不经焙烧的原生土壤,将其简单加工后作为主要结构材料建造的建筑叫作生土建筑。2010—2011 年进行的覆盖全国 24 个省份的农村住房现状调查结果显示,生土建筑依然在我国农村地区广泛使用,但房屋状况普遍不佳。[①]　近年来,"乡愁"意识使生土材料及建筑重新受到建筑师的青睐,如王澍、张雷等,但深入研究生土材料的团队仍然较少,由穆钧、蒋蔚等建筑师创建的土上建筑工作室是其中之一。土上建筑工作室设计的、于 2016 年建成的马岔村村民活动中心出现在 2017 年 9 月由住房和城乡建设部村镇建设司连同无止桥慈善基金在北京建筑大学举办的"土生土长"生土建筑实践展之中(图 5-11)。

图 5-11　"土生土长"生土建筑展展品[②]

---

　　①　周铁钢,徐向凯,穆钧.中国农村生土结构农房安全现状调查[J].工业建筑,2013,43(A1):
1-4＋86.
　　②　图片来源:土上建筑展。

　　马岔村村民活动中心是在我国住房和城乡建设部支持下建造的现代夯土民居示范项目之一,土上建筑工作室在法国格勒诺布尔国立高等建筑学院国际生土建筑中心(CRAterre)的帮助指导下,结合多年来的生土建筑研究建设经验,继续实践和推广适应我国环境与需求的现代夯土建筑。该项目位于甘肃省会宁县,该县拥有干旱高寒的气候特点和黄土高原的地貌特征(图5-12),资源匮乏、交通不便,属国家级贫困县。生土材料因取材方便、资源丰富、工艺简单且造价低廉,成为当地民居普遍采用的建筑材料,并且大部分村民都具备夯土施工工艺。

图 5-12　马岔村环境与地貌[①]

　　建造面临的困难是多方面的。一是经济层面,马岔村年人均收入仅1300元,需严格控制各方面的费用;二是资源层面,马岔村除生土等纯自然材料外的物资匮乏;三是建筑性能层面,本地生土建筑存在耐久性弱、抗震性差等缺点;四是交通层面,地形沟壑纵横,材料运输困难;五是观念层面,村民对生土建筑存在排斥心理,不能满足其对"体面"的要求。

　　该项目所在地是村民公共生活和乡村集会的场所,因需要解决生土材料存在的固有缺陷,故在传承本地传统建造工艺的同时进行适宜性技术革新。在适应本地风俗习惯的同时,需要尽力转变村民对传统夯土建筑文化的认识,并培养本地工匠,使其具备自我建造的能力与技术。

　　根据以上困难与需求,项目实施相对应的策略为:建筑布局与形制充分

---

　　① 李强强.基于现代夯土建造技术的马岔村村民活动中心设计研究[D].西安:西安建筑科技大学,2016.

考虑本地气候条件与环境状况;充分利用现有生土材料以降低造价,借鉴国外材料优化技术强化其热工性能等优点,规避其弱点;结合本地施工建造技术与国外现代夯土施工技术,在提高房屋的安全性能与品质的同时,降低施工难度;从建筑设计层面进行现代性尝试,打破村民对生土建筑的固有观念;组织村民共同完成项目建造,在培训现代夯土建造技术的同时,对其进行推广。经过对项目基地的充分调研和对项目策略的系统研究,2013 年马岔村村民活动中心开始投入建设,于 2014 年建成并投入使用。

村民活动中心基址位于村口附近,是整个村落格局的中心,周边有小卖部、小学等乡村公共建筑,是人员最为集中的地方,选址符合活动中心的功能定位。同时场地西高东低,西面为树林,东面为梯田,拥有较好的景观朝向。[①] 村民活动中心的空间布局在充分尊重地域环境的同时,吸收借鉴当地民居的院落形制,通过院落来组织各种功能空间(图 5-13),院落向东面开口,避免相互之间过多的干扰。分散的建筑体量能有效消解场地坡度带来的建筑高差问题,也能形成较多室外活动场地,并产生丰富的空间效果。

图 5-13 本地传统合院形式(左)及马岔村村民活动中心建筑形式(右) [②]

为尽可能满足不同人群的使用需求和提高建筑的使用率,500 平方米的活动中心容纳了幼儿园、商店、医务室、多功能室等多种功能用房,建筑围合形成的不同高度的场院作为室外电影院、戏台等文化生活空间。

① 黄岩.现代夯土建筑案例研究[D].西安:西安建筑科技大学,2017.
② 李强强.基于现代夯土建造技术的马岔村村民活动中心设计研究[D].西安:西安建筑科技大学,2016.

　　建筑材料主要包括地方材料和外部引入的材料。其中本地生土材料经过性能优化后作为主要的墙体材料,外部引入的混凝土材料用于砌筑墙基、圈梁等结构性部分,屋面为钢屋架。以夯土墙为主要承重体系,应用混凝土地梁、构造柱、圈梁等构造措施,实现稳定的结构系统,屋面采用性价比较高的钢屋架,房屋整体可满足 8 级抗震需求。[①]

　　建筑延续了本地传统单坡屋面的建筑样式,一方面尊重本地建筑文化,另一方面吸取广大人民的智慧,通过单坡屋面汇集雨水,以适应本地干旱少雨的气候条件。同时对建筑立面进行了一些处理,试图以良好的建筑效果重新获得本地村民对生土材料的认可。新夯土建造体系的简明化实现了仅依靠本地村民和志愿者就完成建设的目标,村民与活动中心之间建立了既是使用者又是建设者的双重联系,一方面重建村民和夯土建筑之间的关系,推广相应的技术体系,另一方面促进本地房屋自建体系的恢复。

　　马岔村村民活动中心是在对国外现代夯土技术进行学习基础之上的本地化实践,建筑设计在适应本地自然人文环境和使用需求的同时,也在进行乡土材料全面现代化的尝试。这一过程不仅是对传统建筑文化的传承与拓展,也改变了村民甚至更多的人对生土材料的认识与价值判断。马岔村村民活动中心在多个层面进行了现代探索,最终在苛刻的条件下获得了极好的建成效果和示范效应。除在空间布局、功能组织等方面审慎应对外,还在多个层面进行了现代策略探索,包括材料层面、技术层面以及设计层面。

　　在材料层面,除了生土性能级配优化,还注重与现代建筑材料的互补应用。作为现代夯土民居示范建筑,马岔村村民活动中心不再局限于使用夯土等传统地方性材料,而是综合采用了钢材、混凝土等现代建筑材料,利用其在抗震性和耐久性等方面的优势,实现材料性能的优势互补。

　　在施工器具方面,学习欧美国家的现代夯土建筑实践,对建筑结构肌理、建造器具与夯筑方法进行本土技术的现代化升级。其中施工器具包括夯筑模具、夯锤及混合工具。新型夯土模具采用竹胶板、方钢等材料降低重

---

　　① 蒋蔚,李强强.关乎情感以及生活本身——马岔村村民活动中心设计[J].建筑学报,2016(4):23-25.

量并增加强度,可进行多种形式组合。新型夯土体系采用气(电)动夯锤和电动搅拌机,确保充分搅拌土料和足够大的夯击力度,保证墙体品质和紧实度,减少传统人工夯筑的工作强度。

新型夯筑技术在传统工匠经验式的建造方法基础上,在夯筑流程、人员配备、操作时长、鉴定标准等方面进行了系统化和规范化,并对部分工艺进行优化调整,以及增补后续处理、涂刷保护剂等重要程序。

建筑师对结构体系也进行了优化。研究试验满足本地需求的夯土建筑抗震结构体系,提高房屋的安全性能。通过在建筑物体形系数、结构形式、构造措施等方面进行系统研究和抗震试验,以最低的造价达到房屋抗震需求。①

马岔村村民活动中心在表现形式上追求创意和现代化。在本地传统样式上进行了调整,房屋整体展现出现代建筑的体量感,屋顶形式、门窗洞口都采用了现代方式,结构构造露明化,不进行刻意的隐藏。同时采用一些趣味化的开窗方式和墙面处理方法,增加建筑的艺术性和生命力。材料语言的现代化表达体现在两个方面:一是在建构形态层面,即夯土墙体的多种"线"形表达以及"体"形表达;二是通过生土本身不同的色彩与肌理,实现多样化的创新效果表现(图5-14)。表5-2是穆钧团队所进行的生土建筑实践案例比较分析。

图 5-14 村民活动中心建筑外观(左)及趣味化的开窗方式(右)②

---

① 穆钧,周铁钢,蒋蔚,等.现代夯土建造技术在乡建中的本土化研究与示范[J].建筑学报,2016(6):87-91.

② 图片来源:http://www.sohu.com/a/238790155_652964。

表 5-2 "土上建筑"生土建筑实践案例比较分析

2007 年毛寺村生态实验小学	毛寺生态实验小学建成时	闲置 2 年后
现代化策略		
材料层面:无 技术层面:无 设计层面:有		
建设结果		
外观现代化,建筑耐久性差		
2008 年马鞍桥震后重建	升级后的夯土建筑结构体系	建设过程
现代化策略	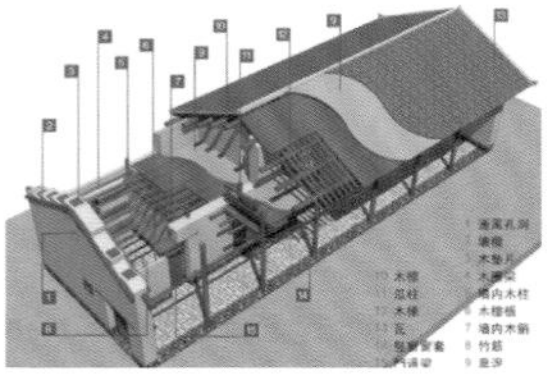	
材料层面:无 技术层面:有 设计层面:无		
建设结果		
房屋抗震性能加强,建筑形式延续传统		
2012 年现代夯土示范民居	材料优化及抗震试验	建成效果
现代化策略		
材料层面:有 技术层面:有 设计层面:无		
建设结果		
性能极大增强;生土材料不被认可		

216

续表

2016年马岔村村民活动中心	建成后效果	建成使用中
现代化策略		
材料层面:有 技术层面:有 设计层面:有		
建设结果		
取得各方面的成功;夯土材料依然不被认可		

（表格自绘，图片来源于 http://www.doc88.com/p-9853307062535.html。）

　　穆钧团队充分吸取国外现代夯土技术，经过本土化的研究试验，在甘肃会宁完成了第一座现代夯土示范民居。建筑在材料、技术层面都进行了优化，获得了较高的综合性能，建筑形式沿袭传统样式。但在此后的示范推广过程中，却普遍存在村民不认可夯土材料，坚持在外墙粉刷的问题。2016年建成的马岔村村民活动中心总结学习了前面一系列的实践经验，可以称为"十年之集大成者"，建筑本身取得了极大的成功，却仍然会碰到被村民发问"何时才会贴瓷砖"的尴尬。

　　一直以来，我国建筑师对生土材料的应用普遍有两种趋势：一是将生土材料作为传统及地域性的符号，二是将传统生土材料直接应用于现代建筑中。而研究生土材料远早于我国的法国、美国、澳大利亚等国家有着进一步的发展趋势：一是在贫困地区探索适宜性生土建造技术；二是充分发掘新型生土这一高性价比材料的特性与应用方式，并将其拓展至住宅、公共建筑等多种现代建筑中，并已具备预制化技术。①

二、乡土旧物的拼贴与活用

　　在乡村建设中，为了追求某种古风古韵，常常选用传统的材料和工艺做法，但遗存下来的老物件材料毕竟非常少，因此传统的材料仿制成为一种途

---

① 来源于穆钧在"一席"的演讲内容。

径,但价格较高,不过也有巧思解决这个矛盾。建筑师为了达到传统青砖的效果,指导当地建材(水泥砖)厂家对水泥砖进行研发和改进,虽然质地逊于传统青砖,但色泽接近,且价格不到传统青砖的五分之一。

还有就是充分利用遗存不多的传统材料,或者是乡村的老物件(坛坛罐罐、磨盘),抑或是新的废弃物(啤酒瓶、轮胎等),进行拼贴构成另外一种非常具有乡土气息的风格,或者是进行创造性的应用,呈现出不同的建构方式和形式语言。以孙君先生为代表或艺术专业出身的乡村实践者开创了这样一种乡土材料再利用的方式(图5-15、图5-16)。

图 5-15　湖北广水桃源村

这种方式或许不"建构",但打破了材料固有的组合搭配,也混淆了墙面、铺地等的差别,包括在材料的选取上,乡村的一切物件都信手拈来,一切都可拼贴组合,色彩上也不求统一,就是材料本来的色彩,不论红砖还是青砖,能够砌成漂亮的墙垣就是好砖。

当代乡村承载着文化传承的责任,作为当代人"乡愁"的载体,乡村是人们对农耕文明与地方文化追寻的"故乡"。此时在乡村,人们对建筑所能表达的内涵要求更多,其中就包括对文化的表现。随着审美意识的不断发展,对建筑的文化表达方式不再局限于符号化的"涂脂抹粉"或是不分地域地推广某种风格。在不断发展的乡村建设中,人们开始认识到建筑技术对文化表达的作用。这种乡土旧物的拼贴和不拘一格的再利用,通过材料的"风化"等时间印记唤起某种记忆,将记忆转化为空间,继续承载着接下来的人和事。

218

图 5-16　武汉市江夏小朱湾

三、"广域"的地域性和地方材料

　　首先对地域性和地方性两个概念进行比较。地域性是指在特定的地理环境、气候条件及人文因素共同作用下,长期以来形成的鲜明的地域特色;地方性是指形成于某个特定的地方,强调位置的所属性。因此地域性与地方性之间并不是等同的关系,地域性的不一定是地方性的,地方性的也不绝对是地域性的。

　　朱竞翔教授多年来进行了一系列的实践,其发明的轻型建筑系统的优秀性能在逐渐受到社会认可的同时,也因实践项目与地域的关系而受到一定的质疑。《时代建筑》2013 年 4 月刊发了一篇华黎与朱竞翔的谈话,朱竞翔认为地域性应从设计、社会以及心理三个层级去考量,大到新建房屋体量与所在乡村肌理的关系,小到建筑基础形式与基地地面潮湿程度的关系,综合考量设计建造的房屋就是地域性的。[1]

　　我们普遍理解的地域性建筑大多比较视觉化,强调地域性材料的使用,但这里的"地域性"常常都是"地方性"的。朱竞翔教授对材料的选择,在追求因地制宜、就地取材的同时,不局限于"地方性的",而是在此基础上追求当时当地适合当下的建筑材料。同样采用"新芽系统"的四川盐源的达祖小学(图 5-17)以及云南大理的美水小学(图 5-18),都充分体现了这一特点,在体现地域特色的同时,也产生了更加丰富的房屋形式。事实上,无论是视觉化的形式,还是功能性或技术性的材料,都应该打破固有的认识——广域化。众多建筑师用作品很好地阐释了这一论断。砖石木结构只在乎材料理想,无关"轻重"。中国人理解的"物性"又被赋予了许多其他的意义。材料的选择和契机不仅关乎人们对材料属性的认识,更是社会结构和意识的投射。

图 5-17　四川盐源达祖小学[2]　　　　图 5-18　云南大理美水小学[3]

　　中国乡建院傅英斌有众多个性鲜明的乡村实践项目,他提出乡村建设不必刻意恢复传统结构技术与材料,应有其自我发展的权利。[4] 其在 2018 年建成的面积仅 20 平方米的安徽太阳乡财神庙十分能体现这一主张,这座庙是使用混凝土、红色空心砌块砖及当地竹席营造的传统祈福空间(图 5-19)。傅英斌认为乡村的材料、技术受到了极大限制,随着生产和生活需求的变化,传统材料虽能满足视觉上的地域性需求,却不一定是当下乡村建设

① 华黎,朱竞翔. 有关场所与产品——华黎与朱竞翔的对谈[J]. 时代建筑,2013(4):48-50.
② 图片来源:在库言库网。
③ 同上。
④ https://www.gooood.cn/drama-stage-beihedong-village-shandong-china-fu-yingbin.htm.

的最好选择。混凝土是"非地方性材料",红砖不是"传统地域性材料",财神庙通过这两种主要材料实现了对地方文化的延续,不可否认也是实现了一种地域性,同时在这个过程中产生了新的材料语言,甚至新的建筑形式。

图 5-19　安徽太阳乡财神庙建成效果(上)及材料使用(下)①

　　林徽因先生在调研我国古建筑时曾提出这样的观点:"中国架构制既与现代方法恰巧同一原则,将来只需变更建筑材料,主要结构部分则均可不有过激变动,而同时因材料之可能,便作新的发展,必有极满意的新建筑产生。"②这是在尝试对中国传统建筑的发展演变作出解答,乡村建筑的发展也不例外。清华大学单德启教授在 1991 年的广西融水苗寨项目中就发现,村民并不愿意居住建筑师竭力保护的传统民居,为同时满足传承传统文化和村民使用的需求,最终采用材料更新策略进行民居改建。如今留存的传统民居形制是建筑对过去的环境、技术条件的回应,当下如果依旧只能选择过去形成的地域性材料,一方面无法回应当下的环境、技术条件与居住者的需

　　①　图片来源:谷德设计网。

　　②　单德启.从建筑实践中感知文化自信、文化自觉和文化自强[J].中国勘察设计,2014(11):28-30.

求,另一方面乡村建筑也难以产生新的发展,形成新的传统。

  建筑的生命源于生发的环境,而效能的高低则直接影响到其生命力——不仅是建筑的物理寿命,还有社会寿命,这也是地域性建筑面临的深层问题。当今民间传统的以石头、砖等代表材料建造的"重"型建筑也在破败,干栏等木构由于技术发展的限制(或瓶颈),效能的改善有限,砖木混合结构有的因为传统技艺的失传和新材料的介入,而逐渐转型为"重"型建筑——砖瓦房和钢筋混凝土的小洋楼。地方乡村的建造,甚至在偏远地区的建造,只有本土材料的选择一条道可走?还是可以有更具效能且有社会与人文关怀的"外来产品"的输入?[①] 或许广义的地域性和"广域"的地方材料更受欢迎。

第三节 永居与批量定制:开放与集成的装配式建造

  在资源与环境的双重约束下,随着劳动力成本的持续增加,研究和探索适合我国不同地域特点,与现代建造工艺、建筑材料、生活习惯相适宜的新型住宅技术体系和产业发展模式势在必行。

一、建筑的"建造"向"制造"过渡

  建筑究竟是艺术品还是生活用品?建筑学的实践从来没有像今天这样,加剧双方——建筑对成为艺术品的渴望和被人们当作生活用品来对待的现实之间的争斗。艺术性和实用性曾是建筑的双重灵魂,现在屈从于专业化,两者已经分开。[②] 建筑是艺术品,而且是不同于一般艺术品市场规律的"艺术品",是有着自己独特语言和表现形式的艺术品,这是对很多建筑师不愿意轻易放下这一份追求或者是专业尊严的定位。建筑物也可以是生活

---

  ① 谭刚毅.中国传统"轻型建筑"之原型思考与比较分析[J].建筑学报,2014(12):86-91.
  ② [美]斯蒂芬·基兰,詹姆斯·廷伯莱克.再造建筑——如何用制造业的方法改造建筑业[M].何清华,等,译.北京:中国建筑工业出版社,2009:3.

用品,具有某种用途的人工制品,遵循盛行的等价交换原则进行买卖。其实作为生活用品,建筑依然可以是一个很有品质的,甚至很有创意的产品。对于农民来讲,乡村住宅首先是通过最少的手段供人们遮风避雨的遮蔽物,再就是满足其生活和生产,也显得"有面子"的物品,当然也会有审美的需求。

集艺术性和实用性于一身的住宅(产品)寥寥无几。有着同样的品质,甚至有更好创意的产品,对于普通消费者来说当然也是越便宜越好。我们把建筑尤其是住宅和工业制品、汽车等进行一番比较,就不难发现以汽车工业为代表的工业产品不仅质量更高,而且款式花样越来越多,价格也越来越便宜。相比之下,居住建筑的结构和建造方式没有太大的变化,很多建筑材料价格随市场波动大,人工成本越来越高,品质很难有提升,总体造价大多不降反升。根本症结在于没有把住宅建筑当作产品,更没有把它置于类似汽车工业的生产平台上,也没能实行工业化的生产和以更多集成化部品来进行设计及"制造"(图 5-20、图 5-21)。

图 5-20　集装箱改造的商业用房和小型度假屋①　　　　图 5-21　日本风之雅木韵养老院②

"只重外表、不重内在"——只注重建筑的外观而忽视建造的过程,这样的风气已经影响了太多人,造成建筑师忽视建造技术和建造流程的转变。从乡村更注重风貌整治,而不是更注重建造模式和居住建筑产业的发展就可以窥见端倪。传统的设计和施工方法统治着建筑业,束缚了它的发展。美国建筑师基兰和廷伯莱克认为,现在已经到了对这些传统方法进行重新

① 　图片来源:房天下网。
② 　图片来源:宇野进(Susumu Uno),CAn 设计工作室,Met 建筑事务所(Met Architects)。

评估并作出改变的时候了①。

农民手工业者反对工业化是情理之中的事情。建筑工业化会导致建造的工业化、建筑机械的工业化等,也会导致一些建筑工人和农民工失业或不得不再次转换职业。但如果只是简单地基于人文关怀的考虑不去发展建筑工业化,那么在技术发展浪潮和全球资本化的过程中,在更多的建筑产品越来越便宜、品质越来越好的情况之下,会有更多的建筑工人失业,所以必须应对甚至积极地响应建筑工业化的潮流,同时也要做好木匠等匠师、手工业者的人文关怀。每一种新技术的产生和应用,都应该考虑到它所带来的社会影响。事实上,木匠等匠师在建筑工业化中也依然能够发挥它的作用,所以保护传承也是非常重要的方面,要同时做好工业化后的利益再分配和反哺工作,让许多文化遗产和匠艺传承有更多的途径。

中国的农业在从"人力+畜力"逐渐向"电力+机械"发展,很多农业机械、建材和施工机械也都逐渐在乡镇企业甚至小作坊生产,不同于"大跃进"时期土法上马的小高炉,还有小钢铁、小化肥、小煤窑等违反工业规模经济规律的做法,而是技术比较普及,可以小规模灵活开展,同时品质有保证的方式。

当代建筑的生产流程,无论是设计还是施工,都是一个线性的过程,知识和信息的分割已经成了一种标准。建筑是克服重力的艺术,构件的制作和建造环节必须要从基础到屋顶,都是一个构件接一个构件地建造的,不同的工种很少同时进行工作。现在可以运用非线性的制造流程,不论建筑的各种部品、构件等,都可以同时制造,甚至逆序制造。制造者参与到设计中,还有材料科学家与产品工程师、设计师参与到制造中一起解决问题,使得建筑产品能够汇聚相关专业的集体智慧,甚至突破创新,重新定义设计和建造的边界条件②。某种意义上讲,过去的匠作是整合的,或者说是个人全能型的,经过现代的分工后,也应该是建筑重新整合"制造"的时候了。

从历史的角度来看,起初的建材是石头、黏土、砖块、木材和茅草。许多世纪以后,人们才发明了混凝土,它和玻璃、钢等材料一起成为现在建筑使

---

① [美]斯蒂芬·基兰,詹姆斯·廷伯莱克.再造建筑——如何用制造业的方法改造建筑业[M].何清华,祝迪飞,谢琳琳,等译.北京:中国建筑工业出版社,2009.

② 同上。

用最广泛的材料。新材料在建筑中的应用是非常缓慢的,但事实上新材料的种类和性能都呈爆炸式的增长(图 5-22)。

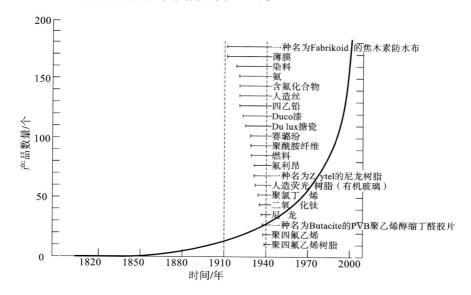

图 5-22　新材料的爆炸式增长①

当代建筑的建造施工大部分不在原地和现场进行,而是在工厂内建造,在室内建造可以避免气候条件对施工的影响以及室外作业的安全问题等。同时建筑的复杂性日益增加,会使用越来越多的设备,系统的复杂性以及安装协调等一系列问题,使得在现场施工不仅耗时耗力,还容易出现差错和质量问题,在工厂里建造这些系统,比在施工现场具有更高的精度,总体也更经济。

集成是众多专业和专家集体智慧的创作,所以乡村住宅不仅能够而且必须从大规模批量复制转变到大规模客户定制的建造模式。建造可以在达到高质量、宽范围、多特性的同时,实现低成本、短工期。成本和工期之间的古老平衡已经被打破(图 5-23)。改革的号令已经传到了建筑业。我们不能

①　[美]斯蒂芬·基兰,詹姆斯·廷伯莱克.再造建筑——如何用制造业的方法改造建筑业[M].何清华,等,译.北京:中国建筑工业出版社,2009.

再继续花高成本、长工期去建造低质量的建筑。我们能够通过整合建筑师、承包商、材料科学家以及产品工程师的集体智慧建立起信息平台,重建建筑的工艺性。把建筑分成一个个单元,先在工厂里预制,然后集中到现场进行组装,这需要用一种新的方式,对设计和施工的相关信息进行控制、管理和传递。

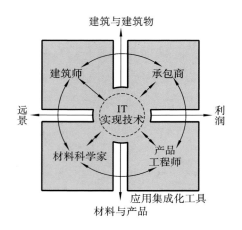

图 5-23　启用集体智慧的项目进行流程①

2013 年,我国在《绿色建筑行动方案》中明确提出,大力推动建筑工业化为国家十大重要任务之一,装配式建筑上升为国家战略。装配式也是建筑业转型必由之路。建筑师可以运用开放装配式策略,对建筑体系的主体结构和围护结构两个方面进行分析,探讨乡村适宜的主体结构和围护材料,并对其局限性进行分析。

二、建造与制造之间的桥梁

1. 流程设计

从住宅建筑的建造到制造,首先是流程(programme)的设计,就如一个

---

① [美]斯蒂芬·基兰,詹姆斯·廷伯莱克. 再造建筑——如何用制造业的方法改造建筑业[M].何清华,等,译.北京:中国建筑工业出版社,2009.

产品从市场需求到产品研发，从加工生产到现场施工，从营销到购买，从交付到后期维护，提供全流程的服务。这其中最关键的当属产品类型的研发、生产流程的组织以及现场装配施工的技术等。

从某种意义上讲，新的制造建筑跟传统的建造是相同的流程，但不同的是新的制造建筑更具总体意识和全流程计划，设计前置、施工前置；不仅生产及建造的工艺不一样，而且由过去"线性"的建造变成"并行"的建造，也就是在生产环节，从基础、墙身到屋顶，或是各个部品都可以同时生产，即"预施工"。因此，建筑设计就如程序设计一样，将建筑所需的各种材料、部品以及各种生产环节和装配方式等进行编程，形成一个逻辑严明且能适应不同需要进行变化的系统。

国内外已经不仅仅是房地产公司开始在研究批量式装备化的城市住宅，连跟房地产没有关系的科技企业也开始设计成型定制化的室内装饰部品甚至建筑。许多大型的科技研发和生产公司，也都在扩展它们车间和加工流水线新的使用方式，预制生产建筑部品，而且加强研究，降低建筑部品和装配组件的数量和连接节点，这样在现场搭建可以更轻松，甚至在几天之内就可以完成。传统的原地建造方法，至少要花费数个月的时间，成千上万的建筑材料或设施需要太多的手工劳动，而且存在着质量隐患。波音公司按照新的"制造"方式所建的密斯（Mies van der Rohe）设计的范斯沃斯住宅（Farnsworth House），只用了 3 天，从表面上看，这个房子与范斯沃斯住宅一样，但和以前的那个相比，有更多的性能、更低的成本。[①]

2. 平台设计

与传统建筑相比，装配式或集成建筑的设计充分考虑建筑结构、围护系统、设备与管线系统、装饰装修等要素进行协同设计，使建筑的各系统之间有机整合，设计集成，装修一体。[②] 由于生产工厂化、施工装配化、管理信息化，因此，正如以汽车为代表的工业生产体系中的生产平台一样，居住建筑

---

① ［美］斯蒂芬·基兰，詹姆斯·廷伯莱克.再造建筑——如何用制造业的方法改造建筑业［M］.何清华，等，译.北京：中国建筑工业出版社，2009.

② 宗德新，冯帆，陈俊.集成建筑探析［J］.新建筑，2017(02)：4-8.

的平台设计成为预制装配式建筑最核心的技术。相关的平台包括三个：①以结构体系为技术支撑的加工生产平台；②主要构件、部品和成套化设施的生产平台（可以外包采购整合）；③信息管理平台。

适宜于乡村的装配式建筑和集成式的建筑结构轻量化，结构体系高度整体化且构件轻型化、小型化。空间相对集约，需要对建筑的空间精细设计，以基础生活空间为主体，优化整合内部空间，综合考虑平面、剖面、可变家具、复合结构及不同时间的功能差异性，实现空间利用的最大化。建筑整体绿色化，对环境的影响小。集成建筑按照结构方式进行分类，主要有木结构、冷弯薄壁型钢结构、集装箱结构、钢框架模块结构以及复合材料结构等。厨卫装修可采用工业化的成套定型产品，不仅让厨卫更加整洁，也可以消除长期困扰中国居民的厨卫反臭、漏水等一系列质量甚至影响健康的问题。信息管理平台不仅仅有用户、产品信息，更多的是涉及建筑结构、围护、设备与管线、装饰装修等要素及专业协同的工程信息系统（BIM）。

3. 加工制造与现场装配

信息管理平台成为加工制造和现场装配之间的重要桥梁。

在建筑设计时就建立建筑信息模型，之后各专业采用信息平台协同作业，装配阶段也需要进行施工过程的模拟，并将建筑构件与部品部件信息化，生产的相关信息可追溯，便于今后维修和更换。使用信息技术能促进工程建设各阶段、各专业之间信息共享与有效沟通，有效解决设计与施工脱节、部品与建造技术脱节等问题，加快建设速度，也使得建筑建成后的日常运营管理更加便捷。基于恰当的流程设计、多个专业工种的配合和恰当的信息管理系统，加工制造的构件和部品在现场进行装配时避免了传统装修方式中对建筑墙体等的打凿穿孔，可以有效保证结构安全，减少材料消耗，降低装修成本。

建筑的整体或部分以工业化的方式生产制造，极大提高了生产效率，资源得以集中利用，从而降低了生产成本，更符合可持续发展的要求。施工采用装配化的新方式，劳动强度较低，建筑垃圾少，对环境影响小，建筑品质可以得到有效保证。[①] 小型建筑在工厂整体制造完成后，只需现场安装落地和连接水电等即可投入使用；大中型建筑需要把在工厂制造的组成模块运输到工地，按照要求进行组合安装成为建筑。装配化施工建设速度快，对环境影响小，可不受季节限制，但对施工组织、工人专业技能等要求较高。

在此需要强调的是，无论是流程的设计还是平台的设计，都需要在加工制造和现场装配的环节中具有开放性，有的部品可以在工厂里加工制造，也可以在现场因地制宜地替换为地方传统的材料和构造方式，甚至取用废旧材料再加工制作，可以是公司建造，也允许个人和普通民众参与，这才是真正的开放式的装配建造体系。

三、开放装配式的构造体系

（一）装配式建筑的主体结构

主体结构是指建筑中承受各种荷载或者作用力的受力体系，是营造建筑功能空间的"骨骼"（图 5-24）。主体结构的逻辑会直接影响甚至直接决定技术体系和建造过程，对建筑整体的形态以及造价等诸多方面的影响都非常大，可以说主体结构是建筑体系中最重要的方面。

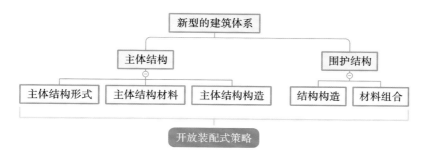

图 5-24 开放装配式建造体系

人们现在在乡村中看到的建筑结构形式多样并存，有传统形式的延续，也有工业化后的新建形式，但均存在着一定的局限性。传统乡土建筑的承

---

① 宗德新,冯帆,陈俊.集成建筑探析[J].新建筑,2017(2):4-8.

重结构分为木结构、实墙搁檩结构、土石拱券结构、竹结构、石结构、拉索结构等①。传统乡土建筑的主体结构是在千百年的建造中形成并流传至今的，建造模式较为固定。这些传统的主体结构多表现出一定的地域性，但是受限于结构材料的使用寿命以及传统工艺的失传，逐渐被弃用或是被新的结构和材料所替代。所以在对传统结构进行选择性保护和沿用的同时，重新演绎也是传承的一种方式。事实上当代乡村建筑中很多主体结构形式都不太适于发展为"开放"和"装配式"建筑。根据主体结构和围护材料的施工顺序以及装配化程度的差别，列举框架式、板墙式和单元式这三种适宜于开放装配式建筑的主体结构形式，分别对应线材、面材和箱体，如图5-25所示。

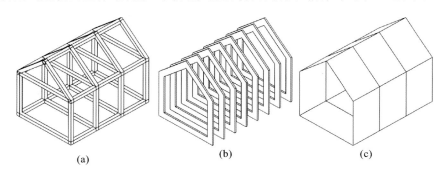

图 5-25　三种开放装配式的主体结构形式

（a）线材—框架式；（b）面材—板墙式；（c）箱体—单元式

1. 框架式

框架式结构一般以柱梁为主体，搭配桁条、斜撑、拉杆或剪力墙等构件组合而成。其节点抗弯形式可分为刚接、半刚接、铰接和榫接。经研究分析发现，一般适用于开放装配式建筑的框架式主体结构的材料主要有冷轧钢（普通轻钢、强化轻钢）、木材、竹材和热轧钢（圆钢管、工字钢、槽型钢、方钢管等），具体的接合方式参见表5-3。

---

① 　孙大章.中国民居研究［M］.北京：中国建筑工业出版社，2004.

表 5-3　适宜框架式主体结构的组成方式

结构材料	接合方式	结构组成
普通轻钢	铰接	屋面 楼板 梁 屋架
强化轻钢	铰接、半刚接	
木材	半刚接、榫接	屋面 楼板 架间 屋架
竹材	铰接、半刚接	
圆钢管	铰接、半刚接	

续表

结构材料	接合方式	结构组成
工字钢	铰接、半刚接或刚接	
槽型钢	铰接、半刚接或刚接	
方钢管	铰接、半刚接或刚接	

普通轻钢材料框架式结构的组成包括屋架、梁、楼板和屋面,由于普通轻钢强度不高,一般通过铰接的方式整合成桁架的形式来构成主体结构的每一个组成部分;而强化轻钢材、竹材、木材或热轧圆管钢材构成的框架式结构则相对简单,结构组成部分包括屋架、架间、楼板和屋面,通过铰接、半刚接或榫接的方式构成;其他热轧钢材料构成的框架式结构的组成部分包括屋架、梁、楼板和屋面,通过铰接、半刚接或刚接方式构成。

冷弯薄壁型钢建筑体系和钢框架等还不是完全一样的结构形式。一般做法是将热镀锌薄钢板混轧成截面为 C 形和 U 形的薄壁钢骨,型钢内部填充保温隔音材料,两侧安装结构板材或围护板材,共同形成一种"板肋结构",与下文的板墙式接近。再通过工厂化规模生产,组合成墙板、楼板、屋架等构件,在现场进行快速组装。该体系结构自重轻,基础负载小,施工周期短,工业化程度高,产生的废料少,材料可再生利用。同时空间布局相对灵活,墙体内部管线布置方便,避免穿墙打洞对结构产生破坏。

2. 板墙式

板墙式结构一般以小间距框架立柱或板状面材构成墙体构造。其节点抗弯形式可分为半刚接与铰接。一般适用于开放装配式建筑的板墙式主体结构的材料主要有冷轧钢(普通轻钢)、竹材和木材。根据建造实践和调研分析,适宜于该建筑体系的板墙式主体结构如表 5-4 所示。

表 5-4 适宜板墙式主体结构的组成方式

结构材料	接合方式	结构组成
普通轻钢	铰接	屋面 楼板 连接件 板墙
竹材	半刚接	屋面 楼板 连接件 板墙 基础
木材	半刚接、榫接	

从表 5-4 中可以发现:普通轻钢材料板墙式结构的组成部分包括板墙、连接件、楼板和屋面,通过铰接方式构成;竹材和木材板墙式结构的组成包括基础、板墙、连接件、楼板和屋面,通过半刚接或榫接方式构成。

3. 单元式

单元式结构一般以框架式或箱体式构法在工厂生产预制化的整体单元,如集装箱房屋就是其中一种。单元式结构是框架式和板墙式结构的衍生,整体性更好。一般应用于开放装配式建筑的单元式主体结构的材料主要是前面两种结构形式的用材,包括冷轧钢、热轧钢、竹材和木材。根据建造实践和调研分析,适宜于该建筑体系的单元式主体结构如表 5-5 所示。

表 5-5 适宜单元式主体结构的组成方式

结构材料	接合方式	结构组成
钢材、 竹材、 木材	刚接、半刚接、 铰接、榫接	B单元 B单元 组合单元 A单元 A单元

上表显示此类结构组成都是一个整体单元,然后多层叠加或者水平增加,每个单元接合节点形式可分为刚接、半刚接、铰接或榫接。

上述三种类型的主体结构也有过渡形式和组合运用。如戴俭教授团队研制的“板拼式”轻钢装配式(图 5-26),朱竞翔教授团队研发的系列装配式建筑体系,主体结构都不尽相同,但都属于线材、面材和箱体三种类型或组合形式。

(二) 主体结构材料的轻质化和模块化

主体结构构件的尺寸相对庞大、质量相对较大,因而需要进行轻质化和模块化的处理,以便于人力的搬运和施工,同时也可减少运输成本。

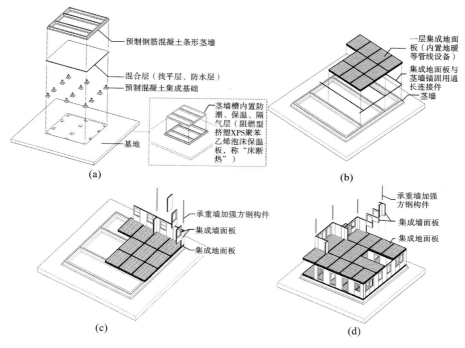

图 5-26　"板拼式"轻钢装配式①

(a)基础施工示意;(b)地面施工示意;(c)墙面施工示意;(d)二层施工示意

适用于当代乡村的开放装配式建筑主体结构的材料主要有竹、木、钢、铝合金等材料,钢材和竹木材料最大的区别在于加工的程度不一样,导致材料性能千差万别。

1. 热轧钢材和冷轧钢材

冷轧钢材是在常温下把薄壁钢材滚轧而成的钢材。实际上,根据含碳量、厚度以及截面尺寸、形状不同,材料性能也更加多样,相应的主体结构形式以及跨度都不一样。热轧钢最薄一般在 1.0 mm,而冷轧钢最薄可达到 0.1 mm,厚度大于 3 mm 的冷轧钢板冷加工时较困难,大部分工厂生产的冷轧钢板厚度在 4.5 mm 以下,其厚度更加精确。热轧钢由于经过高温处理,

---

① 戴俭,刘思远.新型"板拼式"轻钢装配式住宅体系初探[J].新建筑,2017(2):24-27.

内部分子重结晶导致其韧性、抗拉性、可塑性、可焊性以及屈服强度更好，更容易轧制，轧钢效率更高。而冷轧钢则更脆、更硬、表面更光滑、强度更高。二者经过镀铝或者镀锌处理，都可以提高防锈性能。

从冷轧钢和热轧钢性能比较中可以发现，二者均可以运用在主体结构中。热轧钢由于力学性能更佳，在跨度上有优势，因而与传统的梁柱结构可以进行模拟分析，一般构成重型钢结构体系。而冷轧钢则可以和轻木骨架结构模拟分析，一般构成轻型钢结构体系。

冷轧钢因为不需要高温处理，生产加工的难度降低了，加工速度快、灵活度高。因此截面形式多样，包括 U 形截面、C 形截面、Z 形等边截面、Z 形不等边截面和等边角形截面。当单一钢材不够应对受力的时候，可以通过多个钢材组合来加强力学性能，如双拼 C 形截面、双拼 Z 形等边截面、双拼 Z 形不等边截面等。热轧钢因为加工难度较高，因而截面种类相对较少。因为厚度下限较高，所以其承载力在截面一致的情况下一般比轻钢要强，重量也多得多。

可以根据冷轧钢和热轧钢的特点、房屋受力的特点和场地环境的特点，组合使用两种钢材。比如，一层采用热轧钢（重钢结构形式、架空等），二层采用冷轧钢（轻钢结构形式、围护构造等）。

2. 木（竹）材

木材料因为加工方式不一样，主要分为板材和柱形材料，如胶合板、大芯板、指接板、密度板、刨花板、原木等，其材料性能也不一样。胶合的竹木等集成材性能更优。

大部分竹材和木材可以运用在主体结构中。密度板由于硬度和防水性能较差，不适合作为主体结构材料，也不经济。各种材料的性能不一，还存在地域差异，很难进行全面量化的规范控制。相对而言，竹材和木材的特性使其不如钢材那样适于计算，性能也不可控，经过工厂二次加工的竹材（重竹等）和木材，最后通过受力测试手段也能保证结构的安全性。对于农民和设计师以就地取材"土法"加工的方式来说，似乎只能凭经验，其结构安全具有不确定性。

由于竹、木属于自然材料，作为原材使用时，其各向异性的力学特点决定了使用时的不同形状、不同方向以及加工方式（如加工成板材等），可以通过多种组合形式来加强力学性能，组合形式有双拼柱形截面、四拼柱形截面、层叠板形截面、双拼板形截面和夹层板形截面等。

3. 铝合金及复合材料

铝合金材料具有轻质量、高强度的优点，采用铝合金可以大大减小结构自重（如 ALPOD 移动屋，图 5-27）。铝材易于塑性加工，经过挤压成型可加工成各种截面形状，并具有极高的加工精度。表面经特殊处理后的铝型材还能形成致密的保护层，抗腐蚀性强，适合用于沿海或潮湿地区房屋建造。

建筑所用材料还有木塑、聚酯树脂、玻璃钢等复合材料。木塑是以木纤维或植物纤维为主要成分，将其预处理使之与热塑性树脂或其他材料复合而成。木塑在实际使用中可以部分代替实木，在各领域已有一定的应用。国内外已经有厂家运用木塑材料来建造小型建筑。聚酯树脂是一种性能优异的热固性树脂，产品性能稳定，加工方便。建筑结构主体为木质框架，然后用织物将木质框架内外绷紧，涂上聚酯树脂涂料后用砂纸打磨，使其成型。

图 5-27　ALPOD 移动屋①

（三）主体结构和构造的优化

对主体结构的构件和材料进行轻质化和模块化的处理还表现在组装接

---

① 宗德新，冯帆，陈俊.集成建筑探析［J］.新建筑，2017(2):4-8.

合的设计上,需要对主体结构的基础构造、交接构造以及加固构造进行优化,尽量使其低技术、易操作,保证村民能自行组装施工。

1. 基础构造

乡村建筑一般体量与荷载都不大(家庭作坊有加工机械的另计),基础的施工不算特别复杂(但标准和要求不能降低)。开放装配式建筑的主体结构一般作为整体结构来设计,因而对基础的受力以及整体强度都有好处。所以该建筑体系的基础要保证能承载足够的荷载、均匀的沉降和有效的连接。因而开放装配式建筑体系的基础采用浅式基础甚至不埋式基础即可。根据基础和主体结构施工顺序,常见的基础构造分为两种:一种是主体结构直接与地圈梁浇筑,不太适合轻型结构;另一种是完成基础的施工后,通过基础里(地梁)预埋连接件或者现场放样钻孔锚固的方式,这样便于施工安装和拆装。

2. 材料接合方式

主体结构及其材料选择固然重要,但材料接合方式和节点构造是结构强度、安全性和耐用性的重要保证。材料的接合包括柱与柱、梁与梁、柱和梁、斜撑和梁等的接合。接合的方式多样,适宜的主要有焊接接合、螺丝接合、螺栓接合、连接件接合、榫卯接合、捆绑接合等。

①焊接接合。焊接这一刚性连接方法更适合应用于热轧钢。冷轧型钢结构实在需要采用焊接时,必须在工厂进行焊接。因为轻型钢钢板厚度很薄,焊接容易失败甚至容易发生焊破的情况,焊接后又会破坏原有的镀锌层,而需要补做防锈漆。因此,在接合方式上应该避免采用焊接。

②螺丝接合。受到螺丝尺寸、强度以及攻入操作方式的影响,这种接合方式一般只能应用在冷轧钢中,方便易操作是其最大优点,尤其在补救或者加固的时候应用更加适宜。根据文献《冷轧型钢构造建筑物结构设计规范及解说》的规定,接合用的螺丝为直径在 2.03~6.35 mm(0.08~0.25 in)的自攻螺丝。自攻螺丝材质不佳时,可能无法钻过较厚的构材,必要时可以在钻点表面引孔,增加螺丝攻入的成功率。使用可换接头的电钻时,可以选择十字或六角自攻螺丝,而选用可充电式的电钻则可以省去现场拉电源线的

麻烦。

③螺栓接合。高强度螺栓作为一种常见的金属件,被大量应用在工程中。螺栓接合的开孔原则上使用标准孔,经设计确认后才可使用扩大孔或开槽孔,普通适用于该主体结构的螺栓规格为 M30、M80 和 M140。在轻量型钢成型的生产线,有些厂商可以提供额外计价的开孔加工服务,以计算机输入构材长度及开孔位置,快速准确地将构材生产出来,相较于人工打孔可以节省数倍的人力。螺栓通过一个或多个孔洞把多个结构主材连接起来,如图 5-28 所示,基于条形材料的构件形状,一般可垂直两个方向分别进行开单孔接合。而板形材料的构件受形状限制,只能在一个方向进行多孔接合。

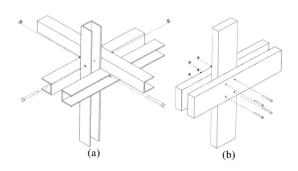

(a)　　　　　　(b)

图 5-28　适宜的螺栓接合方式

(a)条形材料;(b)板形材料

④连接件接合。连接件接合可以是刚性连接也可以是铰接。如:竹、木结构尽管不能直接焊接,但是通过金属连接件作为中介,把两个金属连接件进行对焊,实现了间接焊接的可能;或者两个金属或非金属连接件之间再通过螺栓接合;连接件也可以作为一个完整的构件把两个结构主材联系起来,无论是竹材、木材还是钢材(接合方式如表5-6所示)。连接件的样式多种多样,且一直在发展创新,虽然“不起眼”,但可以大幅提升装配式建筑的易操作性。

表 5-6　适宜的连接件的接合方式

接合方式				
	套筒式	插销式	单片式	双片式
适用范围	实心条形木材 空心条形竹材 条形钢材	实心条形木材	板形竹材 板形木材 条形钢材	板形竹材 板形木材 条形钢材

⑤榫卯接合。榫卯结构形式多样,繁简不一,在此不再赘述。今天乡村已经难觅传统的木匠,传统榫卯咬合接合方式在新的装配建造体系中的应用需要酌情考量,可以结合机械加工进行简化和改进,如图 5-29 所示一些新的榫卯接合方式。榫卯结构采用平面板材,可以极大地简化板材的加工难度和施工难度。前三种接合方式适用于梁柱这种垂直关系的构件接合,同时可以通过墙板上预留的卯眼加固:第一种是夹头榫的接合方式,在 x、y 方向的两个板材先互咬接合,顶部十字出榫,和 z 方向板材的卯眼接合;第二种也是类似夹头榫的接合方式,x、y 方向的两个板材先互咬接合,顶部空心十字出榫,和 z 方向板材的卯眼接合,最后通过扎榫加固;第三种接合方式和第二种几乎无异,只是 x、y 方向咬合出榫的形式为 T 字形;第四种则适用于板材之间的续接,通过两层板材反向错位互咬,然后 3 个小构件通过扎榫的方式来固定接合。

⑥从绑扎到卡扣接合。这种结合方式适合截面是圆环形的结构主材,因而截面是圆环形的结构主材都可以就此进行参考。建筑人员曾在建造实

践过程中尝试过多种绑扎材料,包括藤条、草绳、钢箍等,以及各种捆绑方法 (图5-30),但是发现并不适合较为精确的结构类型,因为绑扎接合位置并没 有固定标记,所以该捆绑接合方式有其局限性,但从另一个方面来说也使得 结构组装具有了较强的容差性。由于接合材料和榫卯接合的类似,都具有 韧性和柔性,因此结构稳定性也有一定优势。

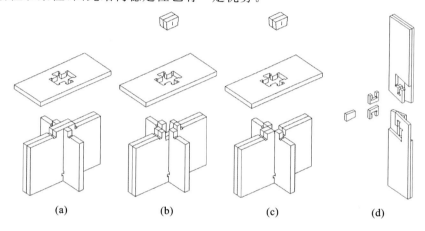

图 5-29　适宜的平面化榫卯的接合方式
(a)十字的接合方式 A;(b)十字的接合方式 B;(c)十字的接合方式 C;(d)一字的接合方式

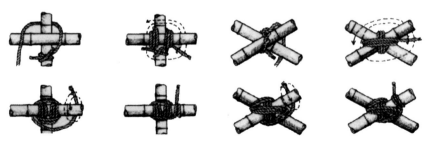

图 5-30　适宜的圆管构件的绑扎接合方式[1]

因为绑扎需要较多的人工和现场操作,并不太适合预制装配式的施工, 现在脚手架或其他相关的连接采用了新的万向卡扣件,成为更合适的选择 (图5-31)。

---

[1]　季正嵘."竹构"景观建筑的研究[D].上海:同济大学,2006.

图 5-31 各种不同的连接件和卡扣件

3. 加固构造

基于开放装配式策略,为了便于结构主材运输、搬运和组装,主体结构材料的截面尺寸设计一般不会特别大。主体结构如果只有类似梁柱这种垂直关系的交接构件且构件截面又较小,结构稳定性会极差,容易受到弯矩和剪力的作用而损坏。

为了提高主体结构的力学性能,又不希望增大构件的截面尺寸,那么需要把主体结构整体化,在角部和跨度过大的地方使用加固构件进行三角形稳定结构式的加固设计。加固构件一般分为受压和受拉两类。受压构件以斜撑为主,受拉构件以拉索和拉杆为主[①],如表 5-7 所示。

表 5-7 适宜的加固构造形式

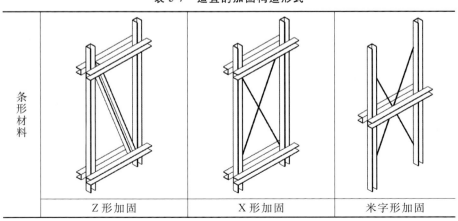

条形材料	Z 形加固	X 形加固	米字形加固

---

① 林箐,郁聪. 钢木结构景观构筑物的结构节点细部形式探讨[J]. 中国园林,2013(8):86-92.

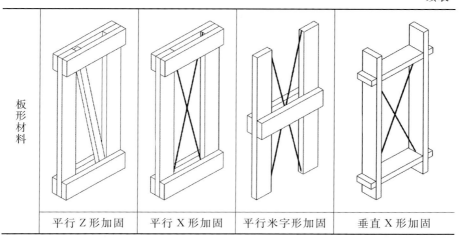

| 板形材料 | 平行 Z 形加固 | 平行 X 形加固 | 平行米字形加固 | 垂直 X 形加固 |

加固构造的方式主要分为条形材料加固和板形材料加固两种。条形材料的构件截面近于等边形,构件的各向受力相近,所以一般可通过使用受压构件进行 Z 形加固的方式,或者使用受拉构件进行 X 形和米字形加固。而板形材料的构件截面是一字形的,方向性的矛盾比较突出,所以考虑到交接难度,一般分为主体构件板材平行和垂直两种情形考虑。当板材互相平行的时候,受压和受拉构件都适用。但是当板材互相垂直的时候,受压构件和主体结构交接时须采用复杂化的接合方式,所以更加适宜于采用受拉构件。

(四)开放装配式建筑的围护结构

围护结构是指建筑空间的围合物,是营造建筑功能空间的"皮肤"。围护结构根据是否和室外环境接触分为外围护结构和内围护结构。围护材料的选用会直接影响甚至直接决定建筑的风貌和空间舒适度。同时,对制造加工的工艺以及造价等诸多方面的影响都非常大,是建筑体系中另外一个重要的方面。

没有一种材料是万能的。建筑的不同部位、不同地区的气候、不同人群的审美、不同经济发展水平和不同的施工队伍都对材料有着不一样的要求。在当代乡村建造实践中,有建筑师致力于挖掘优秀的传统工艺并作出改进,

诞生了许多衍生于传统工艺的优秀做法。此外,材料、技术的发展也促使了聚苯乙烯、岩棉、玻璃纤维、水泥纤维板及木塑板等工业化生产的围护材料,通过建造实践被引进到乡村中。但是由于缺少恰当的设计引导和使用不当,部分材料质量不能得到保证或不具备生态环保的特性。

1. 墙体

开放装配式建筑通过主体结构承重的方式使得墙体不再承重[1],仅作为围护和分隔之用。开放装配式建筑更注重墙体的耐候、保温、隔热、隔声、防火、防水、防潮、防蛀等性能。这就大大地降低了围护材料的选用标准,扩大了材料的选用范围。实际上不同空间在性能和空间表现力上要求也不一样,也影响到墙体构造的做法与材料的选择。墙体如"服装"一般,需要满足"贴身"而且实用、舒适的要求,其构造层次包括抹面层、夹层、核心层三部分,如同三明治的构造。满足性能需求的核心层通过夹层被固定在主体结构上,加以辅助使用抹面层,最终形成了完整的墙体构造。当然,与主体结构的结合既要安全稳固,还要避免冷桥、热桥等。有时每层的性能并不单一,有时由两个以上要素负担一种性能的要求。核心层很难同时具备防水、耐候、美感等特性,所以需根据实际情况和气候环境在内外侧增加其他功能层。据此,形成了多样的构造组成模式,但终归三层各司其职,从外至内分别承担的性能主要有耐候+风貌呈现、保温隔热+隔音、使用+空间表现。以上多种多样的组成模式实际上大致可以通过以下构造方式来实现,如图5-32所示。

根据围护材料以及组合模式,墙体构造方式大致有填充式、黏结式、绑扎式、垒砌式和干挂式。同时,根据实际需求,构造的工序可删减,材料可变换,规格可调整,类型可混合使用。根据性能的要求判断选用材料和材料组成方式,这也是对该体系开放式策略的体现。图5-33是基于适用于乡村且可装配的墙体材料,组合出的适宜的墙体填充材料搭配方式与实例。

抹面层以草土、熟石灰、油漆等材料为主。夹层由于兼顾固定的作用,一般采用钢网、彩钢板、波形钢板、竹片、竹跳板、胶合竹板、木板、木条、油帆

---

① 随着材料和加工技术的发展,有企业成功开发出类似蜂窝结构的新型板材,既可做围护墙体(因具有较好的热工性能),同时因为有很高的强度,也适合做承重墙或箱体结构。

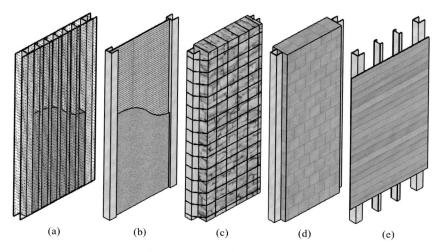

图 5-32　适宜的墙体构造方式
(a)填充式；(b)黏结式；(c)绑扎式；(d)垒砌式；(e)干挂式

布、草席、阳光板等板形材料。核心层一般具有一定厚度，为满足保温隔热的居住需求，可将混凝土、水泥砂浆、土等黏结材料，混合草土、竹、木、旧砖、普通砖、自锁砖、草土砖、料石、毛石、碎石、鹅卵石、贝壳、土袋、泥土、轻质混凝土、保温棉、预制墙板等。但为了减轻房屋结构荷载，提高抗震等级，该建筑体系的墙体作为非承重结构，一般二层及以上适宜搭配使用轻型材料，重型材料建议只放在一层使用。

2. 楼板

楼板是在楼层中承受人和家具等竖向荷载并将这些荷载及自重传递给竖向承重体系的构件。基于土壤保护和防潮考虑，开放装配式建筑体系的一层很多情况下是架空的并增加防潮垫等作为防潮层。在其他方面，地坪和楼板的材料用法几乎无异，当代乡村的做法按使用材料可分为木楼板、钢筋混凝土楼板、钢衬板楼板等。楼板的构造层次包括面层、结构层和底层（顶棚）。最主要的楼板结构层既要保证承受荷载，跟主体结构形成整体，有的还需跟面层和底层共同完成保温、隔热、隔声、隔震、防潮等功用。面层和底层除了兼具色彩、质感等空间表现外，还有通过复合的夹层来满足相关热工性能的需求，除此之外，面层还需具有耐磨等耐久性的要求，而防潮层可

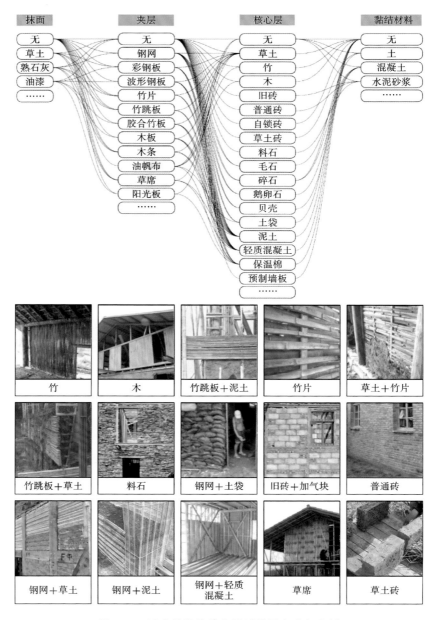

图 5-33　适宜的墙体填充材料搭配方式与实例

能根据不同的需要在不同部位设置,尤其是慢慢走入乡村的地暖式楼层的构造更为复杂。常见的楼板面层构造方式有干铺式和浇灌式(图 5-34)。

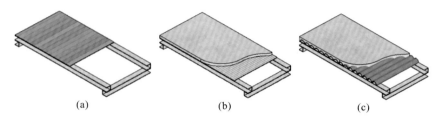

(a)　　　　　　　　(b)　　　　　　　　(c)

图 5-34　适宜的楼板构造方式

(a)干铺式;(b)浇灌式 A;(c)浇灌式 B

适用于乡村的楼板填充材料多种多样,根据性能要求和组成方式参见图 5-35。面层以石板、熟石灰、木板、回收砖、胶合竹板、竹跳板、瓷砖等为主。夹层由于起到保温或隔音的作用,一般较厚,以泥土、草土、轻质混凝土等为主。底层由于兼顾承托固定的作用,以木板、胶合竹板、竹跳板、波形钢板、预制楼板、油帆布、草席、尼龙布、毛毡等板形或布类材料为主,部分底层材料兼具防潮性能时,可以作为地坪使用。

3. 屋面

屋面既是建筑的结构层,也算是建筑的围护层。屋顶形式有平屋顶和各种形态的坡屋顶,一般由当地的自然资源、气候和生活方式来决定,这些形式组成了当地的地域特色。屋面也可以被认为是一种特殊的楼板,所以材料选择、构造策略可以类比上述两个部分。屋面构造层次包括面层、防水层、保温隔热层和望板层。作为内饰和起承托作用的望板层承托起上面的保温隔热层,防水层覆盖保护下面两层,最上面通过具有耐候作用和排水作用的面层对整个屋面构造进行保护。

平屋面因为涉及内积雪、内排水和是否上人(晾晒)等多种因素,所以构造细部相对复杂,包括泛水、天沟、檐口、雨水口等细部构造。考虑到施工难度,装配式建筑多选择较为简单的坡屋(挑檐)顶的形式,可简化一些构造,甚至可以实行自由落水。

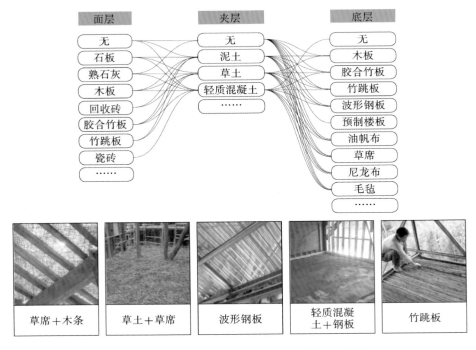

图 5-35　适宜的楼板填充材料和组织搭配方式①

　　面层起到排水、阻挡紫外线和防风的作用,防水层由全封闭式防水材料构成,保温隔热层起到保温隔热的作用,望板层(有些地方不宜采用)起修饰和承托作用。有的地区可能不需要考虑保温,或者有的村民不考虑室内美观问题,因而屋面的构成可能会更加被简化(图 5-36)。

　　根据围护材料以及组合模式,屋面的做法大致有卷材、板材、块材三种做法。基于建筑师的调研和实践,适用于乡村的常用屋面材料与实例如图5-37 所示。面层以彩钢板、波形钢板、阳光板、半竹、瓦片、石片、草、油帆布、普通砖等易于排水且耐候的材料为主,防水层以油帆布、尼龙布和油毡为主,保温隔热层一般较厚,以草土、泥土、保温棉等为主,望板层由于兼顾承托固定的作用,以木板、木条、竹片、竹跳板、胶合竹板、彩钢板、波形钢板、阳

---

　　①　图片来源:谢英俊工作室提供。

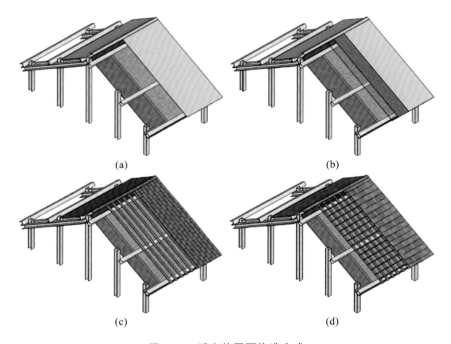

图 5-36 适宜的屋面构造方式

(a)卷材和板材做法 A；(b)卷材和板材做法 B；(c)块材做法 A；(d)块材做法 B

光板、油帆布、尼龙布、草席等板形或布类材料为主。

　　适宜于当代乡村的开放装配式建筑体系包括主体结构和围护材料，贯穿了整个房屋建造过程，是实现开放装配式建造模式的基础。为了让村民可以自行设计、制造和施工，具有开放性，可选择轻质且可模块化操作的木、竹和钢这几类性能很好的材料作为主体结构的材料，形成框架式、板墙式和单元式三种具有开放装配式特点的主体结构形式。围护结构包括墙体、楼板和屋面三个部位，围护结构材料的组合搭配类型具有多种可能性。

　　乡村建造中使用的工艺多样，且新工艺与传统工艺可以混杂的形式出现。主体结构的开放性和可装配性使得其可包容不同围护材料的使用和自由替换。围护材料可以优先选用当地材料，其工艺具有地域性优势，也可以工厂预制，稳定有效地控制性能和质量。

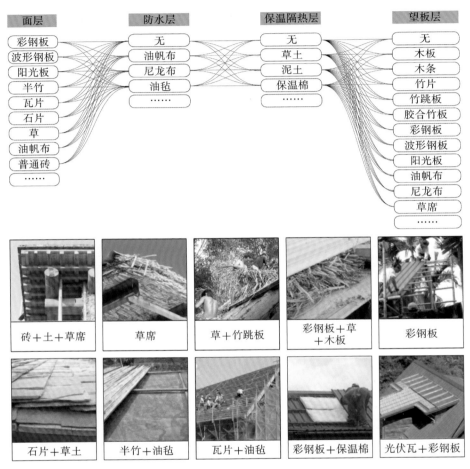

面层	防水层	保温隔热层	望板层
彩钢板	无	无	无
波形钢板	油帆布	草土	木板
阳光板	尼龙布	泥土	木条
半竹	油毡	保温棉	竹片
瓦片	……	……	竹跳板
石片			胶合竹板
草			彩钢板
油帆布			波形钢板
普通砖			阳光板
……			油帆布
			尼龙布
			草席
			……

砖＋土＋草席	草席	草＋竹跳板	彩钢板＋草＋木板	彩钢板
石片＋草土	半竹＋油毡	瓦片＋油毡	彩钢板＋保温棉	光伏瓦＋彩钢板

图 5-37　乡村常用的屋面材料与实例[①]

　　无论是主体结构还是围护材料,其模数化设计都降低了现场加工的难度和减少了材料的损耗,其装配式导致的可逆性尤其便于维修或更新替换。因为主体结构是开放装配式的"骨骼","皮肤"一样的立面材料(包括外围护、屋面、楼板、内饰等)的选择范围便大大地扩宽了。不仅可以工厂预制(图5-38),也可以通过采用就地选材和土法加工的方式表现立面的肌理,同

---

　　①　图片来源:谢英俊工作室提供。

时因为低技化,当地农民也能参与选材和加工,体现了材料的地域性、工艺的地域性、村民审美的地域性以及文化的地域性。

图 5-38 朱竞翔团队设计的建筑产品在工厂制造过程中①

综上,恰当的主体结构决定了装配式建筑的开放性,也就是围护材料的多种选择和不同的构造。主体结构和围护结构的功能不同,对材料的要求也不同。当一种材料要同时满足基本原理明显对立的两种功能时,其集成效果往往不佳。装配式建筑不仅仅具有开放性,同时从设计到施工、建造、结构、材料与空间的紧密关联,都具有显著的集成特点。正如朱竞翔教授所说,集成设计是非常复杂的工作,前提是一定要梳理清楚议题,对问题源头做精密的分析。首先,要分清特定的需求,比如保温隔热、结构安全和视觉优雅,是不同的需求。其次,要弄清楚材料特质与特定需求的关系,这是一种多维关系。前端分析清楚后才有后端技术解决的容身之地。建筑系统级别表现、构件级别表现和材料级别表现是三件不同的事。做集成设计时不是单纯考虑一个层级,而是对整个建筑系统中各个层级进行考量,找到平衡

---

① 陈科,朱竞翔,吴程辉.轻量建筑系统的技术探索与价值拓展——朱竞翔团队访谈[J].新建筑,2017(2),9-14.

的综合方案。① 伦佐·皮亚诺 2013 年设计的第欧根尼（Diogene）项目（图 5-39）整体为木骨架外包铝板作为饰面，轻质小巧，功能全，空间利用达到极致。还有技术的集成，实现了能源的自维持以及污水收集处理。总之，各种结构、材料和技术的集成既要明确需求，分清层级，也需要设计前置，考虑系统平衡。

图 5-39　伦佐·皮亚诺设计的第欧根尼项目②

四、开放开源的乡村建造的可能

建造模式是建筑活动实践逻辑的集中反映，它关注工程全过程与控制。新的乡村建造模式是从设计到施工的全过程，进行新建造模式和适宜技术体系的研究，去创造乡村的自主式建筑"制造"和建造产业，从而形成立足乡村、服务乡村的以建筑业为主体的产业链，有效吸引村民回归，并活化乡村，强化对乡村价值的认同感。建筑本身的全周期包括从设计、制造、施工、建成再到维护，让村民都可以自主参与，使得建造专业化服务和村民自主参与整个建筑周期，让建筑质量、效果和体验都得到提升。

1. 乡村 WikiHouse

"wiki"一词来自夏威夷语的"wee kee wee kee"，发音"wiki"，含义是"快点，快点"，中文译为"维基"或"维客"，是一种可以用来进行多人协作的工具

---

① 陈科,朱竞翔,吴程辉.轻量建筑系统的技术探索与价值拓展——朱竞翔团队访谈[J].新建筑,2017(2):9-14.

② 宗德新,冯帆,陈俊.集成建筑探析[J].新建筑,2017(2):4-8.

的简称。众所周知,Wikipedia(维基百科)就是基于协作精神,开放给大众进行编写完善的互联网百科全书项目。在建筑工业化发展的今天,WikiHouse的理念是制造民主化。WikiHouse 创始人、英国建筑师阿拉斯泰尔·帕尔文(Alastair Parvin),希望通过维基思想实现建筑开源,让公众能以标准化、低技术和低成本的方式去建造属于自己的住宅。相比传统的建造方式,WikiHouse 在许多典型的性能指标上都占据优势(表 5-8),而且因为开源,其有着更丰富的运用和选择性(图 5-40)。WikiHouse 即维基之家,是一套开放性的建筑系统,旨在让每个人都能够上网查找免费共享的资源库,寻找能够下载并适用的房屋 3D 模型。通过彼此协作的软件和硬件,得益于灵活、模块化的设计,WikiHouse 比起大多数房屋来说更容易维修和改善,每个人都能够用低成本、标准化的方式去建造自己的住宅。用户只要点击屏幕上一个写着"我要造这栋房屋"的按钮,就能生成一套包含房屋各个部分的切割文件。有了这些切割文件,就能够通过数控机床打印出各个部件以及标准的板材(图 5-41)。

表 5-8　WikiHouse 与普通建造方式比较

典型性能比较	混凝土、砖和砌块	WikiHouse
建筑成本/(英镑/m²)	1100～1600	1100～1600
项目成本可控性	低	中高
建造时间	6～9 个月	8～12 周
建造技术水平要求	高	低
传热系数(U 值)/[W/(m²·K)]	0.3	0.15
气密性能/[m³/(m²·h)]	8～10	1～3
碳排放量(CO_2)/(kg/m²)	350～500	150～250
可再用部件/(%)	0～10	80～90

(资料来源:译自 https://www.wikihouse.cc/)

图 5-40　WikiHouse 建筑示意图①

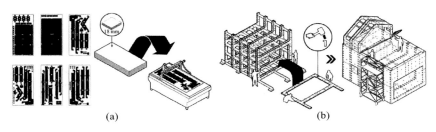

(a)　　　　　　　　　　　　　　　(b)

图 5-41　WikiHouse 的建造方式②

(a)将图纸打印到 18 mm 厚的板材上;(b)将构件取下组装成为房屋

为了使建造房屋变得更容易,每块组件都有编号,用户们采用楔子和橡胶锤就可以完成木构件的扣接。当用户们将全部构件拼装完成之后,就搭建起一个简单、坚固、耐用的房屋。一个四五人的团队就能合作制造一栋房屋,他们无需任何传统的建筑技能,无需大功率的工具,只需要关于建房的一些基本知识,比如如何安装窗户,如何覆盖外墙(图 5-42)。

(a)　　　　　　(b)　　　　　　(c)　　　　　　(d)

图 5-42　WikiHouse 搭建过程解析③

(a)WikiHouse 木构件;(b)手工拼接;(c)简易的辅助工具;(d)搭建完毕

---

① 图片来源:https://www.wikihouse.cc/。

② 同上。

③ 同上。

WikiHouse属于预制装配的开放建筑体系,依靠高技术的计算机图形与切割机床就能实现大多数民众的低技术建造。这里涉及高技术与低技术的辩证关系,随着人们生活的进步,低技术自身也需要发展才能更长久地为人们所使用,在当今,脱离高技术的绝对低技术并不适用于日常生活,某些时候低技术依靠高技术,紧跟时代发展能更易于为大多数人服务,如所谓的"黑科技"。WikiHouse实现了通过高技术的支持来完成低技术的建造,借鉴开源的技术和相应的平台,人人都能享受到低技术建造的乐趣。

2. 系列产品/部品的DIY建造

随着建筑的工业化和建筑作为产品被研发出来,市场可以提供系列的成型或成套的建筑构件和部品,犹如组装家具那样进行DIY,同时在专业的指导和施工定制基础上完成更多式样和更高品质的建筑。

①自锁式砌块(Interlocking Blocks)建筑。乐高玩具是风靡全球、老少咸宜的一种玩具,具有良好的扩展性和丰富的创造性,深受人们的喜欢。无论东西方,都是以砖石为代表的砌体建造体系占据主体地位,而乐高玩具的自锁式拼装方式,启发传统的砌体结构发展衍生出许多新的砌体,甚至新的装配方式及构造体系。如Gablok公司推出的革命性的产品石墨聚苯乙烯填充的木框砌块,Luxhome公司推出的holzziegel系列砌块,还有如图5-43所示的各种混凝土自锁式砌块。这些砌块的发明让两三个人就可以建造一栋房子,有如玩乐高积木一样有趣,也为公众甚至小朋友的参与提供了很好的机会。

②SI装配体系建筑。源于开放建筑理念的SI建造体系开发的装配建造模式以及相应的构件和部品,有德国STELL INNOVATION GmbH开发的SI-MODULAR(stick-in structure system,粘贴式结构体系,图5-44),其结构体系包括结构框架、部品系统、材料、外墙、门窗、立面、斜坡屋顶、平屋顶和人字形屋顶等。这种结构体系与本书中所谈的板墙体系接近,由预制构造柱形成的连续围合结构框架更巧妙、合理,中间与板墙体系的构造相似,可以填充加气块、岩棉或其他保温隔热材料。这种建造体系非常灵活,可扩展性强,能够适应不同的功能和尺度需要,并且装配相对简单,利于公众参与。

图 5-43　各种混合材料和混凝土的自锁式砌块①

---

①　图片来源：https：//www. gablok. be，https：//www. luxhome. at，https：//www. youtube.
com。

图 5-44　德国 STELL INNOVATION GmbH 开发的 SI-MODULAR 体系房屋①

3. 大众化设计与集约化的平台

在传统匠作体系中,能人巧匠——大木作、石作、土水作、画师等工匠,凭借自己的一身技艺四处奔波谋生。当人们需要建造时,会去四周打听请来建筑工匠。工匠(师父头)根据一些约定俗成的模数、以往经验和草样进行建造,随后当地其他村民会跟着帮忙并进行学习和模仿。也有的是户主提出需求,工匠根据户主需求口头商定做法或者画出草样(图 5-45),然后通过丈杆等一些尺度工具进行建造。这个阶段几乎不存在一般意义上的设计,完全受限于工匠经验、工艺技术和当地材料。②

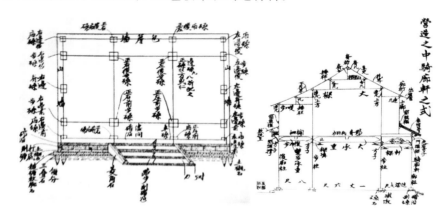

图 5-45　沟通设计的传统草样③

---

① 图片来源:www. si-modular. net。

② 姚承祖. 姚承祖营造法原图[M]. 陈从周,整理. 上海:同济大学建筑系,1979.

③ 同上。

新中国成立后,我国在不同时代组织了系列的乡村住宅设计竞赛或推广标准图集等,以设计文本的形式来进行行政引导。乡村建筑师在乡村建设过程中,就一些乡村的建筑问题进行了探索和推陈出新,但影响范围太有限,或者说因为"精英化"而并不适用于农村。也有建筑师考虑把设计权开放给村民,如对乡村主住宅的每个构造都进行若干个形式设计,然后整理出一份适宜于当地乡村的设计指引图册,通过这样的方式放权给村民进行选择性的搭配设计。谢英俊工作室在进行设计的时候,则是通过"单线图"来和户主沟通,仿佛"草样"的现代版(如图5-46),从"草样"到"单线图",背后是设计服务对象大众化的延续与变化。

图5-46 "单线图"的设计方式①

在传统的匠作体系下建造的房屋具有强烈的乡土地域性,但是大多数情况下需要通过"草样"这个媒介实现工匠与村民之间的设计交流,这样很难应对大规模、差异性的建造设计。如果根据建设部门的制式图集设计,尽管可以大规模应用,但是由于图集的标准化限制,村民对方案的选择一般是单向的,而且因为缺乏设计交流的过程,设计极其单一,不能很好地应对地域差异性。设计机构的方案文本开始避免制式图集这种极端的单一化方式,这样在一定程度上可以应对较大规模的建设需求,但是由于针对业主的主要是政府等部门,目的以整改为主,所以整个村镇内的建筑缺乏变化,而且在追求效率时缺乏深层次的沉浸式设计。个体乡村建筑师引领的在地设计使得设计有了个性和新的语言,能较好地面对施工人员和村民,但无法应对大规模的建设需求。在乡村建设整个发展过程中,既要具有乡土地域性,

---

① 图片来源:谢英俊工作室提供。

又要具有差异性,还要能应对大规模的设计量,这几个要求之间一直很难达到一个相对合适的平衡或者全满足(表5-9)。因此在乡村建设的发展过程中,设计方式不断在变化调整。

表5-9 各类设计表达方式优缺点比较

表达形式	设计者	针对人群	优势	缺点
草样	工匠	工匠和村民	具有乡土地域性	过于小众化,很难大规模快速应用
制式图集	建设部门	施工人员和村民	设计具有指导性,可大规模应用	设计过于单一化,缺乏地域性
设计文本	设计机构	施工人员和政府	设计具有多样化,整改效率高	过于强调整改,缺乏村内差异化,地域性研究较为片面
在地设计	建筑师	施工人员和村民	具有乡土地域性	设计过于小众化,很难大规模快速应用
"单线图"	村民	施工人员和村民	具有乡土地域性,可大规模应用	设计效率还能改进

由此可见,乡村住宅等的建设核心矛盾之一就是大众化设计和小众化设计的问题。小众化设计可以保证差异化和设计品质,但是却很难做到大规模应用;而大众化设计适应了大规模的应用,但缺乏多样性等。传统的设计方式,设计、建造和使用分离,村民很难参与其中,设计思路也不开放。所以有了谢英俊的"单线图"、菜单式"设计指引手册"等接地气的设计方式和参与方式,以及阿拉斯泰尔·帕尔文的 WikiHouse[①] 等全新的理念和平台。

在新型的建造模式中,设计主体是建筑师、建造商与使用者的结合。把制造商和村民都纳入设计智囊团里,大家有什么想法或者经验和技术,就公开互动讨论进行设计,由一个平台来整合并且生成具有可行性的具体产品。新型建造模式中设计主体的合一既是回应了乡土建筑中"使用者、建造者和

---

① SMITH S. WikiHouse 4.0:towards a smart future[J]. IABSE Symposium Report,2015,105(6):20-22.

设计者合一"的传统,同时数字化背景下交互技术的发展,也使得无建筑设计基础的使用者调整设计更便利。

通过云平台的方式,把建造流程集约化,把设计的权利开放给制造商、设计师和村民,让所有的人都可以在这个平台上面参与设计。对于原来的制造商来说,他们只需要做配合工作,建筑师让他们生产什么就生产什么。但通过一个平台统一产品模数规格,制造商的自由度就更高了,可以研发、设计、生产更多的部品和成套产品。同样的,村民、工匠、设计师的经验也可以通过规范的材料和技术在这个平台上积累,在这个过程中,村民的设计建造水平不断得到培养。该集约化平台的设计流程如图5-47所示。

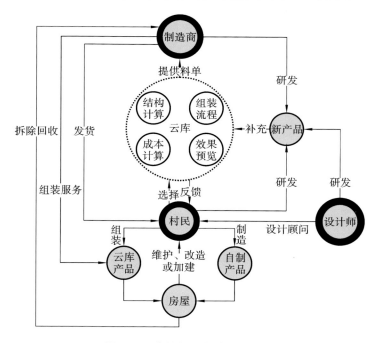

图 5-47　集约化平台的设计流程

以村民为客户对象,通过平台对建筑的各个设计分项进行"菜单式"的配置,让村民选择,从而实现自主设计。各个设计分项包括院落空间形式、户型、层数、开间数、进深、结构、各个建筑部位的形式和材料等。确定各个设计分项后,实时回馈得出整体的成本预算、最终效果、结构计算和组装方式。通过专家系统指导优化，村民反馈、调整，直至满意，确认下单。村民设计方案及时生成的料单会通过平台提供给制造商生产，制造商通过小型货车发货给村民，运输到建设场地上。业主根据平台提供的料单和组装图进行审核以及装配施工。

4．建设过程的开放性与二次建造

乡村房屋建设具有阶段性需求的特点。村民盖房屋受制于资金问题，很多时候不是一次性盖完的，会根据当前需求先建一部分，过一段时间后，基于资金和居住需求再加建。在乡村我们经常看到这种情况，但如果只是简单地先建一层再建二层等方式，不仅影响外观和村貌，建筑品质也得不到保证。普利兹克奖得主亚历杭德罗·阿拉维纳设计的"半屋"，看似未完工的建筑却另有深意，被称为"最佳的经济适用房"。[①]因为当地村民没有充足的资金建好"一栋"房屋，设计师就给他们设计了"半栋"房屋，根据村民个人经济情况对房屋进行二次建造（图 5-48）。同理，新型建造模式可以通过集约化平台进行二次设计，自行给房屋添砖加瓦或进行其他装饰设计，或者是部分房屋构件需要更新，有如产品一样自行更新迭代。

阶段性需求　　　　　　刚落成的半宅　　　　　　　自行加建

图 5-48　村民的阶段性需求[②]

在谢英俊工作室的尼泊尔救灾房屋案例中，在地震灾害背景下，由于当地缺乏技术和资金，尽管来自中国香港和新加坡的基金会提供了少部分的资金援助，但平均下来每户的建造成本仍需要控制到 2000 美元以内。那么就要控制运输量和工厂预制量，于是最后工厂预制只提供了最必要的一些主体结构的钢构件，甚至连檩条结构和小梁都不要，然后剩下的构件材料在

① STRANGE H. Villa Verde housing,Chile[J]. Building Design,2013(2082):16-17.

② 同上。

谢英俊团队的指导下由当地灾民和志愿者结合当地木材和石材自己加工生产（图 5-49），充分利用了空置的劳动力。同时工厂预制的钢构件预留了孔洞和挂钩，给灾民提供在往后扩建的可能性（图 5-50）。

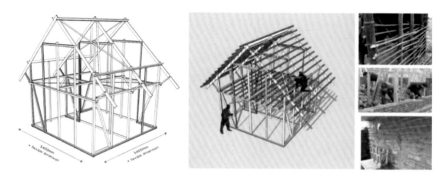

图 5-49 次要构件就地取材加工制造①

图 5-50 构件留下二次设计的可能性②

把设计的权利还给业主，实质上是打破了设计院等设计机构的垄断，使得设计平权化，能够有效促进市场竞争。同时通过个体参与的方式，给予工业化以浓烈人情味的细节与变化（图 5-51）。如四川茂县的杨柳村在 5·12 汶川地震后重建，建筑师谢英俊原来的构想是像传统羌族村寨一样，重建的 56 户建筑的一层空间作为储蓄和饲养空间，二层居住。实际上因为强化轻钢结构的开放性，即便生活方式发生了变化，羌族人也能适应。

5. 加工制造与施工组织

上文讲述了以村民为核心，建筑师和制造商提供技术援助，通过交互式的设计平台进行建筑设计，根据设计的调整及时回馈结构计算、组装流程、

---

① 图片来源：谢英俊工作室提供。

② 同上。

新建成　　　　　　　　　　　　　　入住后

图 5-51　村民入住后的使用与再设计①

成本预算，形成最终的建筑产品。全民设计的方式让建筑使用者成了核心设计者，让设计本土化并回归生活中，无形中具有了乡土地域性。同时设计师即业主本人，使得房屋的设计周期可以伴随房屋或屋主一生，真正做到永续设计。

（1）加工制造。

根据不同乡村的情况和不同村民的需求，村民可以自主选择结合使用"土法"加工和工厂预制两种方式进行围护材料的加工制造和采购。主体结构由于结构和性能需求，更适宜由工厂预制。但部分非核心构件同样可以"土法"加工，这样有效减少了对工业化的依赖，同时能应对各种预算情况和建设环境，并且较好地传承乡土材料和传统工艺。

（2）施工组织。

在保证建筑质量和工艺水平的情况下，通过把施工技术的门槛降低，村

_____

①　图片来源:谢英俊工作室提供。

民可以参与到施工过程中,快速地在现场组装主体结构和围护结构。这样不仅减少了对专业施工人力的需求和成本花销,还培养了大批施工人员,使乡村产生了一种新型的建造施工产业模式(图 5-52)。

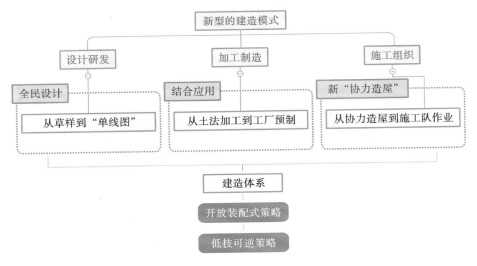

图 5-52　建造模式

五、装配式建造体系的实践探讨

1. 框架式主体结构——云南临沧安居房

笔者团队在对云南临沧市临翔区蚂蚁堆乡杏勒村进行定点帮扶的过程中,发现当地传统旧房破败不堪,新房风貌缺乏地域性,且村落地处偏远、山路崎岖、干旱缺水(图 5-53)。虽然扶贫建房的部分资金由政府兜底或银行无息贷款,但村民需要留有一定的经费用作生产和生活,因而笔者建议村民先建基本的用房,保留未来改扩建的开放性接口。因为位处山区,运输困难,水泥、混凝土砌块等并不适合,对环境也会有影响,当地气候温暖,对保温隔热要求不高,因而进行了开放装配式房屋的设计探索。

杏勒村的木构架老屋——"硬四贴",即三开间四榀屋架(硬贴),是最具本土特色的传统住宅。其采用经典的木构架体系,外围护为土坯墙、砌块或砖石,屋顶铺瓦,廊下空间避免了阳光的直晒。为了传承老宅结构的传统原型,主体结构形式采取了同为线性的轻钢材料框架式结构进行再演绎(图 5-54)。

(a)   (b)   (c)

图 5-53 杏勒村现状问题

(a)留存不多的老屋;(b)新屋风貌缺乏地域性;(c)山路崎岖

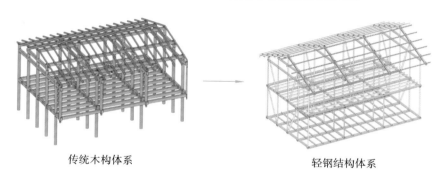

传统木构体系   轻钢结构体系

图 5-54 "硬四贴"结构体系的再演绎

该框架式主体结构的轻钢构件沿袭了传统老木构架的构造技法和檩、椽、梁、柱的传力方式,并且和结构性板材接合以后,形成了一个整体的"板肋结构体系"。经过结构专业人员的测试和计算,其抗震及水平抗荷载能力极强,符合当地房屋建设防灾抗震的需求,甚至能适用于抗震烈度 8 度以上的地方。[①]

通过使用自攻螺丝和小型电钻的方式,完成轻钢主体结构材料之间的接合(图 5-55)。开放装配式建筑应用的普通轻钢材料由于截面较小,不适

---

① 刘震宇.基于贫困地区装配式房屋的应用与设计研究——以杏勒村定点帮扶新农宅建筑设计为例[J].城市建筑,2017(23):122-125.

宜预留直径比较大的螺杆洞,因而采用了自攻螺丝的方式,故减少了对孔的时间,大大增加了施工组装的容错性。

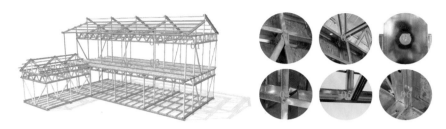

图 5-55 自攻螺丝的接合方式

这种主体结构因为开放装配式的特性,在构造设计上具有可逆装配的特点,构件与构件之间的连接具有开放性,使得无论从空间上还是时间上都提供了其"生长"的可能性(图 5-56)。源于杏勒村老宅的装配式新宅及相关技术集成分析如图 5-57 所示。

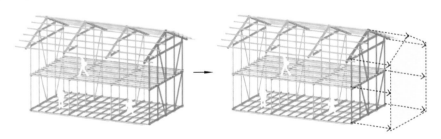

图 5-56 具有可扩展性的主体结构

实际上,具有开放装配式特性的建筑围护结构除了可以选用当地的乡土材料以外,也可以选用其他材料。而本实践尝试选择了多样化、易装配、轻质化、模块化的环保材料——纤维水泥板与木塑。本实践中用到的木塑是一种以云南当地特有的橡胶木锯末、橡胶籽壳资源和塑料为基础材料,经过特殊工艺处理而成的具备可逆性的多形态高分子型材。而纤维增强水泥装饰墙板,则是一种以水泥、硅质材料及纤维为主要原料,经成型、高温高压蒸汽养护及特有的涂装工艺制成的,集装饰、节能环保等功能于一体的板状纤维水泥制品。纤维增强水泥板质轻、高强、环保、质感好、色泽丰富、装饰性强,同时具有一定的自洁功能,易于维护(图 5-58)。

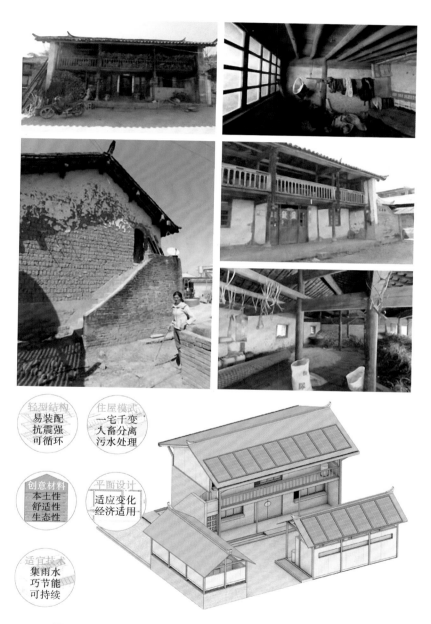

图 5-57 源于杏勒村老宅的装配式新宅及相关技术集成分析

图 5-58　利用模具预制不同纹理的纤维水泥板①

　　构造上的开放装配式设计,允许以上多种建材作为围护结构的材料得到使用,也使得建筑应对复杂的乡村建设需求时具有了更好的灵活性。

　　施工过程是干式作业,适应该地区干旱缺水的特征。场地平整放线以后,进行一层轻钢结构的装配和一层外围护材料的包裹,然后进行二层轻钢结构的装配和二层外围护材料的包裹,接着进行屋架结构的装配,最后进行外立面的抹面处理和屋面彩石瓦的铺设(参见该地另一处的轻钢装配式房屋建设,图 5-59)。整个施工过程高效简单,一个月不到就可完全建成。120 m² 的房屋造价可控制在 10 万元。最终建成的框架式主体结构效果如图 5-60 所示。

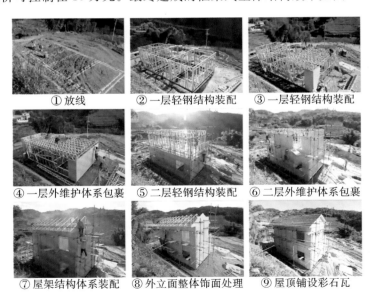

图 5-59　定点帮扶农宅施工过程②

---

①　图片来源:云南中乾集成房屋有限公司提供。
②　图片来源:云南华坤装配式建筑有限公司提供。

图 5-60　框架式主体结构建成效果

从空间使用上说,不同乡村的不同农户,生产和生活模式都不尽相同,导致其房屋居住需求不一。杏勒村大多数农户以核心家庭(两代人)的结构为主,在这种结构下家庭的常住人口一般为 3～4 人。为满足这一类农户的生活和生产需求,当地使用最多的平面形制是"三连间",也就是中间起居室两侧卧室,南向立面外附檐廊。这种主体结构因为其开放装配式的特性,可以组合变化,满足村民个人对现阶段房屋设计的不同需求(图5-61)。

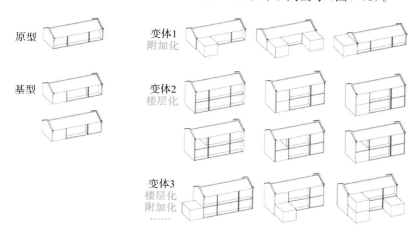

图 5-61　杏勒村农宅空间格局的"可变性"

在经济较好的地区,农民都希望建设能一步到位。但在贫困地区,脱贫帮扶工作需要整合社会多方面的资源,包括教育、医疗、产业和建筑等。对于很多有建房需求的贫困户来说,除非建房资金全部由政府兜底,否则不论是从主观的个人使用出发,还是从客观的资源整合来分析判断,都会发现扶贫建房很难一步到位。因此,乡村建设的阶段性特征要求,根据现有资源和需求,在完成现阶段的建设的同时提供开放性的"接口",以便扩建发展。这种主体结构因为开放装配式的特性而具有"生长性",给房屋的升级换代带来了可能(图 5-62)。

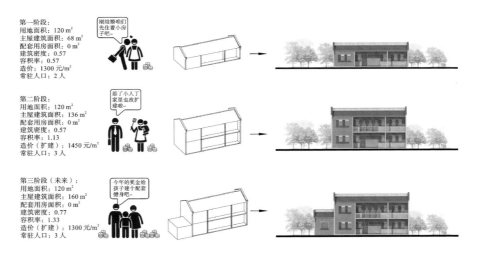

第一阶段:
用地面积:120 m²
主屋建筑面积:68 m²
配套用房面积:0 m²
建筑密度:0.57
容积率:0.57
造价:1300 元/m²
常驻人口:2 人

刚结婚咱们先住着小房子吧~

第二阶段:
用地面积:120 m²
主屋建筑面积:136 m²
配套用房面积:0 m²
建筑密度:0.57
容积率:1.13
造价(扩建):1450 元/m²
常驻人口:3 人

添了小人丁家里也改扩建啦~

第三阶段(未来):
用地面积:120 m²
主屋建筑面积:160 m²
配套用房面积:0 m²
建筑密度:0.77
容积率:1.33
造价(扩建):1300 元/m²
常驻人口:3 人

今年的奖金给孩子建个配套健身吧~

图 5-62　杏勒村农宅空间格局的"生长性"

在整个建造过程中,还是有很多的不足和可以改进的地方。如果在多雨或高温地区,可以在施工过程中调整组装顺序,先进行一、二层主体结构的组装,然后进行屋面铺设,形成遮阳避雨的施工空间以后,再进行围护材料的组装等其他施工。这种建筑在推广过程中也遇到了问题,村民在没有看到真正落地的建筑之前认可度很低,最后通过建造样板房的方式才得以推广(图 5-63)。

图 5-63　云南临沧采用钢结构和轻钢混合结构建设的傣族新村①

2. 板墙式主体结构——乡村记忆馆

除了在云南的精准扶贫安居房建设中探索轻钢结构（有的底层采用钢框架混合结构，便于调整地形，增强结构强度）的装配式建造，笔者团队也尝试研发"板墙＋"体系——低成本装配式，完成了万秀村的乡村书吧、鄂州市梁子湖区熊易村乡村记忆馆等项目。这些项目都在一定程度上采用了装配式建造，其外在形态与当地建筑神似，但在建造和做法上完全现代、低技，也是沿袭"样、造、作"的方式进行设计。

位于湖北省鄂州市梁子湖区的熊易村与众多乡村相似，是一个只剩下三两栋青砖瓦房和一栋土坯房的"古村"（图 5-64）：美丽乡村建设时挖掘整理出两位历史名人。作为书法家的后人，一些村民在村里传习书法。为了凸显历史，就在保留村中待拆土坯房的基础上，置换了旁边的宅基地和徒剩半截残垣的青砖房，改造加建成为村里除了村办公室以外的乡村公共建筑——乡村记忆馆，让村湾有一个村民集会的地方。这座乡村记忆馆既是展示历史民俗文化的窗口，也是承载乡村文化记忆的容器。

图 5-64　乡村记忆馆场地原状

---

① 图片来源：云南中乾集成房屋有限公司提供。

其中加建的"门厅"部分进行了开放装配式建筑的乡村实践,具有一定的实验性。三个组成单元从形态、结构和材料寓意着"过去、现在和未来"。门厅部分建筑室内面积为 42 m²,室外面积为 18 m²。该开放装配式建筑采用了复合竹胶合板材料的板墙式主体结构。复合竹胶合板的强度高,硬度为普通木材的近百倍,抗拉强度是木材的 1.5~2.0 倍,具有防水、防潮、防腐、防碱性能好的特点。最终完成的板墙式主体结构的开放装配式建筑如图 5-65 所示。

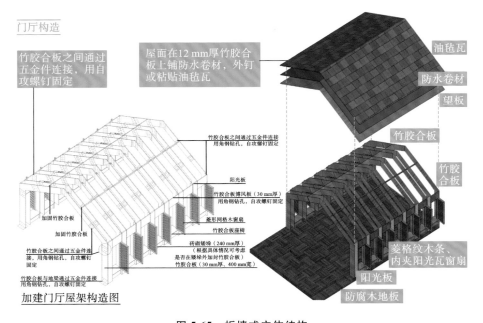

门厅构造

竹胶合板之间通过五金件连接,用自攻螺钉固定

屋面在12 mm厚竹胶合板上铺防水卷材,外钉或粘贴油毡瓦

油毡瓦
防水卷材
望板
竹胶合板

竹胶合板

竹胶合板之间通过五金件连接用角钢钻孔,自攻螺钉固定

阳光板
竹胶合板博风板（30 mm厚）用角钢钻孔,自攻螺钉固定
菱形网格木窗扇
竹胶合板座椅
砖砌矮墙（240 mm厚）（根据具体情况可考虑是否在矮墙上加封竹胶合板）
竹胶合板（30 mm厚、400 mm宽）

加固竹胶合板

加固竹胶合板

竹胶合板之间通过五金件连接,用角钢钻孔,自攻螺钉固定

竹胶合板与地梁通过五金件连接用角钢钻孔,自攻螺钉固定

加建门厅屋架构造图

菱格纹木条、内夹阳光瓦窗扇
阳光板
防腐木地板

图 5-65　板墙式主体结构

加建部分由 15 片"肋"(板片屋架)的竹胶合板框架形成整个结构系统和基本的形体,每一榀框架由相同尺寸的"柱"和 3 种尺寸的竹胶合板拼装而成板墙形的"屋架",竹胶合板厚 30 mm,宽 400 mm。框架之间由 4 种尺寸的小块竹胶合板交替进行连接,厚度统一为 30 mm,宽度有 400 mm、450 mm、540 mm。整个建筑用到的竹胶合板尺寸规格一共有 7 种。五金连接件用到了 3 种,包括 2 种片钢和 1 种角钢。主体结构板材费用约 1.2 万元(表 5-10)。

表 5-10　乡村记忆馆主体结构板材造价表

类别	规格	数量/块	单根体积/m³	总体积/m³	总价/元
高强竹胶合板 2440 mm× 1220 mm×30 mm 390 元/张 或 4367 元/ m³	2400 mm×400 mm×30 mm	60	0.0288	2.6752	11683
	1200 mm×400 mm×30 mm	30	0.0144		
	710 mm×400 mm×30 mm	14	0.0085		
	710 mm×450 mm×30 mm	14	0.0096		
	710 mm×540 mm×30 mm	14	0.0115		
	300 mm×400 mm×30 mm	28	0.0036		

　　这种利用板材做板墙式结构的方式,将板材宽度"过大"的劣势转化为优点,即充分利用板材柱体形成家具与结构的一体化。家具结构的一体化同时可以提高整体结构的连接性。通过角钢连接件和自攻螺丝的方式把钢筋混凝土地梁和板墙式的主体结构进行连接。基础是围合的一圈地梁,保证了建筑的整体沉降和水平受力。地垄为砖砌,再铺设木龙骨及支撑防腐木板材的地板(图 5-66)。

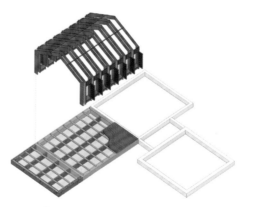

图 5-66　乡村记忆馆基础构造

　　该项目围护结构运用到了油毡瓦、防水卷材、木板、百叶木格栅、活动木窗扇和阳光板等材料。墙体部分通过交替选用竖向长窗、百叶窗和阳光板,形成可以完全开启的窗户,空气流通,适宜于夏季使用(图 5-67)。而由于板墙式主体结构的开放性,板墙之间除了连接性的构件以外,也是直接开窗的地方,其间的围护结构实际上可以根据需求选用地方上常见的砖石、竹子或者秸秆草砖(抹灰处理)和新的保温隔热材料。

　　该建筑的主体结构具体是通过镀锌钢板连接件和螺栓这种接合方式,把一片片模数化的复合竹胶合板材料连接装配成一个个板墙单元,布置数组后,每跨之间再进行加固连接。镀锌钢板和复合竹胶合板采购自附近的工厂作坊(普通木匠即可完成),根据料单预先切割成所需形状尺寸并打孔

图 5-67　木窗和围护材料结合

（图 5-68）。复合竹胶合板材和镀锌钢板连接件都预留位置对应的孔洞，使得主体结构的构造结合方式特别简单和易于辨识，基本不需要做记号就知道各个构件的具体位置。同时配合使用电动和手动的工具螺栓等进行拼装，容易上手，即使是缺乏施工经验的普通村民也可以进行高质量的施工，为协力造屋提供了可能性。

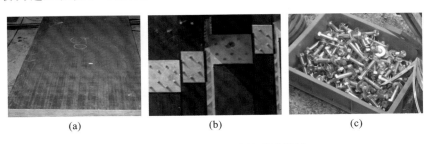

（a）　　　　　　　　　（b）　　　　　　　　　（c）

图 5-68　乡村记忆馆结构所用材料

（a）竹胶合板；（b）镀锌钢板；（c）连接用螺栓

　　建成后，在使用过程中发现，复合竹胶合板一类的板墙式结构截面宽度较大，如果设计成内外两重墙体和屋面，中间可以形成很好的空气腔层，可以通过气流带走热量，有利于改善室内热工环境。

　　鄂州市梁子湖区熊易村乡村记忆馆的项目不仅是践行（部分）装配式的建筑，更可激发当地老百姓在此进行书法、棋牌乃至"广场舞"等活动，使古村落重新焕发乡村活力。通过建筑介入唤醒乡村记忆、重塑地域文化；同时乡村小型公共建筑的建设起到新型建造体系和风格的示范作用，让村民们"眼见为实"，引导村民们在自建房时有更多选择，从而进行合理的决策。

　　3. 箱体单元式——集装箱建筑与油布小屋

　　单元式建筑的主体结构一般以框架式或板墙式构造法在工厂生产预制

成一个整体单元,同时构造设计上有开放接口,使得多个单元可以自由组合。山东省临朐县九山镇的宋香园悬崖餐厅(建筑群)由集装箱建成,主体部分利用集装箱的开放装配式特点组合而成,另外 11 个分散布置的售货亭则是独立的单元式(图 5-69)。在此基础上,我们进行了另外一种单元式主体结构的设计——油布小屋^①。

宋香园悬崖餐厅(建筑群)共由 67 个两种尺寸的废弃集装箱翻新改造拼装而成,其中体量最大的餐厅部分由 52 个集装箱组成,另外还有一个由 4 个集装箱组合而成的游客中心和 11 个分散布置的集装箱售货亭。建筑群顺着沿山而上的道路布置,并围合出一个位于道路转角处的电瓶车站,其中一翼沿着悬崖顺应地形形成 2 个不同高度的观景平台,另一翼则沿着来路随着地形跌宕起伏,整体上宛如一个山地聚落。

图 5-69　单元式主体结构的集装箱售货亭

该集装箱建筑适应当地的一种叫作"崮"的地形地貌。"崮"是一种常见的岩石型地貌,峰巅平展开阔,周围峭壁如削,峭壁下面坡度由陡到缓。该地区的宋香园景区利用双雀山的自然资源,在平坦的山顶成功种植薰衣草,云中花田蔚为壮观,山下的万亩花海和芳香小镇也在建设中。为满足游客接待需要,在山顶设立游客接待中心,提供餐饮服务和悬崖观景则成为必然之选。为减少对山体的破坏、节约建设成本,同时考虑到基地毗邻青岛等沿海港口,有大量的废旧集装箱(当地也有集装箱加工厂),并且"崮"的山顶相对平坦便于大型吊装机械吊装作业,因此设计选用集装箱来建造餐厅(游客接待综合体),而当地为修建风力发电机组开筑的宽阔的上山道路则为山地

---

① 该油布小屋因多种原因在实际建造中被搁浅,但作为原型设计,仍然具有一定的探讨价值。

集装箱建筑的吊装创造了条件。事实上，"崮"从山下放眼望去，酷似高山城堡，雄伟峻拔。山顶堆叠集装箱（建筑）倒也契合山体形貌和自然景观。我国是集装箱的第一生产大国，也是集装箱淘汰大国。由于集装箱大修成本很高，传统的将旧集装箱闲置在码头或者回炉炼钢的处理方式既不经济也不环保。集装箱这种具有完整内部空间及良好结构状态的工业制成品，如果将它重新作为建筑构件或者建筑的单元体加以再利用，可以有良好的环保效应。通过研究集装箱建筑模块化的特性，根据空间功能逻辑，合理地组合拼接，发挥集装箱（建筑）工厂加工、整体运输、现场拼装的优势，减少悬崖特殊地形的施工难度和时间。通过改善集装箱节能保温等性能，营造出舒适的室内空间。

为了保证内部空间使用的可能性和构件的可集装运输性，油布小屋的单元式主体结构采用了集装箱尺寸限制以内的加厚冷弯薄壁 U 型钢 C125 材料。通过长度规格为 4600 mm、4000 mm、3000 mm、1200 mm 的四种型材，使用 M30、M80 和 M140 三种规格的高强度螺栓接合的方式形成了一个空间最大化的主体结构单元体，最后通过拉紧器进行加固，防止弯矩过大和产生侧向力（图 5-70）。组装过程中使用的工具很简单，除了最常见的工具外，部分地方用到了自攻螺丝电动钻和气钉枪。

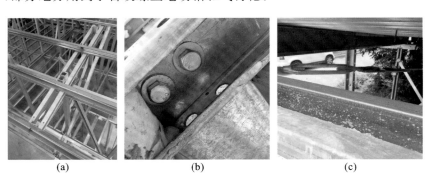

(a)　　　　　　　　　　(b)　　　　　　　　　　(c)

图 5-70　油布小屋单元式主体结构所用材料

(a)加厚冷弯薄壁 U 型钢；(b)高强度螺栓；(c)拉紧器

两个单元体柱子之间可通过高强度螺栓无缝隙地接合。接合位置在设计时预留，包裹 PVC 涂塑布上的"魔术贴"，主体结构以及最外层的防水围护材料上的可接合性,保证了多个单元体的可组合性(图 5-71)。

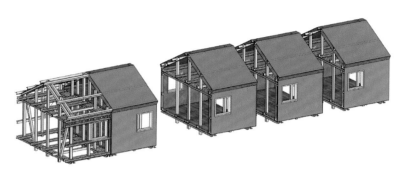

图 5-71　油布小屋接合方式的开放性

　　油布小屋考虑到防水要求,同时考虑到做法要相对简便,所以围护材料选用了具有较强防水性和弹性并且防霉的涂塑布材料(根据使用年限和气候条件可以采用更高级的材料)。该材料一般用于货物运输过程中的防风和防雨,在该开放装配式建筑中则进行预打孔,通过拉紧器和合股细丝绳的方式对 PVC 涂塑布进行拉紧固定。这种方式偏向于抗震救灾用的临时房建设,保温性能可能相对缺失,事实上可以将油布替换成"三明治"构造的复合材料,满足更高品质的需求。实际上主体结构上预留了孔洞,可以根据实际需求,进行围护材料的替换,使用保温性能更好的材料构造,具有广泛的适应性。

　　内饰使用 2440 mm×1220 mm 的三夹板固定在主体结构上(图 5-72)。内部所形成的一定厚度的空气间隙层可填充保温材料或走水电管线。该小

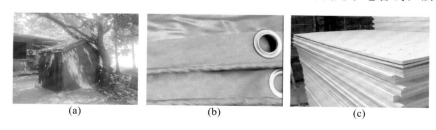

(a)　　　　　　　　　(b)　　　　　　　　　(c)

图 5-72　油布小屋围护材料

(a)PVC 涂塑布;(b)预留打孔;(c)三夹板

屋既可以在现场进行建造，也可以在工厂进行预制，满足应急情况下的需求（图5-73、图5-74）。

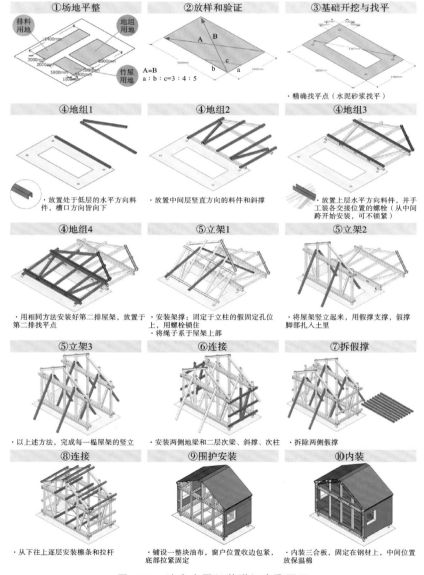

①场地平整   ②放样和验证   ③基础开挖与找平

·精确找平点（水泥砂浆找平）

④地组1   ④地组2   ④地组3

·放置处于低层的水平方向料件，槽口方向皆向下   ·放置中间层竖直方向的料件和斜撑   ·放置上层水平方向料件，并手工装各交接位置的螺栓（从中间跨开始安装，可不锁紧）

④地组4   ⑤立架1   ⑤立架2

·用相同方法安装好第二排屋架，放置于第二排找平点   ·安装架撑，固定于立柱的假固定孔位上，用螺栓锁住
·将绳子系于屋架上部   ·将屋架竖立起来，用假撑支撑，假撑脚部扎入土里

⑤立架3   ⑥连接   ⑦拆假撑

·以上述方法，完成每一榀屋架的竖立   ·安装两侧地梁和二层次梁、斜撑、次柱   ·拆除两侧假撑

⑧连接   ⑨围护安装   ⑩内装

·从下往上逐层安装檩条和拉杆   ·铺设一整块油布，窗户位置收边包紧，底部拉紧固定   ·内装三合板，固定在钢材上，中间位置放保温棉

图5-73 油布小屋组装详细步骤图示

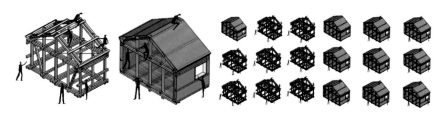

图 5-74　协力造屋与批量加工

六、乡村装配式建筑的困扰

（一）地域性

设计是基于场地的一种"阐释"和应对。一直以来的乡村建筑及其设计也是如此,尽管存在众多原型与演变,但也都基于乡村本土的历史、文化、气候、材料和村民等进行考量。扎根本土的匠人和建筑师通过一系列的尝试和探索为乡村建造起到了某种示范作用。如任卫中先生在安吉进行的夯土建筑实践,陈永兴先生在台湾悠活稻荷村的新农村住宅设计,简安详建筑师事务所设计的青林书屋,吴声明先生改造的阿嬷长屋等。乡村建筑应注重地域性的表达,但乡村巨大的建设量又难以通过"订制"设计来完成。

但今天很多地方的装配式住宅大多平庸(图 5-75),且欧式风格别墅流行,不仅缺少乡土气息,也不能满足以艺术品来定义的建筑审美,因此整个乡村建筑的相关从业人员对建造流程都需要有一个新的认识,包括建筑师,还有业主、最终用户、装配人员以及建筑新材料和新产品研发人员等。在场

图 5-75　浙江某地批量设计建造的乡村住宅

外组装成为标准的建造方式之前,这种新的集成化建造流程的观念需要被广泛接受。这样整个流程的集体智慧取代了以往建筑师个人强加给其他人员的观点。地域风格和装配建造并不矛盾,因而需要有工程思维,并在上文所讲的类型设计推陈出新的基础上,通过恰当的工业流程设计,以加工制造来实现批量化的个性(地域)定制。

装配与地域特色的结合某种意义上需要在既定的生活原型及空间原型的基础上进行材料与结构的地域性再思考。朱竞翔教授"新芽体系"的研发与下寺村新芽小学的建设给人以启发。

5·12汶川地震后,四川省广元市剑阁县下寺村是受灾害较为严重的乡村之一,各项重建工作陆续展开,需要尽快恢复灾区人民的正常生产和生活。在香港龙的文化慈善基金及香港中文大学新亚四川重建基金的资助下,朱竞翔教授带领香港中文大学建筑学院的设计团队,于2009年在下寺村原小学基址上新建下寺村新芽小学。[①]

下寺村遭受地震灾害后暴露出在乡村建筑、乡村等不同层面的问题。首先,村民普遍居住的现代砖混民居存在较多缺陷:一是缺乏结构设计,不满足抗震需求;二是震后产生大量废墟难以处理,环保性差;三是人工成本和建筑材料价格不断攀升造成建设成本高;四是保温隔热等舒适性能较差等。其次,乡村普遍存在资金物资匮乏、技术工具限制、劳动力短缺、传统风貌丢失等问题。最后,能快速生产搭建的临时活动板房也存在较多弊端:热舒适性能低;使用时间短暂,价值几十亿元的活动板房利用率较低;拆除过程中产生较大的人力建材损耗;板房的形式缺乏美观性,且孤立于环境之中。在迫切的使用需求、苛刻的场地条件下,新的小学不仅要满足教学空间使用需求、建筑品质性能要求,还要在村落经过巨大的创伤之后,尽力做到地域文化的弥合。

面对乡村的现状问题及建设需求,朱竞翔教授带领团队开始探索新的房屋建设体系与模式。结合传统木结构体系和现代装配建筑体系的优势,

---

① 朱竞翔.轻量建筑系统的多种可能[J].时代建筑,2015(2):59-63.

综合考虑下寺村的环境因素、建筑的设计因素和产业因素,历经 7 个月研发出了新型的轻型装配式建筑系统"新芽系统"。在此基础上,设计建造了下寺村新芽小学。新芽小学在布局上呼应当地的村落肌理与自然环境(图 5-76),分散的 4 栋单层小体量房屋呈风车状布局并由廊道连接,形成向道路和水域开放的方形庭院。功能空间主要包括 4 个标准教室、1 个多功能教室、教师办公室以及环保厕所,有效解决了 280 名学生的上学问题,教室围合成的庭院作为学生课后集体活动场所。

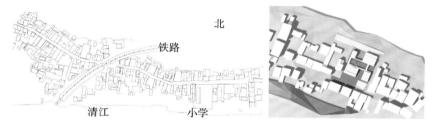

图 5-76　下寺村房屋肌理与小学位置(左)和新芽小学平面布局及周边环境(右)①

"新芽系统"主要包括结构系统与材料系统,两个系统紧密联系,共同实现房屋品质的最优化(表 5-11)。结构系统与当地木结构体系有相当的关联性,在材料选择上则大相径庭。木结构建筑通过木材的拉结形成良好的受力系统,围护材料为土或木材等。新芽小学采用轻钢框架,结构材料为 C 型钢,围护材料为木基板材、加强板和纤维水泥压力板等,其中木基板材和加强板也作为结构材料。结构原理:先用 C 型钢搭建好竖向结构框架,将 C 型钢槽口作为节点,把木基板材插入槽口,加强板跨过 C 型钢相互拉接,形成复合稳定的受力系统。在此受力系统之外,安装纤维水泥压力板等多层围护材料,通过不同属性材料的复合使用实现室内气候的调节。房屋整体均为模数化设计,包括门窗均能依靠工业技术提前预制、现场安装②。

---

①　图片来源:朱竞翔、吴恩融.使用轻钢装配系统设计建造四川剑阁县下寺村新芽小学,香港中文大学新亚四川重建基金,香港龙的文化慈善基金申请提案。
②　朱竞翔.轻量建筑系统的多种可能[J].时代建筑,2015(2):59-63.

表 5-11　下寺村新芽小学结构材料系统

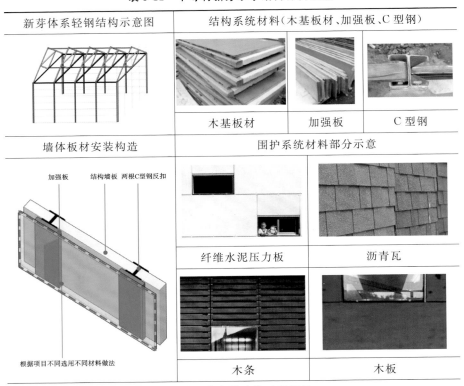

新芽体系轻钢结构示意图	结构系统材料（木基板材、加强板、C 型钢）		
	木基板材	加强板	C 型钢
墙体板材安装构造	围护系统材料部分示意		
	纤维水泥压力板	沥青瓦	
	木条	木板	

下寺村新芽小学建设过程场景

　　在设计上，环境、结构、性能及空间呈现一体化。建筑形式为下寺村常见的硬山形式，四面按一定的模数规律开设窗口和门洞，屋顶设有天窗，在新型建造体系基础上做到融于环境、适于环境（图 5-77）。

图 5-77　新芽小学鸟瞰效果图(左)和新芽小学建成照片(右)①

在产业层面综合考虑制造、运输、建造、维护等全产业链条,房屋构件直接由厂家预制,运送至现场后,村民在专业人员的指导下完成组装。因此,下寺村新芽小学的建设时间不到两个月,包括44天的场地清理、基础准备工作和仅14天的房屋结构建设,建造人员包括8名专业工人、10名村民和30名学生志愿者。每平方米造价为1300元,略高于本地民居的重建价格,使用年限可达到20年以上。

新芽小学从建设到投入使用,施工时间短,模数化的轻钢材料实现了快速搭建;舒适节能,相较于本地民居可保证室内温度的舒适稳定;环保可持续,地坪的建造采用建筑废料,建成后的房屋可整体拆卸后异地重建;安全性能高,房屋经测评可抵御麦加利地震烈度10度的地震;生活品质提升,建有尿粪分离式厕所并采用了太阳能淋浴设备。

在乡村建设的语境下,"地域性"是建筑师必须要讨论的话题。面对当下复杂、多元的现代社会环境,对"地域性"也有了更加深刻的理解。首先,建筑师的理论与实践从早期对建筑形式符号的再现转变为对空间语言与深层逻辑的理解演绎;其次,从对建筑本体的关注转变为对形成这一建筑类型与形式的历史环境和对当下乡村状况的充分解读;最后,在具体建造层面也不再局限于使用乡村传统材料与技术,乡村建筑的地域性表达有了更加深

---

① 图片来源:朱竞翔,吴恩融.使用轻钢装配系统设计建造四川剑阁县下寺村新芽小学,香港中文大学新亚四川重建基金,香港龙的文化慈善基金申请提案。

层和多元的方法。^① 这都在推动乡村建筑向前发展。

1. 从"符号再现"到"深层阐释"

当下建筑师在乡村实践中,对地域性的表达早已不再停留于"符号"的简单提取与再现,建筑师通过自身的感悟和洞察理解传统乡村建筑背后的建设逻辑,结合自己的语言方式表达出来,每个建筑师的具体表达路径或有不同。穆钧理解并用现代方式再演绎了马岔村传统的合院布局和汇聚雨水的单坡屋面形式;谢英俊的轻钢结构体系汲取传统木结构体系灵活搭建的优势,延续乡村传统的互助自建模式,充分发挥本地村民的生活智慧。这二人的建设成果都从不同层面加深了对地域性的理解。

朱竞翔的下寺村新芽小学建造系统中,对当地木构架体系的转译,与村落适应的建筑布局和形态,对本地潮湿气候的应对以及组织村民集体建设等,将建造的关注点从建筑形态拓展到了更广泛的领域,也让我们重新思考地域性的含义。建筑是一种兼具"显性"和"隐性"的文化,其形式、材料、结构、空间等本体因素是一种"显性"文化,而建筑所承载或关联的乡村文化历史、自然特征、生活方式、集体情感等则是一种"隐性"文化。^② 在乡村这一特殊环境下,建筑师的关注点也逐渐从单纯的"显性"文化,转到对"隐性"文化的深层挖掘,这或许才是当下建筑师最应该关注的地域性深层次的"基因"和最应该传承的乡村传统。

2. 材料转译的地域性呈现

地域性的表达,最直接的方式是传统地方性材料与技术的应用,但朱竞翔的乡村实践突破了地方性的束缚,用了截然不同的方式。在本地木构体系结合现代装配技术研发的新型轻钢装配体系"新芽系统"中,结构材料、围护材料及特殊性能材料均是外部引入,这是对本地环境和现实需求的充分考虑,建筑最终实现了适应当地气候条件与乡村风貌、满足抗震需求、减少

---

① 王冬,谭雅秋.现代性中的"地方"——记忆与遗忘、认同与想象[J].城市建筑,2018(22):35-38.

② 王冬.尊重民间,向民间学习——建筑师在村镇聚落营造中应关注的几个问题[J].新建筑,2005(4):12-14.

居民负担、提高建筑品质等诸多目标，甚至在原有房屋形式的基础上实现了更加丰富的表现效果。

　　这里"不限于材料"的地域性呈现，不仅是指建筑设计的关注点不局限于材料表达，也指材料选用范围的不限制，无论是地方性建筑材料，还是外部引入的建筑材料，甚至是"非建造性"材料，都可以通过有效的设计组织满足地域性需求。建筑的最终呈现涉及材料、结构、建造等多个系统的相互作用，其中材料系统处在最底层也是最"表面"的位置，不限制材料的乡村建筑，是对当下自然环境、技术条件与人民需求的回应，也是在促进自身产生创新发展（表5-12）。

表 5-12　新芽系统材料性能及来源分析

材料类型	材料名称	材料特点	材料来源	材料选择总结
结构材料 	C 型钢	最容易获得的钢材； 成本低； 容易加工、方便组装； 受力性能好	外部引入	①基于材料本身的热工、力学等性能； ②材料的可获得性、成本等； ③建设难度； ④对本地传统材料与工艺的合理应用
维护材料 	木基墙板、加强板	提供较大的侧向抵抗力		
		阻隔型钢冷、热桥		
	纤维水泥压力板/有防水涂层的木模板	多层系统保温隔热、防水、加强墙体强度		
特殊材料 	防水材料、绝热材料等	相应的功能性强，乡村中无法获得		

续表

材料类型	材料名称		材料特点	材料来源	材料选择总结
内墙材料	旧红砖加筋		本地材料的合理利用；热惰性稳定室内气候	本地材料技术的合理使用/废旧材料的再利用	①基于材料本身的热工、力学等性能；②材料的可获得性、成本等；③建设难度；④对本地传统材料与工艺的合理应用
基础材料	废弃混凝土预制板		热惰性稳定室内气候		
	废弃泡沫彩钢板		良好的绝热性能		
铺地材料	室内地坪	以传统工艺利用旧砖石卵石等制成的水磨石	废旧材料的转化，传统工艺的利用		
	室外铺装	旧砖瓦	废旧材料的再利用		

3. 重回建造的现场与开放的地域性

注重地域性的表达，越是强调在地的观念，越是需要一种开阔的视野和敏锐的识别。作为"新芽系统"的第一个实践项目，下寺村新芽小学的建筑材料有三个来源，即外部引入材料、本地材料以及废旧材料的再利用。外部引入材料具备需要的材料性能，且易加工、成本低，缺点在于不具备地域性，需要一定的运输成本；本地材料，如砖石，相对容易获得，但砖砌体的热工性能、抗震性能较弱，施工多为湿作业，需要耗费较多的时间和人力；废旧材料的再利用，是促进建筑材料循环使用的表现，其与传统工艺的结合是对乡村传统工艺的延续，但废旧材料本身的可操作性低，在使用上具有一定的局限性和偶然性。

作为实践中的建筑师，无论曾受过多么专业的培养，都难以替代对建造现场的体认和理解。建筑师应多一些工匠式的思维和行动意识，或许能成就更好的在地建造特性或是一种删繁就简的清新策略。与古为新，不拘泥于历史，地域性表达也并不以地域为窠臼。

无论是结构体系还是围护材料，都可以新旧并存，都可以是一套新的技术体系，留有地域材料和工艺的接口，通过巧妙的设计能使用地方材料等替换，增加一抹地方的色彩，同时也为民众的参与提供可能。因此提高装配体系的开放性是一种重要的解决路径，比如钢和一些新的材料结构体系。钢作为现代材料的代表以及相关建筑技术的革命性发展，在乡村中却很少运用。中国的钢铁产能以及大型薄板冷热连轧成套设备和涂镀层加工成套设备的国产化，完全能满足汽车、家电行业发展需要，也能满足建筑行业的需求。作为重要的建筑材料，钢一样能表现地域性。没有不好的材料，只有不好的建筑师。

（二）技术性

预制装配式房屋相比传统的建造方式，技术性要求更高，尤其是结构系统，不仅要保证结构安全，还要考虑因为装配的结构构建和其他系统在整体性上相对薄弱的问题，需采用冗余设计。装配建造以及连接的方式造就了跟过去不太一样的构造形式，尤其是轻质预制装配体系。综上所述，预制装配式房屋会有较多的技术集成、技术前置，更需要系统性设计、建造和施工。某种意义上预制装配式房屋的技术更体现在系统的构建上。

要提高预制装配式房屋技术的适应性，除了考量系统流程的设计外，关键还在于施工环节和施工现场，借助简单的施工机械，甚至完全靠人力就可以完成基本的装配建造。正如王竹教授比喻的傻瓜相机一样，操作者拿到傻瓜相机就可以拍出一张技术上基本合格的照片，但傻瓜相机的技术并不傻瓜，反而比普通的手动相机（传统建造）在技术层面上要求更高。

预制装配式房屋技术相对更加系统，结构体系可以是闭合的，但材料的选择却是可以开放的。结构系统在新芽小学的建造中占据核心位置，但其最终的形象、性能，包括结构系统本身，与材料的选用有着密不可分的关系。朱竞翔教授在"新芽系统"中的材料选用标准，完全不同于乡村建设中长期以来对地域性材料的青睐，其基于环境、设计、制造、建造的整体性考虑，建筑同时也实现了与地域环境的充分融合。对不同材料的选择与应用都来自

287

相应的需求和对环境条件的充分考虑。

材料的选用是体现预制装配式建筑技术性的另外一个方面。新型建造体系较多采用新型(集成)材料或复合型材料,比如竹木本是普通的自然材料,但经过胶合等处理之后,性能大为提升。墙体等围护系统多采用新型复合材料或多种材料复合构造。根据不同的使用部位和应用性能,材料可以分为六类,即结构材料、围护材料、内墙材料、基础材料、铺装材料和特殊性能材料。以使用"新芽系统"的新芽小学为例,各种材料如下所示。

①结构材料:C型钢和木基墙板,C型钢易获得、成本较低且易加工安装,与木材一样具有良好的抗压和抗拉性能,形成主要的结构框架,木基墙板和加强板的组合应用承担横向拉力,加强整体的结构稳定性。

②围护材料:木基墙板、加强板的拉结阻隔C型钢形成的冷桥和热桥,多层围护材料形成整体保温隔热系统,防水隔潮。[①]

③内墙材料:室内隔墙采用旧砖石加筋砌筑,是对乡村本地材料的应用,其隔音性能优于板墙系统,材料本身的热惰性可以稳定室内微气候。[②]

④基础材料:多为建筑废料,场地平整之后,利用救灾临时板房废弃的泡沫彩钢板铺设绝热层,其上铺设旧校舍废弃的水泥预制板作为室内地坪垫层[③],最上层的室内地面采用传统工艺,以旧砖石、卵石以及收集的本地山石为骨料,自行设计制作纹样水磨石。

⑤铺装材料:室外地面铺装同样采用旧砖石。

⑥特殊性能材料:根据需要,房屋中会适当应用一些高性能建筑材料,例如优质的防水、绝热材料等,能够有效解决自然气候引起的房屋损坏以及热舒适性问题,这些材料在乡村无法获得,在城市中却可以大量供应。

预制装配式建筑的技术还体现在技术的集成上。众多构筑物在现场进行装配施工,会存在操作烦琐的问题和质量隐患,如何集成处理以减少连接

① 夏珩,朱竞翔.轻型建筑围护系统的热物理设计——新芽轻钢复合建造系统的项目案例[J].建筑学报,2014(1):106-111.

② 朱竞翔.震后重建中的另类模式——利用新型系统建造剑阁下寺新芽小学[J].建筑学报,2011(4):74-75.

③ 朱竞翔.轻型建筑系统的实验及其学术形式[J].城市环境设计,2013(8):246-251.

节点,形成完整的、配套的、成型的部品体系成为预制装配式建筑的一个关键技术。还有就是改善建筑的热工性能,以及空间品质的被动式和主动式技术的应用。一方面,通过科学合理的设计来改善性能和耐久性,另一方面,恰当地使用现代设施(如机电设备等)来提升性能和品质。同时,机电设备的一体化或集成技术也会减少后期的装配施工。因此,各种技术的集成和合理应用也值得重点关注,各种现代技术的普遍使用,可以降低综合成本。值得注意的是,技术集成以及成型的部品要可以"选配件"和制定合理的价位,不可以因此而进行技术垄断或者提高造价,从而影响推广使用。

(三)经济性

目前预制装配式建筑大多数会比传统的建造方式成本高,尽管从全寿命周期、生态环境的影响来讲,预制装配式建筑更合理,但是普通百姓依然更注重看得见的经济投入和产生的效果,如何才能物美价廉是农村预制装配式建筑真正的挑战。

1. 结构的适宜性

恰当的结构系统是经济性的根本保障。在乡村建设中选用重型结构还是轻型结构,业界和百姓之间存在着较大的分歧。普通百姓可能还是认为轻型结构"不够扎实,不安全",或者墙体"空空的,不牢固",这与百姓多年的居住习惯体验有密切关系,同时也与目前很多预制装配建造体系的设计与建造直接相关。

中国的广大农村分布比较分散,地形复杂多变,部分地区材料加工供应链不完整,从交通运输、资源耗费以及建造可能需要的人力和机械方面来讲,重型结构的预制装配不太适合广大农村,尽管百姓更认可实体材料。

2. 材料选择

如果说整个预制装配体系,尤其是结构和材料构造的设计影响建造成本,那材料的选择和人工成本则是决定建造成本最主要的两个方面。正如上文所述,结构主体的材料和围护系统的材料相辅相成,共同决定了材料成本。某种意义上讲,不存在新材料与旧材料之争,只有恰当的材料,甚至废旧材料也可以再利用。但在广大农村存在着另外一种非常普遍的现象,那就是贪图便宜。有些材料看似美观好用,实际上存在偷工减料,厚度、分量

不达标的情况;有的材料以次充好,造成建成后的房屋根本不耐用。

要想兼得材料的经济性与品质,除了需要对材料本身进行研发和生产以外,还需要大量的市场需求和保有量来降低成本。品质更优的新型材料得不到广泛的应用,一定程度上是因为有些材料存在假冒伪劣的问题,造成真正有品质的材料价格降不下来。比如,树脂瓦是高温成型的高分子材料,具有传统瓦的形态,质轻而耐久。真正的树脂瓦原材料的价格并不便宜,农村用的大多数树脂瓦其实都是用制作真正的树脂瓦剩下的废料制成的,或者树脂瓦的厚度不够,倘若村民不会辨别,或者贪图便宜,几年之内瓦就会出现问题。这样也阻碍了真正有品质的树脂瓦的推广应用。

片面追求地方材料,反而变成一种奢侈的事情,很多地方材料已难以寻觅,或是价格高昂。有些地方为了追求新的形式语言,采用的新工艺并不适合传统的材料,成品率或利用率很低,所以很多网红乡村建设项目从造价上讲堪称"豪华"建筑,一些所谓的乡土风格其实真是野"奢"。

3. 施工方式与人工成本

正如上文所讲到的,随着匠作体系的崩塌,新的分部建造体系和公司运作的建造模式在广大农村实行,人工成本成为决定建筑建造成本的重要方面,而施工方式又与人工成本相辅相成。减少现场操作的环节,合理调用(租用)施工机械是降低人工成本的重要措施。同时通过采用部分工艺让更多人参与,实行协力造屋,以及让因为预制装配工厂化生产而释放的劳动力部分回归或解决相应的生计问题,这是在技术和经济之外,另外一个需要考量的社会因素。

第四节 低技和可逆的装配式建造

一、建造从线性到可循环

从某种程度上讲,目前我们的建筑是一个"从摇篮到坟墓"的不可逆的线性过程。在资源消耗和废弃物不断增长的时代,设计师应该智慧地使用和再利用资源。可逆性的建筑策略使得"从摇篮到坟墓"的单向式流程幻化为了"从摇篮到摇篮"的循环模式①。

线性的建造流程主要是指：自然资源开发→建材产品→建筑设计→建造施工→建筑使用→建筑拆除→建筑废料。线性的建造流程是一种不可逆的流程，是资源的一次性消耗，使用效率低下，且浪费较为严重。②

可逆性建筑设计是实现循环性建造流程的一种选择，目标是闭环，也就是将一个线性不可逆的建造流程转化为一个可自我循环的回路。从以自然资源为起点，转化为以建材产品为起点；从以建筑废料为终点，转化为以建筑构件的解体、拆卸为终点。然后将建材产品的起点与建材解体、拆卸的终点首尾连接，经过再设计、再利用形成可内部循环的闭路。③ 建筑建造的环境不应存在结束的状态，而是一个过程，一个部分。促进建材的转换是对未来产生最小影响（low-impact）的重要环节（图 5-78）。

"可逆性设计"（reversible building design）指在不损坏建筑原有材料和结构的前提下，能轻易地拆卸和添加各个构件，构件与构件之间能达到自我循环的交替使用。"可逆性的建筑"策略，指的是建筑能够以自身成型的构件为原点，而非砂石水泥，以构件为起点，各个建筑之间的构件能完成相互交替使用。这个过程除去了从自然资源寻找材料的起点，闭合了在已有建筑构件中完成持续性的建造的回路。

二、低技术可逆性建造体系

基于乡村的现实，本书所提倡的建筑可逆性也只是处于初级阶段，即建筑材料拆卸后能满足循环再利用的可逆性，以低技术的方式实现建筑的营建，并实现建筑的可逆性。

BAMB 对于可逆性的建筑策略研究需要以较为先进的建筑产业为依托，对于地方建筑产业的发展、建筑技术的应用等都具有较高的要求，相应

①　BIRKELAND J. Positive development：from vicious circles to virtuous cycles through built environment design[M]. London：Routledge，2012.

②　WANG L，SHEN W，XIE H，et al. Collaborative conceptual design-state of the art and future trends[J]. Computer Aided Design，2002（34）：981-996.

③　PADUART A. Re-design for change：a 4 dimensional renovation approach towards a dynamic and sustainable building stock[J]. Vrije Universiteit Brussel，2012.

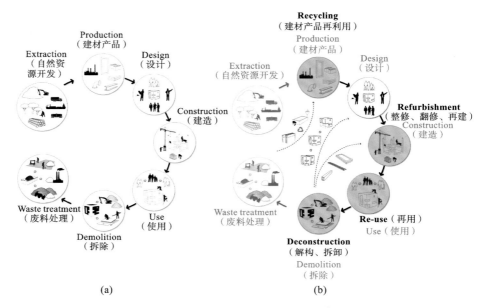

图 5-78 线性与循环的建造模式^①

(a)从自然资源到建筑废弃物的线性建造模式;(b)从建材资源到建材资源的循环式建造模式

的建筑造价也较为高昂。想要实现建筑的可逆性,有高成本与低成本之分,又有高技术与低技术之分,均可实现不同标准的建筑可逆性。

业界关于低技术与可逆性的理论广泛而丰富,但关于兼备低技术与可逆性的建筑特征与做法的研究非常不足。低技术有着易操作、低成本、可持续的特点,可逆性关系到对建筑资源的再利用,具有可拆卸、临时性、可移动的特性,将两者结合起来的建筑则低技术与可逆性互为补足,或许也能更好地呼应建筑的可持续发展理念(图 5-79)。这个策略的提出,更多的是从乡村的现实出发,以社会的需求作为设计实践的导向,探索适用于贫困人群,减少乡村建筑资源浪费现状的有效途径。

国内外已有一些建筑师在利用低技术可逆性的建造方式来实现自己的建造理念。建筑师李兴刚的瞬时桃花源使用脚手架的结构,重现了古代建

---

① 图片来源:PADUART A. Re-design for change:a 4 dimensional renovation approach towards a dynamic and sustainable building stock[D]Brussels:Vrije Universiteit Brussel,2012.

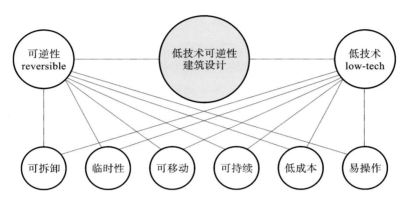

图 5-79　低技术可逆性的建筑概念分析

筑的亭、廊、阁,用建构的瞬时性来试图解读建筑的永恒性;WikiHouse 创始人、英国建筑师斯泰尔·帕尔文运用工业化的方式,将房屋在板材上打印下来,然后用榫卯结构组装成为房屋,让每个人都能够用低成本、标准化的简易方式去制造自己的住宅;南沙原创建筑设计工作室的建筑师刘珩,在大半截胡同的四合院中用脚手架和麻绳组建了一个短暂的时装秀舞台,软质麻绳给时装秀和宾客们带来了别样的体验,在时装秀结束后,该四合院又华丽转变为具有另一种功能的建筑空间;普利兹克建筑奖得主坂茂大师支援贫困灾区所用的纸建筑和集装箱建筑,本是以临时救助性的建筑定位来建造的,但纸管建筑与集装箱的可逆性满足了未来构件替换的可能,虽为临时性建筑,但能长久地为贫困的人们提供舒适贴心的服务。笔者团队的工程实践中虚心谷活动工坊的建筑营造是基于低技术与可逆性理论的一次实践,工坊采用的脚手架操作方便、施工快捷、成本低廉,且工坊自身所采用的脚手架结构亦能满足建筑的可逆性。

低技术可逆性的建筑关乎建筑自身的循环拆建与各个构件的反复利用,其不仅站在建筑自身的角度审视建筑的真正意义,而且建筑构件的循环利用着实与可持续发展理念一致,关系着对资源的珍视,关系着人类的生存和发展。①

---

①　帕帕奈克.绿色律令:设计中的生态学和伦理学[M].周博,赵炎,译.北京:中信出版社,2013.

（一）建筑主体结构与材料选择

1. 竹、木结构

可以说，榫卯结构的木结构建筑就是中国传统低技术可逆性的建筑雏形。榫卯结构的家具及建筑，多可拆装运输，到目的地后再组合安装，且便于维修更换。榫卯结构还保证了木材的完好，铁钉是靠挤压或钻劲硬嵌进去，此过程极易造成木材劈裂。木构件之间的巧妙组合能有效限制构件向各个方向扭动，比铁钉连接要优越，金属容易生锈或氧化，会造成铁钉松动或脱落。木结构建筑有的历经百年仍可坚固如初；而金属杆件由于锈蚀老化，结构容易松动。榫卯的扣接有效地实现了建筑的可逆性建构与再建。

竹子近似于木结构，可以用榫卯与绑扎的形式实现建筑的可逆性建造。竹子作为纯天然的可持续使用的绿色建材，具有优越的力学性能、耐久性和安全性，并且价格低廉。作为天生的建筑材料，竹子在古今建筑领域一直有着广泛的应用。

2. 脚手架结构

脚手架是为了使建筑中各施工过程顺利进行搭设的施工工作平台。单元式构件以及具备快速搭建和拆卸的特点，使得脚手架在构筑物与建筑物之间能够灵活转变。故脚手架是多位建筑师用以实现建筑理念的工具，也是低技术可逆性建筑结构的选择之一。

脚手架结构除了作为广泛应用在建筑施工中的辅助设施外，业内越来越多的建筑师也开始将其做成建筑小品。实际运用到一般建筑设计中的脚手架结构多为碗扣式脚手架、扣件式脚手架、门式脚手架（图 5-80）这三种，而互升式脚手架、自升式脚手架、整体升降式脚手架多数用在大型建筑的施工中。

3. 纸材

纸材在坂茂的创新应用下，材料特性体现得淋漓尽致。纸板将纸材作为面型建材。常用的纸板有石膏纸板、瓦楞纸板和纤维纸板。纸板是低技术可逆性建筑的选材之一。纸板的制作与单片纸张的制作原理基本一致，纸板就是纸浆和植物纤维搅拌压制晾晒而成的厚纸页（图 5-81）。

纸筒是由纸张卷成纸卷演化而来，根据建材需求可以制作多种直径和

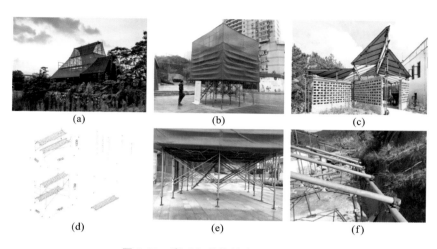

图 5-80　脚手架结构的建筑小品实践

(a)瞬时桃花源;(b)移动图书馆;(c)虚心谷活动工坊;

(d)采用门式脚手架体系 1;(e)采用门式脚手架体系 2;(f)采用扣件式钢管脚手架

图 5-81　同济大学 2008 年建造节金奖作品

(a)三角形瓦楞纸板内部空间;(b)三角形瓦楞纸板外部空间

长度的纸卷,由胶水浸透后切割成段形成纸筒,纸筒的强度比纸张的高。纸
筒材料利用之后可以回收浸泡重新化为纸浆,而后可以再制作为纸筒。纸
浆到纸筒、纸筒到纸浆可以成为一个无限循环的建造过程,这是纸筒在建筑
环保上的一大优势,也是坂茂选择用纸筒为难民服务的出发点,既为民众,
也为自然。纸制材料着实是优越的低技术建造、可逆性回收的建筑材料。

　　坂茂将纸质材料视为"进化的木头(evolved wood)",他的建筑多以纸材作为主材,建筑的基础会辅之少量的塑料箱、木箱等普通的非传统材料,这是坂茂建筑能迅速搭建的主要原因,简便的节点构造方法也能被民众迅速学习并掌握。在他为灾后设计的应急住宅中,运用了成排的纸筒,作为建筑的主体结构和围护材料,纸筒与纸筒之间粘贴海绵胶带保证气密性;基础部分是由放置成 4 m×4 m 的"田"字砂石塑料箱组成,可将建筑架空,内部再填充砂石;窗户和门则借助木夹板;应急住宅的屋顶覆盖了白色透光的 PVC 塑料薄膜(图 5-82)。坂茂设计的纸筒节点与纸材、木材一致,绑扎连接、螺栓连接、预制木构件与五金件均使用干性可逆的连接方式,使得建筑的拆解与再建成为可能(图 5-83)。

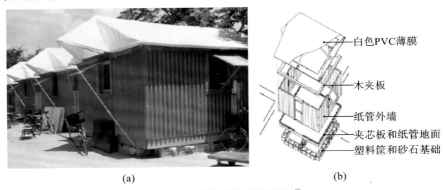

图 5-82　纸管应急临时住宅[①]

(a)纸管应急住宅;(b)纸管应急住宅构造示意图

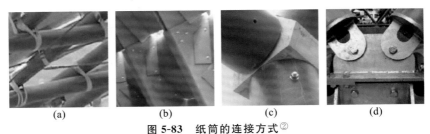

图 5-83　纸筒的连接方式[②]

(a)绑扎;(b)栓接;(c)木构连接;(d)五金件连接

---

①　彭泽.基于快速建造下的临时性建筑设计方法研究[D].西安:西安建筑科技大学,2015.

②　同上。

4. 活动板房

活动板房是以往在美国使用的一种建筑类型，源于活动房车，其简洁的形式和能快速更换建筑地点的优点使得其能很快为民众所接受。活动板房与活动房车一样，随着人们对居住需求的多样性而产生，用标准化、模数化的预制件来实现房屋的快速建造、拆卸、运输和再建。

朱竞翔教授的研究团队在发现活动板房的优点和缺点之后，对其进行了全面的改善升级，在继续保留其造价低廉、快速建造、循环利用的情况下，研发了一种基于轻钢框架和板材的轻型复合建筑系统——"新芽系统"。"新芽系统"也是较早应用于灾后重建的一种轻型系统。这种复合建筑系统有很多优势，如重量轻、运输方便、易于搭建和拆卸、造价便宜……一系列"新芽系统"的项目也可以说是朱竞翔研发的轻体建造系统的实践起点，它之后的发展也慢慢回应了一个建筑核心问题，就是在保证建筑品质的同时，如何以更低的成本和更环保的材料帮助更多人解决居住的舒适与安全等一系列问题（图 5-84）。

（二）构造做法

1. 地基与基础

低技术可逆性的建筑基础层多为天然地基，以岩石、砂石、碎石土和黏土为主。因为低技术与可逆性的建筑重量比较轻盈，不需要额外的基础垫层，可以直接将建筑基础落于素土或者混凝土地面之上。例如，移动图书馆并没有做基础层，而是将脚手架的脚底焊接铁板后直接站立于地面之上；在瞬时桃花源项目中，也是直接将脚手架伫立于场地之上，以至于建筑能迅速地施工与拆除；WikiHouse 建筑基础也是由其本身的建造逻辑制成，在伦敦设计节的 WikiHouse 方案中采用到金属预制的点状基础，以增强荷载（图 5-85）。

若基础土层承载力较差，达不到要求，会辅之以少量的人工地基。天然基础为主，人工基础为辅，为的是能快速有效地完成搭建任务，回收后对原场地损害最小。人工加固地基通常采用压实法和换土法。基础类型主要为条形基础或点状基础。人工基础材料以砖为主，混凝土为辅（图 5-86）。

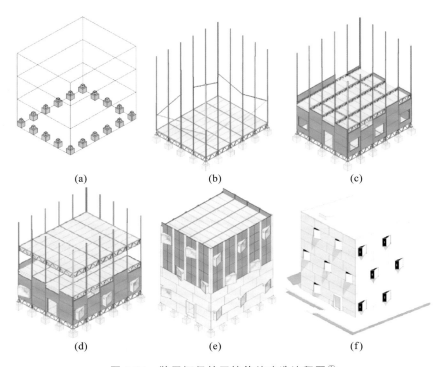

图 5-84 鞍子河保护区接待站建造流程图[①]

（a）点状基础；（b）插接钢柱；（c）插接板材；（d）安装楼板；（e）插接外围护；（f）完工

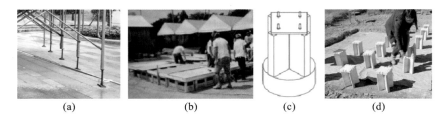

图 5-85 低技术可逆性的建筑基础

（a）脚手架基础；（b）啤酒箱基础；（c）纸管基础；（d）WikiHouse 式基础

---

① 贾毅.新芽轻钢系统及其轻钢骨架几何形态演变研究[D].西安:西安建筑科技大学,2012.

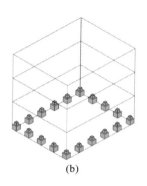

(a)　　　　　　　　　　　　　　　(b)

图 5-86　低技术可逆性的点状混凝土基础

(a)谦益农场活动工坊点状混凝土基础;(b)鞍子河保护区接待站点状混凝土基础

在湖北蕲春谦益农场活动工坊的基础施工中,首先就是运用传统模具将原地面的素土夯实,然后采用了少量点状混凝土方桩以增强荷载;在朱竞翔建造的鞍子河保护区接待站中,均采用以点状基础增强荷载的方式,这样能有效降低造价,保证基础稳定。

2. 围护结构做法

低技术可逆性的建筑以框架结构为主,各个构件需满足可逆性的安装、拆卸和更新要求,所以采用"骨"与"肉"分离的方式将结构与结构、结构与围护分离。作为围护的材料有很多,有自锁式砌块砖、空心砖、帆布、麻绳、纸材、竹子、木材、玻璃等,可视情况以"开放"的姿态接纳各种材料用于建筑的围护。

一些项目采用如上文中提及的自锁式砌块砖。此砖是免砂浆的,借鉴了乐高积木的原理,砖与砖之间通过预留的孔洞能够做到上下左右相互咬合,除了拐角等处需要植筋和灌浆进行结构加强以外,其他地方的砌筑就像搭积木一样简单快速。砖的制作也很方便,设计好砖的造型和尺寸,再制作出标准模子,直接用制砖机压制成型。目前国内已研发出多种不同类型的自锁式砌块砖,应用较多是在河岸护堤工程中。自锁结构在国外应用得比较多,某些小型建筑的建造墙身全部采用自锁式砌块砖。构造不仅达到了低技术可逆性的建造目标,也节省了生产成本。

坂茂在救灾建筑中采用帆布和阵列的纸筒作为私密空间的围护结构,

移动图书馆中采用的红色涤纶牛津布,李兴刚在瞬时桃花源项目中采用的遮阳布,活动工坊采用的空心砖,以及在众多竹建筑围护中采用的竹片、竹筒(图 5-87)等,都体现出低技术可逆性的建筑中围护结构的处理方式。

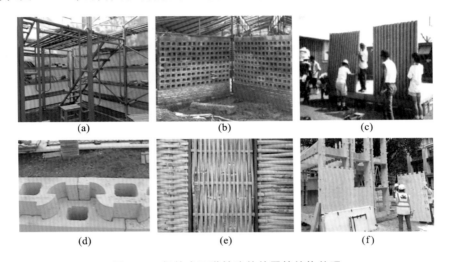

图 5-87　低技术可逆性建筑的围护结构处理
(a)涤纶牛津布围护结构;(b)空心砖围护结构;(c)纸管墙体;
(d)自锁砖围护墙体;(e)竹编围护墙体;(f)WikiHouse 板材围护结构

3. 楼板做法

目前来看,低技术可逆性的建筑层数多以单层为主,也有少量多层。楼板多以单元化的模块直接放置,龙骨与围护结构采用干性连接,避免采用湿作业的楼板浇筑方式。

在坂茂设计的众多纸建筑中,无论是永久性建筑还是中型、小型的纸筒建筑,多是以单层体量为主,除了运用集装箱的建筑作品以多层的形式出现,纸筒建筑的作品均以单层为主。尽管纸筒的强度在结构上能保证建筑稳固,但是未见用纸筒来制作建筑的楼板,多以木板和少量钢结构支撑。[①]

在脚手架建筑中,多以门式脚手架的单元作为多层建筑的楼板结构。

---

　　① 宋昀.坂茂(Shigeru Ban)作品中的轻型设计思想与手法研究[D].广州:华南理工大学,2015.

在移动图书馆、瞬时桃花源建筑中，均以门式脚手架的结构形式扣接楼板层。脚手架建筑多用以搭建建筑施工的辅助平台，所以无论是扣件式钢管脚手架还是门式脚手架，楼板处的构造都可以用脚手架钢管加木板、钢踏板的形式得到解决。

WikiHouse 的楼板和支撑体都运用板材。通过外表的结构和搭接关系可以看到 WikiHouse 建造的建筑特点，建筑结构和构造逻辑一目了然，包括楼梯的踏面在内，均以同一材料、同一接口去连接和固定（图 5-88）。

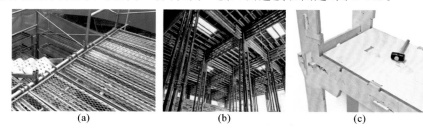

(a)　　　　　　　　　　(b)　　　　　　　　　　(c)

图 5-88　低技术可逆性的建筑楼板示意图

(a)脚手架楼板；(b)竹建筑楼板；(c)WikiHouse 木楼板结构

4．屋面做法

在屋面构造中，低技术可逆性的建造需要保证建筑的防水性和保温性，也要考虑材料的易得性和经济性。一方面出于降低建造难度的考虑，另一方面要兼顾建筑形态与室内环境品质。

三、低技术可逆性的建造实践——虚心谷活动工坊

虚心谷活动工坊坐落于谦益农场，谦益农场位于湖北省蕲春县郑家山村，郑家山村四周山脉延绵，梯田满目。2015 年，业主希望能借用位于客栈主楼后的一块菜地，作为虚心谷游客的活动工坊。场地夹在山岗和客栈主楼之间，且业主投入的经费有限，这决定了大型的器械无法进入狭长的场地，只能选用低成本、低技术的建造策略。同时更重要的一点是业主希望不久的将来将这块菜地归还给村民，因此活动工坊不能采用固定的混凝土结构，只能是轻触大地的"临时性"存在。由此进行了一次"低技术可逆性"的

"在地"设计与建造①。

（一）设计应对

1. 应对场地的低技术建筑策略

菜地是原建小学教学楼时开挖岗地形成的，夹在山丘与客栈之间，南北宽只有 9 m 左右，东西长有 36 m，西侧紧邻围墙，东侧则面向谦益农场的大梯田，可远眺。场地只有东边一处开敞，其余三边完全封闭。图 5-89 中的 10 号后院位置便是工坊所在地，图 5-90 为场地环境。

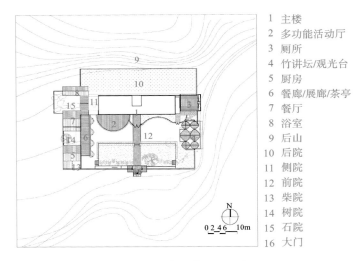

1	主楼
2	多功能活动厅
3	厕所
4	竹讲坛/观光台
5	厨房
6	餐廊/展廊/茶亭
7	餐厅
8	浴室
9	后山
10	后院
11	侧院
12	前院
13	柴院
14	树院
15	石院
16	大门

图 5-89　虚心谷总平面图

（a）　　　　　　　　（b）　　　　　　　　（c）

图 5-90　活动工坊的场地环境

（a）后山；（b）主楼；（c）建设场地

---

① 谭刚毅,钱闽,刘莎,等.虚心谷（谦益农场客栈）[J].城市环境设计,2016(3):332-339.

2. 应对场地的可逆性建筑结构

业主和设计师希望未来的活动中心不仅施工快捷，亦可方便拆卸，还土地以自然。活动工坊的建造是一个形式问题，也是建造与大地的关系问题，如同农业一样，在守护中改变大地的面貌。这也是海德格尔"泰然任之"思想的含义所在。这也预示了活动中心建筑的轮回使命：设计→建造→完工→使用→拆除。拆除之后是新的再建与使用，这就需要纳入可逆性的结构节点。基于可逆性的原则，建筑包括各个构件在内都不是永久存在的，不仅可以异地再建，构件也可做到随时替换，做到建筑的自我更新，永久的自然与相对"瞬时"的建筑是各自独立但保持联络的，两者互不干扰，建筑的存在不会阻碍自然的永久，自然的永久更能见证建筑"瞬时"的多样。

在素土夯实的场地之上，活动工坊采用轻的结构装置让工坊轻触大地（图 5-91）。尽管采用的是简单的脚手架技术，但这种低技术依然离不开精确的控制，这里的扣件式钢管脚手架，柱子与梁架均能与玛钢扣件精确衔接，驾驭整个轻型结构，使之漂浮于可复耕的场地之上。

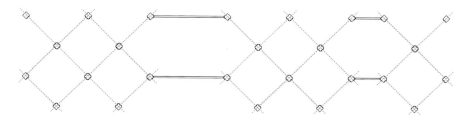

图 5-91　活动工坊的点状基础

3. 低技术可逆性的结构选型——脚手架

建造活动工坊本身的主体结构是扣件式钢管脚手架，由钢管、扣件及附属构件组成。脚手架的结构选型直接决定了工坊低造价的建筑定位，而且脚手架的可拆卸特性是工坊"临时"存在的前提，其组成活动工坊的主体框架结构。模拟框架建筑结构的梁柱体系：立杆钢管作为活动中心的立柱，所有的横杆钢管及斜撑钢管以上下错位的形式用玛钢扣件固定于立柱钢管上，其中每支立柱由两根钢管组成，即双钢管立柱，其间利用短钢管作为小横杆，用玛钢扣件拉结双钢管为一个整体立柱；大横杆钢管则固定于左右不同的立柱之上,连接 26 支立柱为一个整体的建筑框架,其上施加一根小立杆用以支撑屋架层的钢管,同时在顶部划分建筑内部不同的空间。在跨度过大的钢管梁上施加斜撑用以增强钢管的抗弯能力。简而言之,活动工坊是由大横杆、小横杆、立柱、斜撑通过玛钢扣件连接而成的一种多层多跨度的框架结构空间[①](图 5-92)。

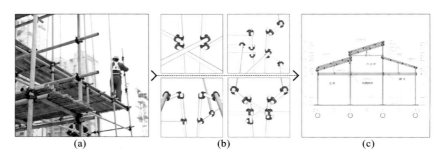

(a)   (b)   (c)

图 5-92 活动工坊的扣件式钢管脚手架

(a)扣件式钢管脚手架;(b)扣件与钢管重新组合;(c)活动工坊的脚手架结构

(二)建造记录

1. 基础部分建造——最小面积接触,最大程度可逆

为保证整个建筑能平稳地坐落在菜地之上,设置了 26 座点状排布的混凝土基础。点状混凝土基础能做到对菜地的伤害最小,点状的形态也能做到未来工坊回收工作的便捷高效。在数量上恰巧与 26 个英文字母对应,刚好从 A～Z 对此进行编号,以便于后期的管理施工(图 5-93);混凝土基础的尺寸为 400 mm×400 mm×400 mm,试图与大地保持最小的接触面,内部事先预埋螺栓,用来固定柱子的基础——预制底座,稳固整体屋身。

26 个点状基础是工坊模数化建造的结果。一方面,模数化的活动工坊不仅是建设速度的保证,更是在低技术环境下对材料的创新利用,在资源有限的前提下,最大化地挖掘材料极限,构建出新颖的建筑形式逻辑。另一方面,在施工水平有限的情况下,模数化的建造逻辑能做到有条理地展开建设

---

① 谭刚毅,谢龙,丹尼尔,等.低技术可逆性建造实验——以谦益农场活动中心为例[J].城市建筑,2017(26):17-20.

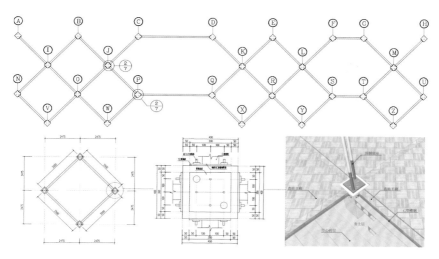

图 5-93　活动工坊 26 个点状基础及其大样与地面组合示意

工作。进行点状混凝土尺寸设计以及样本实验后，很快就可以在场地定位浇筑（图 5-94、图 5-95）。

(a)　　　　　　(b)　　　　　　(c)　　　　　　(d)

图 5-94　点状混凝土基础的结构推敲与制作

(a)钢筋笼骨架的模拟；(b)钢筋缠绕模拟；(c)预制底座与钢筋笼；(d)点状基础的实施

　　活动工坊基础层的施工精度，会直接影响到屋身及屋架上面脚手架钢管的搭建精度。在低技术的环境下，又要满足可逆性的建筑需求，导致由于施工技术的原因，乡村停留在以手工为主、机械为辅的建造水平。在实际的搭建过程中，施工精度无法保证，同时由于钢管自身形变的特点，在工坊屋顶搭建过程中，出现了少许钢管与扣件无法对位，甚至是竖向钢管之间不平

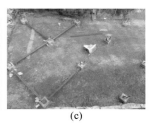

| (a) | (b) | (c) |

图 5-95　施工记录

(a)场地点状基础定位;(b)点状基础施工;(c)点状基础的槽钢连接

行的窘境。一方面,这是由这种材料结构特点决定的(在设计施工允许范围之内);另一方面,也说明了乡村建筑的发展缓慢在很大程度上受限于落后的施工技术和施工水平。

2. 屋身部分建造——低技术脚手架的可逆性再建

工坊屋身部分主要由双钢管为一组的束柱组成,套于预制底座之上的圆钢外。脚手架的扣件与钢管可灵活变换的优势,使得钢管在这边以多种用途的形式出现,直径一致,长短不一,可做梁、做檩,还有做椽,也会有相应的短柱、斜撑、横向杆件以保证工坊结构的整体刚性。作为梁、檩条、椽子的钢管均以上下错位、左右对称的形式通过玛钢扣件固定于双钢管束柱上。玛钢扣件的种类主要有三种,即回转扣件、直角扣件、对接扣件。其中回转扣件能满足此次建造中钢管以多种角度组合的方式(图 5-96)。红色的玛钢扣件既可作为结构,又可作为装饰。坚硬的材料伴着点缀的红,给本来局促的空间一丝灵动感,调和了空间节奏。

对脚手架的创新利用,也是工坊的特色所在。低技术的创新利用,才能花费少、收效大。活动工坊的单元束柱采用双钢管为一组的柱子,在受力上保证了结构的稳定,也做到了可使多条边处于同一平面上,构成一个完整的面域,以铺设钢椽和屋面板等。经过试验,单纯使用三根柱子是无法用玛钢扣件将三根钢管固定于同一平面的,而双钢管为一组的才可以,一根钢管固定一根钢梁,分开布置,可做到图中显示的屋面层效果(图 5-97)。

设计初期做了很多"纸上"研究和手工模型,但"绝知此事要躬行"。现场施工时会发生很多设计师料想不到的情况,尤其是在技术有限、精度无法保证的乡村建设中无法预测,每一步的设计图纸与现场完工后的成果都可

图 5-96 活动工坊束柱安装记录

图 5-97 两根钢管为一组束柱的图解分析

能有比较大的出入。这需要建筑师与村民师傅反复交流与全力配合。在活动工坊主体结构完工之际，由于设计之初未考虑到钢管自身所具有的弹性特点，整个结构出现了晃动和错位的现象，尤其是在 6 m 长的钢管柱子上该现象较为明显。原因是所有独立的钢管立柱没有被拉结成为一个整体框架。在这一步的调整工作中，团队又犯了"片面思维"的错误。关于孤立钢管立柱的拉结方式，团队试验了很多方式，试图得到一个改造玛钢扣件的途径：将一个扣件拆开，中间焊接一根钢筋，试图将两个钢管扣在一起。结果钢管硬度太高，直接把改造的玛钢扣件拉断，实验以失败告终（图 5-98）。这种"画蛇添足"式的构件改造反而把简单的事情复杂化。此阶段的"设计"不仅将活动工坊的施工难度增加了一倍，也偏离了可逆性的设计初衷。最简单的方式才是最有效的方式：直接用玛钢扣件将两支独立的钢管拉结在一起的方式最为行之有效，也比较通用，改造玛钢扣件的方式着实得不偿失。用这种方法将工坊整体钢管立柱拉结在一起后，工坊钢管结构框架的整体刚性得到了大幅提高（图 5-99）。

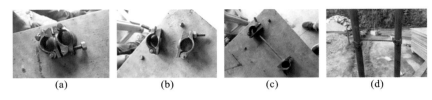

图 5-98 "过度设计"的束柱拉结实验

(a)完整的玛钢扣件；(b)切割玛钢扣件；(c)焊接钢筋；(d)拉结固定钢管

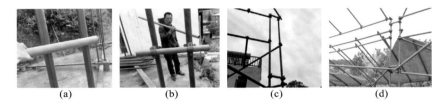

图 5-99 活动工坊采用脚手架原理的束柱拉结

(a)用钢管模拟拉结束柱；(b)以脚手架原理拉结束柱；(c)切割钢管长度；(d)束柱得到拉结

3. 屋顶部分建造——"在地"设计与"高技术"

柱身插接完毕后，接着就是钢管梁、钢管檩条、钢管椽子的搭接。这些异样搭接形式的图纸无法按照常规的 CAD 标准模式绘制，尺寸与位置虽然能标示清楚，但对工人师傅来说，会出现图示不明的窘境，得依靠设计师现场指导建造，抑或是出一套详细的施工指导手册给工人师傅参考。非常规的建筑形式也只能通过非常规的设计表达(图纸)来辅助建造。活动工坊的建造是低技术的，但采用电脑模拟，推敲各个节点的构建关系，也算是比现场试制和单纯的图纸绘制节省不少材料成本和时间成本(图 5-100)。

钢管制作的梁、斜撑、檩条、椽子的切割需要恰当的数据控制。一支标准钢管的长度尺寸是 6 m，直径的尺寸比较多样。而在工坊中，钢管柱的高度分别为 6 m、4 m 和 3 m，屋顶上方的钢管檩条与钢管椽子等的尺寸比较多(图 5-101)，最短的尺寸会用到 0.4 m 的长度。钢管的尺寸数据比较多，所以刚开始在采购钢管材料的时候就遵循大尺寸优先，小尺寸边角碎其次的统计方法，全部采购尺寸统一为 6 m 的钢管，运到山上后再用电锯按需切割。

图 5-100　活动工坊钢管之间扣接形式记录

图 5-101　活动工坊主体钢管框架

屋面的望板采用欧松板,利用其自然压制的木纹理。铺设望板时,专门雇用了当地的木工师傅,铺设在三角形的屋顶上面,大料用在外部,小料用在内部,这样尽可能地用板材自身的硬度形成屋檐悬挑。然而在尝试铺设之初,就遇到了意料之外的情况,电脑里模型建得再精细也不曾预先模拟到,玛钢扣件自身的螺栓会抵在望板底部,从而无法将望板平整地贴合在钢管檩条之上。有些螺栓长度超过望板自身的厚度,而且原计划采用铆钉将望板与钢管檩条进行固定的方式不可行。设计的初衷是不破坏材料本身属性,故只能寄希望于在看似冲突的螺栓与望板之间寻求合适的解决途径,将冲突化解。在材料种类和施工技术有限的现场,通过"在地"设计,创新方法,就地解决问题。将望板固定在螺栓上,加强材料与材料的整体联系性,同时材料与材料又必须各自独立、可逆。

维托里奥·格里高蒂(Vittorio Gregotti)认为建造过程中对于建筑的细部处理不应该敷衍了事,而是应与建造本身一致,充满着周全的考虑与部署。屋顶施工中,玛钢扣件的螺栓过长,伸出抵触到望板,为化解二者冲突,在望板上打一孔,使其刚好能容下螺栓,再用垫片与磨了平边的法兰螺帽将望板与螺栓锚固(图 5-102),固定了望板也找平了屋面,便于之后铺设防水卷材与油毡瓦。

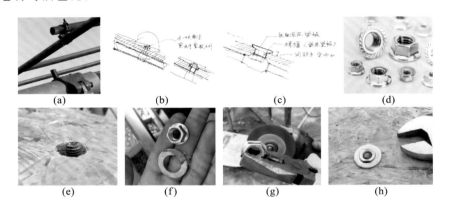

(a)   (b)   (c)   (d)

(e)   (f)   (g)   (h)

图 5-102　"在地"讨论并解决螺栓与望板的固定问题
(a)玛钢扣件螺栓;(b)"在地"设计方案一;(c)"在地"设计方案二;(d)确定建筑材料;
(e)孔与螺栓;(f)法兰螺帽与垫片;(g)磨平法兰螺帽;(h)拧紧螺栓

解决了凸起螺栓问题后,整个屋面的望板铺设都能按部就班地进行,工坊屋顶望板的具体做法是将板材平铺在钢管椽子之上后再拼接,然后用法兰螺母和铁箍固定,再用墨斗弹线确定三角形屋面的边,用手锯切割成型(图 5-103)。其中板材拼接材料是金属垫片,因为偏远的山区难以采购到一些不是特别常用的建筑材料,如拼嵌缝条等。坚持低技术与可逆性的施工原则就得结合工人师傅多年的施工经验再创新。

望板的固定采用螺栓固定与绑扎两种方法。首先将法兰螺帽固定于玛钢扣件的螺栓上面,然后用不锈钢扎带将望板与钢管绑扎在一起。在钢管椽子上方的望板钻两个洞,然后将不锈钢扎带穿入其中与钢管椽子绑扎在

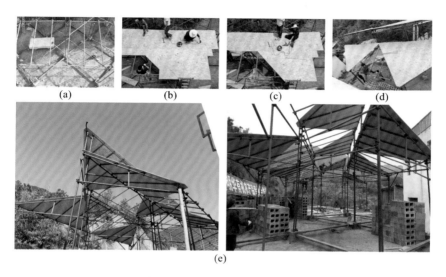

图 5-103 屋顶望板施工记录

(a)钢管椽子屋面；(b)平铺望板；(c)切割屋面形状；(d)预留阳光板；(e)最终成果

一起,这样做是为了防止山风吹过所形成的上升力掀翻屋顶。采用这种方式也是因为一次偶然机会进入农场仓库,找到谦益农场一期建造时留存下来的材料,也算是废物利用了。设计是一个过程,是一个持续不断地解决问题的过程,才得出合理的结果,这或许更接近"在地"设计的内涵。

原本在农村非常常见的建筑材料在今天反而难以找到。工坊的顺利建造离不开互联网带来的便利,在工坊建造之初,工人师傅跑遍当地建材市场居然都没有找到防水卷材,团队只得求助于互联网。所以低技术的建造并不是完全脱离当代互联网电商这样普及化的高技术,更多的应是经济有效地进行资源整合,高技术与低技术互为补足。

为增强光照,部分屋顶采用廉价的阳光板。其不规则的形状与透光性会让工坊内部形成不规则的光斑,时时刻刻记录着天空微妙的颜色。阳光板的固定不是直接将燕尾钉钉在钢管檩条中,而是事先用不锈钢扎带将木枋捆扎在钢管檩条上,再用燕尾钉将阳光板固定在木枋中。阳光板内部中空的孔隙决定了阳光板的铺设方向,孔隙的方向由上至下顺着雨水流淌的方向分布(图 5-104)。

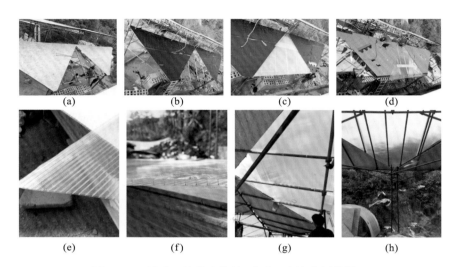

图 5-104　活动工坊防水卷材、油毡瓦和阳光板的铺设

(a)工坊屋面;(b)铺设防水卷材;(c)铺设阳光板;(d)铺设油毡瓦;
(e)阳光板纹理走势;(f)阳关板孔隙展示;(g)阳光板方向错误;(h)阳关板方向正确

　　油毡瓦铺设完毕后,活动工坊的屋顶便完工了。屋顶层的铺设是活动工坊施工最为复杂的部分,因为造价与工期限制,也因场地空间的限制,专门定制脚手架会增加额外的成本,就利用自身结构作为脚手架,辅以爬梯。同时活动工坊的建筑中,大部分的构件能方便拆除,亦不能影响其拆除后的重新组合与使用。以低技术与可逆性的思想为指导,提出经济适用的施工组织方案尤为重要。

4. 地面部分建造——低技术可逆性的再体现

　　地面层的施工相对快很多。地面的空心砖和青砖的铺设是最后一道工序,防止铺好的青砖地面在屋顶工程施工过程中受到损坏。青砖的铺设方向也是根据工坊 45°旋转的网格以立砌法铺设,在常规铺砌中寻求变化,砖经过 45°旋转刚好能贴合着混凝土方桩和槽钢的方向。在空心砖上面立砌的青砖刚好与混凝土方桩找平,青砖的尺寸是 240 mm×115 mm×53 mm,而槽钢宽刚好是 120 mm,上面能平铺一块青砖。整个青砖与空心砖的铺设过程中没有使用混凝土黏结,既严丝合缝,又满足未来回收再利用的需要,还是基于可逆性的原则。

空心砖和青砖 45°旋转后铺设到边缘会形成锯齿状的形式,空余处铺设鹅卵石。鹅卵石铺设面是斜坡,首先为的是让工坊屋顶的雨水能顺着鹅卵石斜坡流向排水沟,其次鹅卵石材质的肌理有助于与碎石挡土墙形成呼应,且谦益农场一期工程中有很多鹅卵石排水沟的做法,鹅卵石在山上的河流中很容易找到,此举花费少而收效大。工坊的四边均使用了此处理方法(图5-105)。

(a)　　　　　(b)　　　　　(c)　　　　　(d)

(e)　　　　　(f)　　　　　(g)　　　　　(h)

图 5-105　活动工坊地面空心砖与青砖的铺设及收边施工

(a)地面层大样示意;(b)空心砖与青砖模拟;(c)空心砖铺设完成;(d)青砖铺设完成;
(e)空心砖锯齿状边缘;(f)小块空心砖填缝;(g)铺设青砖;(h)收边完工

工坊设计之初有两个水池和部分绿化的空间,在地面层铺设过程中预留水池和绿化的位置,边缘同样铺设空心砖和青砖"勾边"。水池的水来自雨水(露天水池),工坊屋顶的水也顺着屋面流进水池中(图5-106)。水池设置了排水口,可使水池实现循环。排水管便嵌在空心砖的孔洞之中。

水池与绿化施工的同时,工坊的隔断墙与矮墙座椅也在施工。隔断墙与矮墙座椅形成了工坊内部空间"通透""半透"与"不透"的效果。与常规的垂直边界不同,两者同样采用与柱位相应的网格布局,座椅与隔断墙经过45°旋转后,空间由"正格"走向多变(图5-107)。为了强调通透与轻盈的建筑空间,选用了空心砖墙作为墙体,其孔隙的存在使得自然山体中的光线与风

图 5-106 活动工坊水池施工记录

(a)活动工坊预留水池;(b)水池边缘处理;(c)水池底部施工;(d)雨水测试

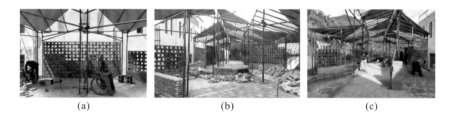

图 5-107 活动工坊空心砖墙与矮墙施工记录

(a)空心砖墙施工记录;(b)矮墙座椅施工记录;(c)空心砖墙与矮墙完工

流动进来。

接线板的方案设计原则是不破坏钢管和已有的建筑结构,通过板材与板材的扣接,利用咬合的方式实现板材与钢管的固定(图 5-108)。一些边角细节收尾后,活动工坊由此竣工。

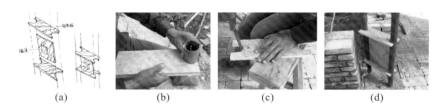

图 5-108 活动工坊接线板的在地设计与制作

(a)接线板方案;(b)钢管比拟板材尺寸;(c)手工切割制作;(d)接线板完工

工坊中材料与材料的交接不损失材料自身的特性。如上文所述钢管与望板的交接采用不锈钢扎带绑扎（通常做法是用燕尾钉将望板固定于钢管上，同时破坏了钢管自身的材料属性）；用一些非常规做法，采用法兰螺帽处理玛钢扣件中伸出望板的螺栓，既起到固定望板的作用，又找平了望板面；板材巧妙组合，镶嵌于双柱底部，用以固定插座；采用硬质—软质—硬质的建构次序以保护材料，发挥各自优势，延长建筑寿命。活动工坊脚手架结构的建筑形式，从设计到建构，从建造到使用，整个过程都始终保持着力学、美学的统一（图 5-109），是一次对低技术可逆性建筑特征的全过程综合探索。

（三）相关思考

1. 低技术可逆性活动工坊建筑形式

　　活动工坊呈现出模数化的"重复""韵律"等形式特点。工坊的点状方桩采用 3.5 m×3.5 m 的网格规则排布，形成标准的模数制平面网格，并因此决定了模数化的建筑形式。统一的模数平面和断面，尽可能地减少了钢管、玛钢扣件等构件的种类，仿照积木搭建的方式，可自由组装成任意面积、跨度和用途的建筑物。运用统一型号的玛钢扣件和钢管型号，减少种类变化，便于集中采购和安装，在统一的模数平面中，能迅速完成建筑的搭建和拆除，相对少量的工序及工种需要的技术也能被村民师傅迅速掌握。

　　工坊除了在物质层面上有系统与要素的关联，在整体建筑的设计建造中，活动工坊始终遵循可逆性的原则，指导着工坊的每一处构造。与建筑构件的关系类似"术"与"技"的角色，前者为目标概念，后者是具体操作。活动工坊的脚手架、玛钢扣件、青砖与环扣式接线板，处处体现着工坊"临时性"的建筑形式，而类似"施工中"的脚手架与空心砖，更是赋予了活动工坊"短暂"的存在和意义。但这种"临时"与短暂感并不是静态的，而是动态的，仿佛它一直处于无止境的生长中，可能又会突然消失，到了另一个环境，讲述另一个故事。

2. 低技术可逆性活动工坊的空间营造

　　建筑远非一个技术问题。活动工坊所运用的临时性构件与结构所形成的建筑形态带给人的视觉和触感似乎更丰富。活动工坊被建造所选用的钢管、扣件、青砖、欧松板等材料与简易的施工技术导向了一个非常规的建筑

图 5-109　虚心谷活动工坊竣工效果

空间体验。建筑的空间与结构相辅相成,同时,临时性的建构空间与永久性的场所记忆意义同样深刻。

　　活动工坊建筑的设计要在均质状态中求差异、狭窄空间中求开敞。呈45°的3.5 m×3.5 m网格系统重新定义了场地,让周边自然的山、水、光进入活动工坊,实现引景入境。旋转45°的网格将面积为280 m²的活动工坊划分为包括工作室、音乐厅、会议室、接待区、阅览区的空间和两个水池。均质差异、封闭开敞、虚实交错,在客栈主楼、后山与东边开阔的梯田之间用半开敞的暧昧空间完成三者的过渡与对话。

　　活动工坊采用的脚手架结构体系并非单纯形式上的语言游戏,而是活动工坊对于临时性建筑空间与永久性场所记忆的实验探究。天蒙蒙亮的时候,一缕缕晨光首先穿过斜向空心砖隔墙的孔隙进入活动工坊,袅袅的云雾弥漫着晨早的氛围。随着正午的到来,太阳逐渐升高,接着光线从横向的穿透转向了从工坊上方的半透明屋顶中渗入,不规则状的阳光板将太阳光裁剪出一片片具象的光斑;而当黄昏渐渐临近,夕阳的日光重新渲染着工坊,内部又充盈着温暖的金色……

　　3. 精准的图纸设计与积极的"在地"设计

　　低技术与可逆性既是方法,又是目标。无论是"高技派"建筑,还是低技术的建筑营造,精准的设计在任何时候都非常重要,就如普利兹克建筑奖得主亚历杭德罗·阿拉维纳在建造社会保障性住房的时候说道:"如果想缩小贫富距离,提升生活质量,那么依靠的必须是专业能力,而不是专业慈善机构。'半成品好房屋'工程可以说是政府供应砖块,我们提供头脑。"[①]一半房屋看似是没有完成的建筑,实则是通过精确的考虑与设计,担起了一半的社会责任。

　　在活动工坊的设计阶段,同样经历了比较长久的推敲与模型试验,从刚开始的四柱为一组束柱到后来的两柱为一束,从实际木模型中檩条椽子的模糊搭接到模型中的精确模拟,从复杂的混凝土方桩构造到简单易行的方桩构造。相应的活动工坊施工图部分也是修改了多稿后才得出的最终结

---

　　①　李忠东. 为穷人盖房子——记2016年普利兹克建筑奖得主亚历杭德罗·阿拉维纳[J]. 建筑,2016(8):54-57.

果,只有不断地否定掉不正确或是不合适的部分,才能离正确的最终方案越来越近。活动工坊的"在地"设计也同样重要,在图纸的设计阶段是发现不了实际工程中的一些突发情况的,所以需要现场的"在地"设计去弥补完善。

4. 材料的选择与可逆性的结构选型

活动工坊从材料选择与结构选型上,处处体现着低技术、可逆性的建筑营造策略。建筑材料是建造的物质基础。使用的建筑材料能否可循环利用,或者建筑结构是否具有灵活性,这直接决定了建筑的性质和总造价。[①]虚心谷活动工坊选用的常用且低价的建筑材料决定了工程总造价不会高。作为工作平台转变而来的脚手架结构,承载力大,脚手架的单管立柱承载力为 15～35 kN;装卸便利,搭建灵活,钢管长度可根据需求调整,扣件连接方式也很便利,钢管与扣件的组合可以适应各个平面、立面;造价低廉,加工简单,单次投资费用较低。一根 6 m 长,直径为 50 mm 的钢管约为 50 元,一个玛钢扣件的价格为 2 元,一张 1220 mm×2440 mm 尺寸的欧松板价格为 70 元,1 m² 的油毡瓦价格为 24 元,低廉的建筑材料从根本上控制了活动工坊的成本。

在结构与节点处理方面,脚手架主体结构下,钢管与扣件的组合方式丰富多样,只需要两名村民及两把扳手等工具,就可以按需求自由搭建出需要的建筑框架。扣接、螺栓与绑扎均在不借助其他辅助工具的前提下徒手完成,是较为简单易行的低技术结构处理方式,在施工方式层面优化了工程难度。螺栓连接方式属于固件连接,其优点是安装方便,特别适用于临时性安装连接。干性连接不会导致节点处材料成分质变,有利于多次逆向拆卸与再加固,适用于需要装拆结构的连接和临时性连接。玛钢扣件体积小,装拆与运输方便,省物料,具有优越的抗断性能、抗变形能力、抗脱能力、抗锈蚀能力、抗滑性能,适用于拆卸频繁的建筑施工中。而扎带的绑扎借鉴了传统竹建筑中的连接方式——绑扎,绑扎法是以绳索将竹材施以柔性连接的一种方式,由于传统绳子绑扎容易出现松动,此处用不锈钢扎带取代绳子,用钢管取代竹子。三种连接方式都是施工操作的低技术,同时也是满足可逆

① 莫斯塔第.低技术策略的住宅[M].韩林飞,刘虹超,译.北京:机械工业出版社,2005.

性的节点处理方式。

　　无论工坊建造活动进行到哪一阶段，团队与村民的设计施工理念始终围绕"可复耕"的方式进行可逆性建造，每一阶段的材料运用与结构选型都满足归还土地于自然的可拆卸特点，也满足建筑材料能够继续循环使用的要求。[①]　由于材料与材料的搭接是遵循可拆卸、可逆性的原则，尊重建筑学中所倡导的建构原理，所以纯粹的建筑装饰是不存在的，而结构的意义却被放大，工坊的建造回归到了建筑学的原点，建筑各个部件的存在都是为了追求力与形（force and form）的统一。玛钢扣件与钢管，欧松板接线板与铁箍，它们的存在既是装饰，又是结构。材料在组合的同时，也保持了自身的特性，抱着敬畏自然的态度并运用材料的自然特性去解决建造问题无疑是件让人非常愉悦的事情。

　　国内多数偏远农村的主要生活环境复杂，山路崎岖与通讯欠发达，相应也没有更多的建材选择，使用低技术与可逆性的建造方式，循环利用建筑材料去搭建出满足不同需求的建筑类型，能有效创造出宜居且多样的生活环境。[②]　活动工坊作为临时性的建筑，应比钢筋混凝土等永久性建筑更具意义。

第五节　乡村传统与乡土遗产的再认识

　　前文讨论了乡村新建建筑的传统承袭、推陈出新，也展望了新的材料和技术的运用，以及新的理念引导下的新的建造模式。在广袤的乡村，还有很多乡土文化的遗存，需要我们在乡村建设中认真对待，在敬畏也探寻可能的新的理念和方法。因为乡村传统和乡土遗产是比所谓风貌更重要的事情，只有留住根基，找寻基因，才能进行创造性的继承，创新性的发展。

　　安顿乡愁，必须留住乡村文化遗产。乡村文化存于乡村聚落，有农民、有农业、有完整的乡村生活，是包含了自然、文化和社会的一种空间整体。

---

①　褚智勇.建筑设计的材料语言[M].北京：中国电力出版社,2006.

②　BELL B, WAKEFORD K. Expanding architecture: design as activism[M]. New York: Metropolis,2008.

所有的文化与社会都是根植于以有形与无形手段表现出来的特殊形式和方法,这些形式和方法构成了他们的遗产,应该受到尊重。① 乡村遗产同其他类型的遗产一样,经历了从认知到保护理念不断完善的过程,从个体到群体、从单一类型到整体等。1964 年 5 月通过的《威尼斯宪章》(International Charter for the Conservation and Restoration of Monuments and Sites)把对历史建筑的保护扩展到历史街区。1999 年 10 月在墨西哥通过的《关于乡土建筑遗产的宪章》(Charter on the Built Vernacular Heritage)是对《威尼斯宪章》的补充,该宪章建立了管理和保护乡土建筑遗产的原则。我国的历史建筑保护也经历了从单个建筑保护到群体保护的历程,《第三次全国文物普查工作手册》要求"在全面调查、登录各类不可移动文物的基础上,应重视乡土建筑和建筑群,大遗址和遗址群,跨省区的线形遗址和遗迹的调查登录"②。2007 年 4 月中旬在江苏无锡的中国文化遗产保护无锡论坛通过了中国首部关于乡土建筑保护的纲领性文件《中国乡土建筑保护——无锡倡议》,倡导全社会关注乡土建筑,重视对乡土建筑和它所体现的地方文化多样性的保护。

乡村遗产现实的尴尬境遇与各方利益的驱使和基础投入有关,也与对乡村遗产的认知不够(甚至相对滞缓和片面)有关。可以说,在中国这样一个农业大国,各方人员至今依然没有对自己的乡土文化保护问题给予足够的重视。

一、乡土建成遗产③

乡土建筑是"我们不经意中的自传,反映了我们的趣味,我们的价值观,我们的渴望,甚至我们的恐惧"④,因而乡土建筑的实际功用性和自发性构成

---

① 与世界遗产公约相关的奈良真实性会议"奈良真实性文件"(1994)[EB/OL]. (1994-11-21)[2021-05-20]. http://whc. unesco. org/archive/nara94. htm.

② 国家文物局. 第三次全国文物普查工作手册[M]. 北京:文物出版社,2007:91.

③ 本小点和第 4 小点主要内容参见谭刚毅,贾艳飞. 历史维度的乡土建成遗产之概念辨析与保护策略[J]. 建筑遗产,2018(1):22-31.

④ LEWIS P K. Axioms for reading the landscape:some guides to the American scene [M]// MEINIG D W. The interpretation of ordinary Landscape:geographical essays. New York:Oxford University Press,1988:6-9.

其乡土性的重要特点,构成了人们的记忆和时代的印记。

《关于乡土建筑遗产的宪章》界定的"乡土建筑(built vernacular)"的识别标准为以下几点。

(1)一个群体共享的建筑方式。

(2)一种和环境相呼应的可识别的地方或地区特色。

(3)风格、形式与外观的连贯性,或者使用传统上建立的建筑型制。

(4)通过非正式途径传承的用于设计与建造的传统工艺。

(5)因地制宜,对功能和社会的限制所做出的有效反应。

(6)对传统建造系统与工艺的有效应用。[①]

这个标准强调了乡土建筑的群体性、地区特色、非正式途径以及所处的社会环境等,它不仅仅是乡土建筑的遗产,而且是(或应该翻译为)"乡土建成"遗产。

真正理解乡土建筑,必须认识其所处的环境,进行全面的要素梳理和价值判断。从乡土建筑到乡土建成环境不仅是突破空间之阈,而且是既有物理空间范围的扩大,也有社会空间的关联,还有内涵和外延的变化,这才真正符合建成遗产的概念。

俞孔坚先生曾提出乡土遗产景观的概念[②],其实也属于乡土建成遗产。不论乡土建筑还是有乡土特点的景观,以及生活在其中的乡民的村规民约、习俗风尚,乃至乡村治理等,都是乡土文化的重要组成部分。乡土文化的多样性决定了乡土建成遗产组成要素的多样性和遗产类型的丰富性。遗产要素既有物质的也有非物质的遗存,类型上也随着社会的发展、生产力的变化不断丰富演进。吴庆洲教授团队主持完成的贵州鲍家屯水碾房修复,"树立了在中国进行农业景观保护的卓越范例……通过对传统农业设施功能的可

①　国际古迹遗址理事会.关于乡土建筑遗产的宪章[R].墨西哥:国际古迹遗址理事会第十二届全体大会,1999.

②　乡土遗产景观是指那些到目前为止还没有得到政府和文物部门保护的,对中国广大城乡景观特色、国土风貌和民众精神需求具有重要意义的景观元素、土地格局和空间联系。如古老的龙山圣林,泉水溪流,古道驿站,祖先、前贤和爱国将士的陵墓遗迹等。

详见:俞孔坚.关于防止新农村建设可能带来的破坏、乡土文化景观保护和工业遗产保护的三个建议[J].中国园林,2006(8):8-12.

持续利用以及和当地文化活动的结合，这一项目为我们展现了保护在现代化发展压力下快速消失的亚洲文化景观的重要意义"①（图 5-110）。

图 5-110　贵州鲍家屯水碾房及其农业景观与当地文化活动的保护②

文化遗产的多样性还体现在时间与空间维度上。从乡土文化的角度梳理乡土建成遗产，需要对其文化和信仰系统的各个方面予以尊重。在时间维度上，乡土文化遗产也应当从关注"古代"延伸到关注"20 世纪遗产""近代遗产"与"现代遗产"，使人类的历史文明和乡土记忆得以延续，这同时也是对文化遗产保护理论体系的完善。

中国的城乡结构不同于西方，中国的乡村在近百年来经历的变化也是西方所不具有的，因而对于中国乡土文化遗产来说，历时性的变化更显珍贵。对乡土建成环境的认识必须注意到其变化和发展的必然性，以及已建立的文化特色的必要性，同时必须借由多学科的专门知识来实行。如人民公社（图 5-111）、知青下乡、"五七"干校以及云南等地的"直过民族"③等，作为一个特定时期的建成环境，在历史、社会、建筑、科学、精神、礼制等方面均

① 联合国教科文组织 2011 年亚太文化遗产保护奖卓越奖评委会的评语。
转引自：彭长歆，庄少庞. 华南建筑 80 年——华南理工大学建筑学科大事记：1932—2012[M].广州：华南理工大学出版社，2012：284.
② 彭长歆，庄少庞. 华南建筑 80 年——华南理工大学建筑学科大事记：1932—2012[M]. 广州：华南理工大学出版社，2012：285.
③ 云南等地的"直过民族"，他们从原始社会或奴隶社会跨越几个社会形态，直接进入社会主义社会，几乎"一夜之间"跨越了其他民族上千年的历程。这些民族大多居住在边境地区和高山峡谷地区，生存条件艰苦，处于发展边缘，加上特殊的历史原因，自我发展能力较弱，目前仍呈现出民族性、整体性深度贫困的特点。这种跟乡土和民族关联的重大事件是否值得关注和应对呢？参见《"直过民族"，你在云南过得还好吗？》（中国青年网《新闻频道》2016 年 4 月 22 日）。

有重要的价值,当属尚未被人认知的现当代重要乡村文化遗产。

这些集体形态作为建成环境,既是规划或建筑设计的产品,也是社会意志的投射,将空间形态的分析赋予社会、地理乃至经济等意义上的属性。相关的构筑物和装饰也反映了那个时代特有的技术和思想意志,包括通过集体优势建成的一大批农田水利基础设施(图 5-112)。在乡村治理方面,有国家政权建设与乡村组织重构,"集体"是对传统村社制度的强化与再造,确认了传统自然村落的边界,形塑了部分农村的村落形态,集体行动再生产了熟人社会,强化了农民的现代国家认同。如今人民公社制度已经废止,但留下了大量的"集体"遗产:制度上的农村土地集体所有制、社会红白喜事的人情单位、平均主义的竞争文化、集体资产的物质遗存等[1]。

图 5-111 人民公社宣传画描绘了
人民公社的典型配置[2]

图 5-112 大寨宣传画[3]

中国乡村的这些社会基层单位与城乡形态紧密关联,这些集体形制是否可以被定义为社会主义乡村的某种(阶段性的)特征(图 5-113)?

二、乡村工业

在我国广袤的乡村地区,丰富的气候环境、人文历史造就了多样的民居建筑类型与样式。自古农民以农耕、桑织、采茶、制陶为业,最初以生产和生

---

① 王德福.组织起来办小事——理解农村集体制的一个视角[J].新建筑,2018(5):21-24.
② 图片来源:芮光庭绘制,人民教育出版社 1958 年出版。
③ 图片来源:章育青绘制,1975 年。

图 5-113　列为武汉市文物保护单位的武汉新洲石骨山人民公社

活相结合的个人手工作坊为主,生产空间位于居住空间内,之后随着时代的
进步与乡村经济的发展,逐渐产生专门的产业建筑。已有学者从社会、文化
角度对这一类产业现象进行了梳理研究,但产业建筑作为重要的乡村建筑
类型,却始终没有受到建筑学相关人士的关注,且随着乡村经济的衰败慢慢
被人们所遗忘。在费孝通先生的著作《江村经济——中国农民的生活》的故
地——开弦弓村,这个被费孝通先生指出乡村也能发展工业经济的乡村里,
工业遗迹已经损坏殆尽,在启发费孝通先生完成这本中国人类学奠基之作
的这个长江流域的农村也难觅当时的社会情景。乡村适度发展工业也是体

现张培刚先生"发展经济学"理论的重要观点。近年来,建筑师在投入乡村建设的过程中,越来越多地发掘出乡村的价值,其中也包括许多乡村产业建筑。

乡村工业除了具有重要的社会价值和历史价值以外,还具有重要的建筑意义,也就是基于环境调控(environmental control)的建筑学意义。下文以浙江地区蚕室建筑和遍布全国的砖窑为例进行阐述。

1. 蚕室建筑

蚕业是中国传统农村家庭手工业之一,自古占有重要的经济地位,在《齐民要术》《士农必用》等文献中均有记载。中国古代蚕业养殖等技术经验丰富,而将近代科学技术应用于蚕业生产仅始于 19 世纪末,专业化的蚕室建筑也是在这一时期产生的。[①]

窦平平、鲁安东老师团队对江浙地区蚕室建筑的研究始于 2010 年 1 月对长泾大福蚕种场的发现。大福蚕种场位于江苏省江阴市长泾镇的历史文化街区,属于其中 56 栋明清建筑之一。2009 年 11 月,在政府的指导之下,长泾历史文化街区建设工程启动了,正是在这次建设工作中发掘了废弃的大福蚕种场(图 5-114)。"此建筑以一种令人惊异的形式展现了现代科学理性的精神——通过整体性的设计对环境进行主动和精密的控制"。[②]

图 5-114　大福蚕种场平面布局(左)及 2 号楼南立面(右)[①]

---

① 窦平平.对原生现代建筑的四个溯源式观察:为什么研究蚕种场[J].时代建筑,2015(2):70-74.

② 窦平平,鲁安东.环境的建构——江浙地区蚕种场建筑调研报告[J].建筑学报,2013(11):25-31.

　　江浙地区的蚕室建筑属于乡土工业中的产业型建筑,是我国农村逐渐向乡村转变过程中产生的重要建筑类型。乡土工业指从传统乡村手工业转化而来的具有乡土性的现代工业,蚕室建筑形成于中国近现代建筑的转型期,却在现代化快速发展的浪潮中逐渐被边缘化。在现代科学观念的指导下,地方建造传统受到现代建造体系和技术的冲击与影响,形成一种不同于传统民居的特殊建筑类型。

　　蚕室建筑的特殊之处一方面在于其建筑形制的复合性,另一方面在于其基于生产环境需求的建筑设计建造逻辑。以江阴镇大福蚕种场为例,其由民族工商业家宋楚才投资建设,现存的蚕室建筑建于 1936—1938 年,是我国蚕室建筑走向专门化和合理化的阶段,建造逻辑逐渐清晰,形式也较为简洁。蚕种场位于长泾河北岸,方便货物运输和产业用水,功能包括居住区及蚕业生产区,因此布局兼具江南园林的空间特点及工业用房布局特点,主要的蚕室建筑为典型的"工"字形布局,方便管理与运输。在建筑结构方面,以砖木混合结构为主;在竖向功能设计方面,设有地下室(作为储桑室),地上一层和二层是主要的育蚕空间,阁楼用于储藏工具(图 5-115)。建筑立面墙体开口复杂而有规律,每层均设有可正常开启的普通窗扇、气窗和脚窗,同时楼板上设有开口,阁楼上设置拔风口。蚕室设有外部遮阳棚架以阻挡太阳直射,并设置加温烟道用于在低温天气保证蚕室的温湿度需求。

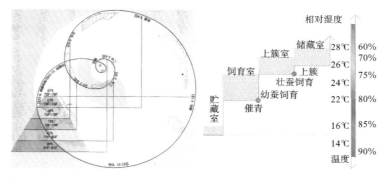

图 5-115　蚕养殖不同时期的温湿度要求(左)及蚕室竖向功能设置(右)[①]

---

　　① 窦平平.对原生现代建筑的四个溯源式观察:为什么研究蚕种场[J].时代建筑,2015(2):70-74.

蚕室建筑的关注主体为蚕，蚕的养殖过程要经过卵、幼虫、蛹、成虫四个阶段，所对应的功能用房有催青室、育蚕室、上簇室、产卵室以及辅助用房储桑室等，分别需要不同的温湿度环境条件。同时蚕对于环境卫生十分敏感，因此养殖过程中工作流线互不干扰十分重要。

以大福蚕种场为代表的江浙地区蚕室建筑，形成于不同的时间与历史环境之下，新建或改建而成，建筑的形式、结构、材料等融合了现代建造技术与地方建造传统，展现出各自不同的特点。鲁安东老师团队通过广泛的调查研究发现，蚕室建筑作为功能性突出的乡土工业建筑，为满足蚕桑工业的生产卫生要求和蚕养殖的精细化环境需求，通过建筑的手段实现对环境的调控，因此在丰富多样的建筑外观之下，"环境调控"成为蚕室建筑共同遵循的建构逻辑。

蚕室建筑基于环境控制的建构逻辑主要体现在以下几个方面：第一，蚕室建筑的竖向空间从下到上依次是半地下室、一层、二层和阁楼，按照采光通风条件的不同以及蚕养殖的生产流程，分别用作储桑室、饲育室、上簇室（把熟蚕放到簇上使之营茧）和工具储藏室；第二，蚕室建筑的水平空间按照蚕具运输、人员管理、桑叶运输和排污退沙四条流线严格分流；第三，表皮系统是蚕室建筑进行环境调节的重要部分，主要通过立面组合窗（包括气窗、普通窗、脚窗等）以及楼板开口和屋顶老虎窗或拔风口的共同作用，通过风压调节和热压调节，实现不同气候条件下室内温湿度的调控；第四，半地下室、阁楼和建筑各侧的走廊作为缓冲空间，对包裹在中间的主要养殖用房起到保护调控作用。同时，为满足上述空间需求及表皮形式，各阶段蚕室建筑的结构都在当时的条件下尽量创造足够大的空间尺度和灵活性。[①]

对蚕室建筑的研究，将一个在特殊时代与特殊环境下形成的乡土工业建筑类型重新拉回建筑学的关注领域，而且对这一建筑类型的研究提醒我们在形式、结构、材料之外，还有一个被我们忽略的影响建筑建造逻辑的要素——环境。在蚕室建筑的环境应对模式中，环境不是建筑防御的对象，而是参与了建筑的形成过程。

---

① 王洁琼，鲁安东.需求与类型——江浙地区蚕室建筑调研报告[J].建筑学报，2015(8)：60-66.

2. 砖窑(乡土工业建筑"中国霍夫曼窑")

另一种在乡村建设背景下被重新关注的乡土工业建筑"中国霍夫曼窑"①(本书简称砖窑)(图 5-116),也是基于环境控制的典型建筑。"中国霍夫曼窑"即轮窑,它虽是德国人弗里德里希·E.霍夫曼(Friedrich Edward Hoffmann)于 1858 年注册的专利(霍夫曼连续窑,Hoffmann continuous kiln),但在 19 世纪末、20 世纪初传入中国之后,百余年来在各地自由生长,产生了丰富多彩的变体,已定格在每一特定历史时期的每一特定地区乃至地点上了——它既不同于城市里的(大机器)工业建筑,也明显区别于乡村中的传统手工业作坊。李海清老师对广泛分布于我国的 218 个"中国霍夫曼窑"进行了调查研究,分析了砖窑建筑中基于工艺和人的需求进行的环境调控,以及建筑对应的实现方式。其中烟道和高耸的烟囱形式是为了达到制砖过程中窑室内温度在 50~1000 ℃快速循环升降的要求;窑桥用于从一层向二层的投煤车间运输燃料;工艺需要的温度远远超过人能忍受的温度,因此为满足人的环境需求,在原本的"闭合拱顶窑室"基础上出现了"全开口窑室"和"半开口窑室",在加快砖烧制完成后的散热速度的同时优化工人的工作环境;窑棚的设置为工人阻挡不利的环境因素,保证相对的舒适性。

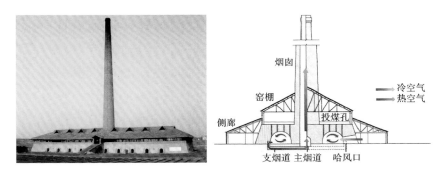

图 5-116　中国霍夫曼窑的典型样式(左)及常见剖面(右)②

---

① 霍夫曼窑是由德国人弗里德里希·E.霍夫曼于 19 世纪中期发明的一种烧制砖瓦的工业建筑,并于 19 世纪末引入中国,经过百余年的发展、适应,逐渐演变成"中国霍夫曼窑"。
② 李海清,于长江,钱坤,等.易建性:作为环境调控与建造模式之间的必要张力——一个关于中国霍夫曼窑之建筑学价值的案例研究[J].建筑学报,2017(7):8-13.

蚕对于环境的敏感度远远超过人,制砖工艺的环境要求远远高于人的需求,因此无论是蚕室建筑还是砖窑建筑,其中基于环境调控的建筑设计都是为了满足产业需求,或是说考虑"(动)物"和"物(质)"的需求。以此来思考当下供人使用的乡村建筑及城市建筑,有多少真正考虑人的需求进行"环境调控"? 要么不考虑影响人生活的环境要素(如空气、温度、湿度、光照等),要么依赖越来越发达的机电设备,以人为基础的环境要素与调控能否更多地"参与"到建筑的生成过程?

众多乡村工业建筑不被地方政府和专业人士所认识,甚至被认为与乡村的农耕文化和乡土景观不相容。在乡村风貌控制的指引下,一些具有不同时代历史信息和乡村发展历程等价值的建筑被"合情合理"地拆除。在著名的湖北省梁子湖周边,有着良好的湿地、水产和船运等资源和历史遗存,也偶见传统乡村工业(如砖窑)的一些遗存,当地政府在打造环湖风光带时"一刀切",将这些已没有生产的工业遗存全部拆除。工作团队曾邀请东南大学的李海清老师进行了实地考察,发现该地砖窑具有"中国霍夫曼窑"的典型意义(图 5-117),具有保护与开发的优势与条件。该地块有优越的地理位置,距离梁子湖湖岸线只有 500 m 的距离,具有良好的景观优势,同时可利用码头连接其他景区。砖窑可改造为乡村文创园,其主要功能有码头(兼具灯塔的功能)、游客接待中心、酒店住宿、主题餐厅、乡村工业展示馆(用于展示砖窑生产过程之类的乡村工业,包括土砖窑、霍夫曼窑等)、手工作坊、亲子乐园、主题婚纱摄影和百蔬农园等。将砖窑厂周边的田地改造成可以种植的农作田地(果蔬或稻麦),供会员(周边市民)耕作、体验和收获。每块地平常集中管理,会员可以定期前来劳作,最后采摘后可以在餐厅加工烹饪,也可以带回家享用。这样的活化利用能丰富该区域的产业和提升产业发展(图 5-118)。

霍夫曼窑自身也是一个传奇,结合了前工业时代的工匠气质和当代的理性高效,在蒸汽时代以及电力时代成为全球,尤其是中国砖瓦业的宠儿。[①]霍夫曼窑是中国很多地方建筑工业尤其是建筑材料产业的发源,同时在中

---

① 李海清,于长江,钱坤,等.易建性:作为环境调控与建造模式之间的必要张力——一个关于中国霍夫曼窑之建筑学价值的案例研究[J].建筑学报,2017(7):8-13.

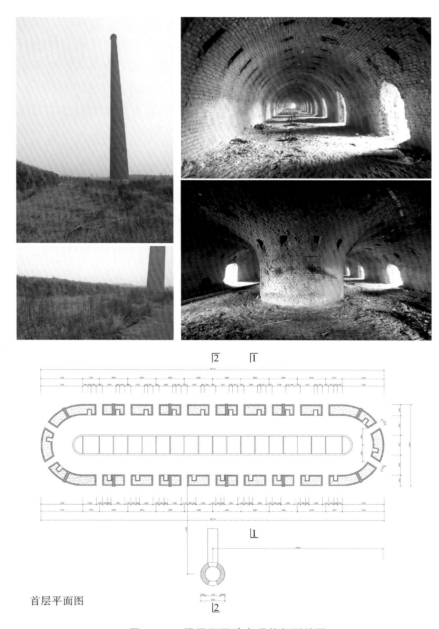

首层平面图

图 5-117 梁子湖区砖窑现状与测绘图

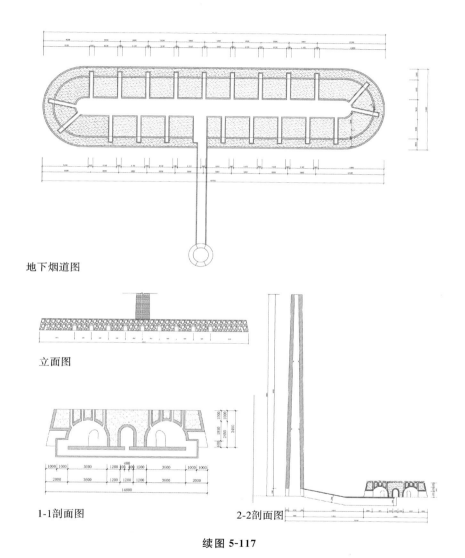

地下烟道图

立面图

1-1剖面图

2-2剖面图

续图 5-117

国又结合各种地方做法，丰富了现代建筑的表现。上文所提及的砖窑便是霍夫曼砖窑传入中国后与当地建造手法相结合产生的具有独特性的"乡土工业建筑"的案例。其外墙并非完全采用红砖砌筑，而是结合块石作为外墙面材料，不仅节省砖材，同时也产生了独特的立面效果。

图 5-118 梁子湖区砖窑改造意向

　　"中国霍夫曼窑"像中国特有的其他乡土工业建筑一样,已经走向衰落,但其承载的文化冲突和发展焦虑依然长期存在。乡土工业建筑的改造是一个新兴的领域,也有其必要性。其极高的普及率使得它服务于乡村建设的机会很多,尤其是改造那些让利于民的公益性设施。这也使得近年来乡土工业改造的项目受到了越来越多的关注。国外霍夫曼窑的再利用开展较早,澳大利亚等地都有成功的案例。在台湾地区也有将霍夫曼窑改造为民宿、餐馆的先例,而在大陆则有崔愷院士在昆山进行的砖窑改造工程。

三、相关实践探索

1. 粮油站改造

新中国成立后的 30 年,我国进行过乡村的集体化改造,村社集体都建有粮油站,其是村社或人民公社的粮油仓库,是计划经济的产物,是集体形制的重要类型,是中国乡村一大重要历史的见证,同时也采用了当地最好的建筑材料,具有最高的建筑品质。在湖北省鄂州市梁子湖区徐桥村,有四栋围合的粮油仓库(图 5-119),除一栋弃置多年损毁严重外,另外三栋虽然改作他用(养鸡、杂物仓库等),但历经 50 年依然保存完好。墙体材料为厚达近半米的实心砖墙,屋顶分别采用拱顶薄壳、豪式木桁架和三角钢桁架结构,不仅是那个时代典型的大跨度建筑,而且类型丰富,经过笔者团队与当地政府协商得以保留下来,设计成了一个乡村综合体,分别作为乡村的行政中心——村公所办公地(节省大量用于新建村公所的费用)、地方文化的展示地和乡村创意集市的场馆(图 5-120、图 5-121)。

图 5-119　梁子湖区徐桥村粮油仓库

2. 乡村礼堂

在湖北省鄂州市梁子湖区的南窑咀,当地人"考证"是南窑的发源地,村中能人熊老板会些匠作技艺。在钢铁行情高涨的时候,熊老板自己用 20 万块红砖建起了一座烧制球团矿(把煤矸石粉碎烧结成圆球形)的竖炉,但生产两批产品之后行情就跌破底线,熊老板亲手打造的高炉便弃之不用。之

图 5-120　改造后的梁子湖区徐桥村乡村综合体

图 5-121　改造后的梁子湖区徐桥村村公所

后熊老板开起了农家乐,当赶上美丽乡村建设时,爱琢磨、勤动手的熊老板开始整治自己的山庄,改造村舍。这个小小的乡村礼堂就是在这样的背景下历经两年诞生的(图 5-122)。

2014 年设计团队来到现场时,被这个高炉简单的形式和强大的力量所震撼,也感慨熊老板的毅力。熊老板本欲拆掉这个砖砌高炉用于村湾的美丽乡村建设,但被团队劝阻了。因为这种"乡村工业"恰好反映了一定时期城乡市场供求关系对乡村产业的影响,这种构筑物简单到有些粗暴的造型逻辑也反映出一种乡村的审美,纵然其科学价值、艺术价值、历史价值微不足道,但是这个具体的乡村的记忆,也成为这个村子独特的符号,造就了这个村子特有的气质。

团队建议(策划)将高炉一侧的堆场和平台稍做改造,作为乡村表演的舞台(图 5-123),高炉则可以作为舞台背景,这个舞台背景具有任何一个室内剧场或室外表演场所都无法比拟的气势。堆场平台的改造自然也采用砖

图 5-122　鄂州市梁子湖区的南窑咀乡村大舞台和乡村礼堂

图 5-123　堆场平台

拱支撑,呼应高炉的底座拱券。

堆场平台旁空旷的场地作为观众聚集的场所,简单平整。团队利用地势的高差,逐级退台来种植果蔬和花草,美化乡村大舞台周边的环境。大舞台的左侧角落突出台面,采用螺旋砖柱顶升一块瓦屋,作为一个高起的小舞台,与正面的大舞台呼应,不同的演出空间有利于不同情景的演出,可产生颇为戏剧性的效果,尤其是在乡村的演出中,也可布置成婚礼中新娘的纱帐。项目完成不久后,就举办了一系列的乡村演出活动,甚至有国际乡村摇滚演唱会。

半年之后,高炉的另外一侧依然堆放着锈蚀严重的烧矿用的机械和各种杂物。因为村湾的改造建设进展迅速,我们再度建议熊老板将这一块地改造成乡民或游客活动的小礼堂,还可以作为其农家乐餐厅的外摆空间。重要的是可以作为乡村大舞台演员换装休息的空间,这样大舞台的演出动线更趋合理(图 5-124)。

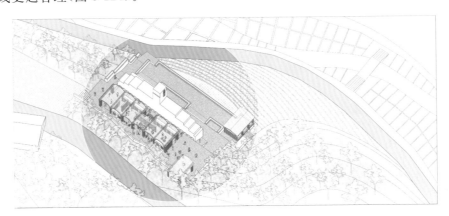

图 5-124　二期建设的红砖乡村礼堂

礼堂与高耸的高炉形成一个夹巷,拱形的母题再次得到使用,依然是奔放的红砖,依然是简单重复的形式逻辑(图 5-125),7 个连续的拱顶形成屋面,中间的拱顶缩进,与挡土墙形成一个边庭(图 5-126)。虽然与熊老板讨论好了拱顶施工支模的方式和砖砌的方法,但从来不会完全按照图纸施工的熊老板在开始建造拱顶时就采用了最常见的红砖立砌的方式。我们再度回到现场与熊老板尝试加泰罗尼亚的拱顶砌法,之后又延伸出一种混合的

图 5-125　乡村礼堂与高炉的空间与形式关系

图 5-126　乡村礼堂与挡土墙之间的边庭

砌法——7 个拱顶居然有 3 种砌法（图 5-127）。非常认可设计团队的熊老板，施工却经常不按照图纸。在挡土墙的施工中，他在我们的设计中加上了用酒瓶拼成的爱心图案，公开地秀恩爱，也正是熊老板的许多"自作主张"，反倒让这里有了另外一种乡土的气息。

按照设计的要求，包裹柱子的砖不能砌到顶，以达到设计预想的屋顶悬浮的感觉。团队与熊老板共同选定了厕所的位置，与礼堂脱离，通过台阶可以连接位于高炉另一侧的小舞台，两侧的空间自然连通且生动起来。礼堂与高炉界定出一条窄巷，新旧红砖拱券在这里形成对话。这样的乡村礼堂不像一般礼堂那样有具备演出聚会功能的大空间，而是室内与室外空间模糊，舞台等观演空间的动线和使用方式定义了另外一种类型的礼堂。这种设计方与业主的不断"碰撞"与"妥协（认同）"，使得方案的产生与变更，以及建造的表达都呈现出既本土又现代，既熟悉（沿袭）又陌生（创新）的感觉。

图 5-127　砖拱屋顶的不同砌筑方式

四、保护活化策略

1．保护利用：活化即保护，手段即目标

尽管对待乡土建成遗产可以根据国际公认的《保护具有文化意义地方的宪章》(简称《巴拉宪章》，The Burra Charter)的要求，分析历史建筑(及其他)的各种价值，定义特征元素，综合考虑业主要求、外在要求、保存文化重要性的需要和实际状况，确定在保护的基础上进行活化再利用的原则和方法，但依然存在着活化利用是否可持续的问题。如传统建造体系已经失去了其存在的基础或环境，是否能保存和传承下去？"传统建筑体系的延续性与施工技艺是乡土建筑保护的基本方式，有些结构有必要保留和修缮，一些

施工技艺应该被保留,记录和传递下去"①,让遗产处于活态是比活化利用更难的事情。

　　日本岐阜县的"合掌造"(图 5-128)约建于江户至昭和时期。村民们为了抵御大自然的严冬和豪雪,创造出有如双手合掌的建筑形式,适合大家族居住。直到现在,村里依然保留着古老的协力建屋的方式,谁家翻修房子,村民们一起帮忙,近百人在屋顶上劳作的场面壮观而温馨,这便是一种活态的保护(图 5-129)。1995 年 12 月,合掌村被列为世界文化遗产时,世界遗产评定委员会的评价:这里是合掌造房屋及其背后的严酷自然环境与传统的生活文化,以及至今仍然支撑着村民们的互助组织"结"的完美结合。如今当一些合掌村的村民移居城市后,在村民自发成立的"白川乡合掌村集落自然保护协会"的策划下,针对空屋进行了"合掌民家园"的景观规划设计,院落的布局、室内的展示等都力图遵循历史原状,使之成为展现当地古老农业生产和生活用具的民俗博物馆。② 这种自然与合掌建筑结合而成的"合掌民家园"博物馆构成了颇具价值的乡村景观。从中不难看出,活化即是保护,是一种更好的保护方式。从某种意义上说,进行活化的手段本身就是保护的目标。

图 5-128　日本岐阜县合掌村房屋③

---

① 国际古迹遗址理事会.关于乡土建筑遗产的宪章[R].墨西哥:国际古迹遗址理事会第十二届全体大会,1999.
② https://www.sohu.com/a/143623210_617491.
③ 图片来源:钱闽摄影.

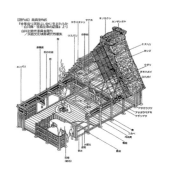

图 5-129　日本岐阜县合掌屋营造技艺[①]

2. 策略方法：泥古还是融新

在美丽乡村建设中，我们见到大量"迁移"的地域风格，乡村民俗的大杂烩，"有特色""不正宗""非原生"。这是对传统文化、地域风格的曲解。确实，文物建筑应该遵照《威尼斯宪章》的要求，"一点不走样"地保护并且流传下去。对于纪念碑式的文物建筑，采用这一标准是应该的，而且也基本上是可行的。但是对于一般历史建筑，或非纪念碑式的乡土建成遗产，要想做到"一点不走样"就很难了。且不说修缮保护的成本，按照人们对遗产保护的认知水平，似乎也没有这样做的必要。遗产存续是要死的（假古董式的形象）还是活的（内在的、非物质的、技艺）？俞孔坚先生曾提出建立乡土遗产景观网络，保护中华民族民间信仰基础的战略建议。乡土遗产景观应该得到系统完整的保护，形成连续、完整的景观网络，成为人民教育后代和开展游憩的永久空间，并与未来遍布全国的自行车和步行网络及游憩系统相结合[②]。

随着文化遗产保护领域的扩大、内涵的深化，文化遗产的类型、要素、空间、时间、形态和性质等方面都发生了深刻的变革。我们可以通过新的手法来"增强"历史，而不是保留僵死的旧形式和旧材料，要注重内生逻辑。更新

---

①　候鸟旅行.白川乡，日本升龙道上的慢时光［EB/OL］.（2019-01-02）［2021-04-20］. http://blog.sina.com.cn/s/blog_15e4485e80102yrch.html.

②　俞孔坚.关于防止新农村建设可能带来的破坏、乡土文化景观保护和工业遗产保护的三个建议［J］.中国园林，2006(8)：8-12.

的乡土即物质的传承,调适的日常即非遗的存续。遗产的策略犹如"史观史法",立足过去与面向未来相结合,恰当的时空站位点和方向是人们必须思考的问题。

第六节　建筑作为中介:再塑社会组织关系

建筑要将其放回它应有的位置,也就是经过社会的使用,建筑才得以确立。建筑也是人与社会的中介(agency),建筑从构想、立项、设计、建造到使用,任何一个环节都与人和社会密切关联。建筑设计建造从一个"面向对象"到一个更"面向过程","权力为本"向更多的"知识为本"的过程转变。[①]公众参与成为一个重要的表现,成为一个全球性的运动,从"生产者导向"向"以客户为导向"转变,使参与设计在今天更加普遍。

一、自主营建,设计参与

建筑有物的属性,有人的属性,人的属性主要是指日常活动中实际使用建筑的人,也就是建筑的使用者,也包括管理者。在这个意义上,与建筑相关的所有人,包括使用人员、管理人员和服务人员等都是用户。建筑的所有者或使用者,以及可能的管理人员、政府工作人员,或者群体代表的参与是非常重要的,好比行动者网络中的各种行动者,都可以通过参与讨论、表达意见,或者提供服务等参与到建筑的策划、设计和建造中来。乡村建筑的设计建造像社区建筑那样,在用户的地位、专家的角色、项目的用途、设计风格、操作方式等方面都有别于传统建筑的模式(表5-13)。

在乡村建筑的设计建造中,村民作为用户理应成为共同设计师。这个过程有时被称为集体设计过程。设计概念可以是设计师基于对地域建筑和用户需求进行的初步构想,但需要跟真正的用户来进行沟通,并通过自己的专业技能,既满足用户的基本需求,又通过设计拥有性能更好的建筑。因此技术系统和工作的组织都很重要。

---

① 张彤,陈浩如,焦键.竹构鸭寮:稻鸭共养的建构诠释——东南大学研究生2015"实验设计"教学记录[J].建筑学报,2015(08):90-98.

表 5-13　传统建筑与社区建筑营建的比较

	传统建筑	社区建筑
用户地位	使用者是环境中消极的接受者	使用者被当作客户一样对待
用户和专家的关系	遥远,很少直接接触	创意联盟,工作的伙伴
专家的角色	供应者,中立的官僚主义	促进者、社会企业家、教育家
项目的尺度	通常特别巨大,而且常常感到累赘	通常较小,有回应的,由项目的性质决定
项目的地点	时尚富有的住宅区,商业和工业区优先	任何地方,最有可能在郊外
项目用途	单一功能或二重、三重功能的活动区(如商业、住宅、工业)	可能多功能
设计风格	自我的风格,最可能为国际风和现代风	自然的风格;只要适合都可以采用,最可能为交织的或者地域的
技术或资源	趋势:大批量的、预制的、重复的,全球化材料	趋势:小规模生产,现场建造,单独的,当地材料,再使用
原始动机	私营成分:返还资本(短期),有限的个人兴趣	对个体和社会的生活质量提高有帮助,更好地使用当地资源
操作的方法	自上而下,相对于过程,更看重产品;官僚的,特别集中的	自下而上,相对于产品,更中过程,灵活的、当地的、可持续发展的
意识形态	集权主义的、技术层面的、教条主义的,大就是美,适者生存	实用主义的、人道主义的,小就是美,合作的、互助的

(资料来源:根据 *What makes community architecture different* 汇总整理。)

　　参与建筑设计的各方人员对于成果都有自己的预期和标准,双方之间交往的过程和依据会影响到成果。如果我们从学习的角度看用户参与,双方重视交互,个人的构想和创造力能造就更好的整体表现。从某种意义上讲,这是一个民主的过程,将更能提升建筑这个产品的质量,并且进一步通过学习来改善客户群体,形成良性的循环。另一个问题是要建立真实的设计过程。专业语言的障碍,职业角色和知识偏见,设计行为都阻碍这类参与的过程。

　　台湾花莲寿丰大王菜铺子是建筑师协助业主进行设计的典型案例(图5-130),这种互为主体的全民设计方式是新型乡村建造模式的典型表现。业主在这个过程中提出了很多需求:①大王菜铺子承租的房屋土地租约到期时间为 2017 年 9 月,无法续租,需另寻新地方满足现有空间使用需求;②目前最急需的使用空间为农产品加工、农产品储藏(冰箱)、物流包装、工作营举办教学、加工设备放置等空间;③希望以协力造屋、自然建筑工法搭配黏土墙,建造在墙内埋设热气管、烧柴提供热源到达暖房、防湿气的建筑物;④租约到期后的新场地同样需要建住宿空间,但加工类型土地与农舍用地在法规上定义不同,为农业设施容许使用空间,农产设施用地不在一般农舍建造法规内,所以需将加工空间与住宿空间分开建造,此流程业主会先与当地"代书"(台湾地区处理土地、房产交易等相关的法律文书的书写认定,并承担文书正确的法律责任,兼有大陆地区的代理和公证的工作性质)沟通清

图 5-130　建筑师蒋绍怡和业主共同设计①

---

① 图片来源:谢英俊工作室提供。

楚后，再决定建造的空间需求与方式；⑤除了业主自住住宅、农产品加工空间，业主还会不定时地举办各种类型的工作营（冬夏令营、小区课程、食品加工、自然建筑等），并有学徒打工住宿，所以需要最多可容纳 40 人的住宿空间（通铺、上下铺）。

在这个过程中需求的提出和设计的生成，很多是即时得到的。经过初步确认以后得出最终的"单线图"草图方案，因为主体结构采用的轻钢材料都是现有规格的，因而能及时根据经验把预算成本回馈给业主。

业主再次确认预算、平面和空间没有问题以后，建筑师才开始进行立面的细化讨论和设计（围护材料的选择是基于建筑师的建议业主自行选择的），并最终出 SketchUp 建筑效果图回馈给业主确认，并报详细的预算。

业主最终确认满意后，"单线图"正式图纸当天输出，整理出料单给造价部门核算成本并通知制造厂进行建材制造（图 5-131）。这个设计过程往往反复多遍，但也正是因为该案例中的业主作为设计主体，建筑师通过"单线图"辅助，及时进行沟通回馈，才使得这个设计回馈修改的过程变得极其高效。更重要的是，很多的需求和设计想法是来自业主的，而不是通过设计师提供若干个方案给业主挑选这种具有强烈局限性的设计方式产生。

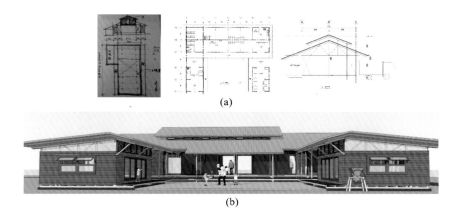

(a)

(b)

图 5-131　谢英俊工作室设计过程中不同阶段的各种图纸表达[①]

(a)现场的"单线图"方案；(b)大王菜铺子效果图

---

① 图片来源：谢英俊工作室提供。

实际上,花莲寿丰大王菜铺子项目的实践探讨,体现了建筑师"放权"的重要性,村民作为乡村主体应该享有更大的设计自主权,而制造商和建筑师则是参与到全民设计活动中的一个催化剂。当然这需要一个完整的开放装配式体系,包括设计表达方式、加工制造方式、施工组织方式和整个建筑系统的可装配化和技术简化。而花莲寿丰大王菜铺子项目则是通过用"单线图"这一简化后的设计表达方式来满足业主、建筑师和制造商三者之间的相互及时沟通,进而实现前文提到的新产品的自主研发、房屋的定制化设计以及建成房屋的二次设计这三个层面的全民设计。

二、协力造屋,用户组织

谢英俊先生工作的重要价值不仅仅是引入用户的参与,更重要的是通过恰当的技术体系来引导全民设计,既是传统的协力造屋的回归,更是建筑消费民主的进步。谢英俊先生不断探索和实践农民能参与的集成化建筑体系,为"穷人"设计房屋。各位建筑师以不同的方式理解乡村、介入乡村,但都不约而同地提出了一个观点:建筑是为人服务的。

谢英俊先生倡导的协力造屋的施工组织方式是开放装配式策略的典型表现。如图 5-132 所示,协力造屋过程从料单核查开始,然后进行场地平整、摆放材料(分门别类摆放,开口方向要一致)、放样,接着两人一组进行地组——在地面通过手拧螺栓的方式进行两两钢材之间的接合,完成第一个屋架的组装,并在屋架两边分别安装斜撑,然后以同样的步骤在放样位置进行第二榀、第三榀屋架的组装。三榀屋架组装完以后,大伙协力把第一榀屋架立起来,通过斜撑辅助固定。三榀屋架全部立起来以后,开始组装地梁并连接屋架。然后进行第二层梁的组装,这时候可以拆除斜撑了,接着组装其他柱子。由于前期没有做地面的找平和硬化,这个时候主体结构开始扭曲变形,部分位置的孔洞无法对上。所以这时需要用水平仪和千斤顶对整个主体结构进行找平调整,以解决主体结构的变形问题。接着进行角部加固斜撑的组装,此时结构基本稳定了,可以通过快速扳手进行螺丝的最终扭紧了。最后安装楼梯等构件。由于施工时间只有一天,而且施工者都是没有进行过专业训练的新手,虽然一天下来只完成了主体结构,但协力造屋会

"后发制人",效率等优势随后就会发挥出来。

图 5-132 协力造屋过程①

(a)料单核查;(b)场地平整和放样;(c)摆放材料;(d)地组屋架 A;(e)地组屋架 B;(f)地组屋架 C;
(g)协力立起屋架 A;(h)协力立起屋架 B;(i)协力立起屋架 C;(j)主梁的连接;(k)其他柱子的连接;
(l)假撑的拆除;(m)水平矫正;(n)角部斜撑的连接;(o)次梁的连接

　　在协力造屋的实践过程中,可能存在几点问题。第一是有关法律层面的,在协力造屋过程中,不可避免会出现"非正式劳工"缺乏企业保护的情况,这时候急需通过国家立法或者保险企业制定相关保险产品的方式来保

　　①　图片来源:谢英俊工作室提供。

证出现施工意外的情况下,有相关的途径可以维权,得到经济赔偿和医疗保障。第二是该建造模式还不能完整地把设计、制造和施工三个流程整合起来,导致施工过程中出现更新不及时的情况。具体来说,就是因为实践过程中的一个小插曲,最终的设计图纸和料单产生了数据不一致的矛盾,导致施工过程中发现组装失败,最后只能通过重新标记打孔的方式进行材料的二次加工,大大耽误了工期。第三是对于整个组装施工的顺序进行设计的重要性。如果不进行设计的话,组装过程中可能出现组装完这个构件以后,另一个构件由于被挡住无法进行组装的情况,或者产生受力平衡的问题,导致主体结构偏移,孔位无法对上(图5-133)。

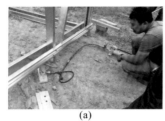

(a)　　　　　　　　　(b)　　　　　　　　　(c)

图5-133　搭建过程中发现的问题[①]

(a)没有找平导致结构受力扭曲;(b)施工安全问题;(c)预打孔的位置错误

　　建造活动的顺利进行是需要完整的技术体系支持的。首先,对该开放装配式建筑进行了改良,只使用到了便携的小型施工工具,避免了对大型或专业施工器具的操作;其次,对建筑材料的轻量模块化控制,方便施工个体的独立运输和安装;再次,对于构造节点的简化,大大降低了组装过程中的难度,而且对施工流程进行有组织地设计,使得建造环节紧凑而又能相互配合;最后,新手第一次接触施工时对过程难免相对生疏,但在后面的环节,随着操作频率的累加,熟练程度以及默契度逐渐提升。

　　在开放装配式建筑的技术体系支持下实现的协力造屋,使得村民能更好地参与到建筑的全生命周期中,更好地去进行全民设计和生产制造,三者之间都是相互促进的。

---

　　① 图片来源:谢英俊工作室提供。

在 1999 年以前,谢英俊和大部分建筑师一样从事大型城市建筑的设计工作,在参与 1999 年台湾 9·21 地震灾区重建后,他开始关注贫困地区的住房建设。1999—2009 年的 10 年间,其足迹遍及海内外,他研发和推广轻钢结构住宅体系,组织乡村弱势群体,结合现代技术与传统工艺重建家园,也是 2008 年汶川地区灾后重建的重要力量。

5·12 汶川地震后,依据住房和城乡建设部的统计,需要重建大约 200 万户住宅[①]。重建的模式如表 5-14 所示,共有四种形式:①政府主导建筑师主持完成的项目建设,例如北川新县城居民区;②建筑师技术输出指导,各个设计单位及各省市建设部门提供参考图集,指导村民自行建设;③完全由村民凭借以往经验自行建设;④建筑师及建筑相关从业人员主动介入协助建设。在这四种援建模式中,完全由建筑师主持建设或由建筑师介入组织援建的民居项目仅占全部重建需求中的极小部分,大部分的房屋均由村民自行建设完成。然而旧有的砖砌房屋完全不具备抗震性能,且舒适性较差,建筑师参与建设能从专业上弥补房屋性能的不足,但存在专业人员较少和缺少乡村实际建设经验的问题。

表 5-14　震后援建模式比较

建设模式	政府主导,建筑师主持	建筑师技术输出指导	完全村民自建	建筑师介入组织
优势	①可保证安全性; ②可保证美观性; ③可保证舒适性	①对村民的自行建设有一定的指导意义; ②有一定自主性; ③充分利用乡村人力	①有较强的自主性,满足村民自身需求; ②有较多的人力资源加快重建,充分利用乡村人力	①保证安全性; ②保证美观性; ③保证舒适性; ④延续地方文化; ⑤重构社会组织

① 谢英俊,张洁,杨永悦.将建筑的权力还给人民——访建筑师谢英俊[J].建筑技艺,2015(8):82-90.

续表

建设模式	政府主导，建筑师主持	建筑师技术输出指导	完全村民自建	建筑师介入组织
劣势	①造价相对较高；②缺乏建筑专业人员而无法实现短期内的大量建设；③难以适应本地需求	①村民对图纸的理解能力较弱；②图纸有滞后性，难以解决现场问题；③难以保证房屋品质	①原有房屋建设体系安全性能差；②舒适性较差；③还原千篇一律的"火柴盒"	①专业人力有限；②村民的自建能力有限；③村民较难接受新的建设模式
建设人员	建筑专业人员	村民	村民	建筑专业人员及村民

四川省阿坝州茂县太平乡杨柳村是谢英俊主持重建的受灾乡村之一。他带领团队，通过与当地村民和政府的紧密合作，合理利用和调配资源，协力建造开放式家屋体系，完成了整村规划和56户民宅的建设。

杨柳村灾后面对着大量的现实困境，同时也要实现快速而有品质的重建工作。社会层面，被灾难重创后的村落的社会组织已经支离破碎，需要重新建立起村民之间的联系，才能让杨柳村真正活过来；经济层面，灾后重建工作量巨大，乡村物资匮乏且可支配的资金量少，需要寻找到快速经济的房屋建设模式；文化层面，杨柳村属于少数民族村落，其独特的历史文化对于长久居住在这里的村民来说是一种精神上的寄托，必须予以延续，同时，渐渐丢失的传统房屋建造体系和传统工艺也应予以传承；价值观念层面，村民认为土木结构的房屋已成为一种落后的象征，砖混结构的建筑形式才能体现一个家庭的能力，因此需帮助村民重新树立文化自信。

谢英俊在以往的乡村建设实践工作中，逐渐形成一套相对成熟的建设模式和理论体系，即开放式轻钢结构住宅体系，他将其充分应用到杨柳村的重建工作中，实现村落关系重组、快速建设降低造价、延续优秀传统文化、保持良好房屋品质及外观的建设目标（图5-134）。

图 5-134 杨柳村灾后重建鸟瞰照片[①]

杨柳村为羌族村落,距离成都 273 km,在地震中受损房屋达到 85%,为防止二次灾害,要将整村迁至山下的开阔地带重建,场地位于岷江河畔。谢英俊为控制宅基地占用的乡村土地面积,以保证足够的农田面积,采用集约化规划布局方式,56 户民宅集中布置,配备综合服务中心等公共服务设施,并综合建设水电管网等基础设施。

建筑遵循羌族传统建筑形制与功能设置,一层为牲畜养殖房,二层及三层为村民居住使用房间。然而当地村民已不在房屋一层养殖牲畜,由于建筑师对村民生活并不了解,村民也未能参与房屋前期的设计,导致这一偏差的出现,但房屋体系的开放性允许村民自行调整房屋的功能与维护方式。

如图 5-135 所示,房屋主体结构采用谢英俊团队研发的冷弯薄壁型钢结构,其形式与组装方式借鉴我国传统穿斗式木构体系,在此基础上简化构件和连接方式。结构构件在工厂批量预制之后进行现场搭建,构件通过螺栓连接简单快速,也便于后期的构件替换和房屋改建,同时具有良好的抗震性和开放性。

综合价格、性能、可得性等多方面因素选取合适材料,结构以外的建筑材料采用本地传统建筑材料与建造工艺。围护系统主要包括三层房屋的外墙,在型钢结构保证抗震性能的条件下,一层墙体采用具有当地特色的羌族传统材料石头,二层墙体内设免拆模网并浇灌混凝土抵抗水平力,三层外墙采用具有良好热工性能的草土保温木板。同时在一定程度上允许村民自主选取材料,实现新旧材料与新旧工艺的结合,保证传统风貌的同时实现其多样性[②]。

---

① 谢英俊.从开放建筑到开放城市[J].建筑技艺,2013(1):110-117.
② 杜脩然.谢英俊家屋体系重建经验研究——以四川茂县杨柳村灾后重建为例[J].建筑,2010(19):68-69.

图 5-135　冷弯薄壁型钢结构（左）及民居围护材料（右）①

　　房屋形式参考当地传统建筑，延续传统穿斗架构的结构体系控制了房屋的大体风貌，开放式的建设模式使建筑在传统形制的基础上有了更加丰富的表现效果。甚至在立起整个轻钢屋架等环节都依然有传统建造习俗的呈现，这也是在与村民之间建立一种社会关联。

　　工作模式延续乡村传统的邻里之间相互帮助建造房屋的自建模式，每家每户每天出工 2 人，在专业人员的指导协调下共同完成 56 户的建造。不仅能提高村民的自建能力，培养本地施工队，还能在一定程度上促进乡村社会关系的建构（图 5-136、表 5-15）。

图 5-136　村民协力造屋场景（左）与房屋建成后场景（右）②

　　① 陈思因，王翊加.以谢英俊的乡村实践为例反思建筑师在乡村建设中的作用[J].建筑技艺，2017(8):116-117.

　　② 曹晓昕，谢英俊，穆威.事说昕语第四季：开放的营建[J].建筑技艺，2013(3):18-23.

表 5-15　杨柳村震后房屋重建与乡村传统自建的系统与要素比较

建造系统	杨柳村房屋重建系统	杨柳村传统乡村房屋自建系统	新旧关系
工作模式	每家每天出工 2 人、自建	工匠体系、自建	传承借鉴
建设人员	建筑专业人员、全村村民	泥瓦匠、木匠、屋主、亲友	传承借鉴
建设依据	单线稿图纸、简单易懂	一般无图纸，为经验性操作，偶尔采用单线图纸	优化
房屋结构	轻钢结构；结构容易搭建、方便替换，与维护分离组合，具有良好的抗震性能	砖木结构、土木结构；结构容易搭建，与维护分离组合，抗震性能较好	传承借鉴
围护系统	三层围护，考虑房屋的受力、保温隔热性能、传统风貌等问题	砖石、土坯，围护上无特别设计	优化
建筑材料	大部分就地取材，综合价格、性能等多因素引进适宜外来材料	就地取材	优化
房屋性能	专业人员设计保温隔热构造	较少考虑房屋性能	优化
维护改造	住户自身完成	住户自身完成	传承借鉴

　　杨柳村的重建工作，一方面是专业人员与技术的介入，另一方面体现出对乡村传统建造模式与工艺的借鉴与学习。我国乡村传统民居均是由农民组织亲友与工匠自行建造，房屋的建设模式和建成形式与屋主的生活需求密切相关。杨柳村灾后房屋重建系统充分传承借鉴传统乡村房屋自建系统中的优势部分并优化其不足之处，重建工作充分体现了对人的关注。满足灾后乡村的多方面需求，实现了房屋良好的使用性能和建筑风貌。

三、平民建筑：互为主体

　　2008 年《南方都市报》举办的"中国建筑传媒奖"，提出"走向公民建筑"，与当下建筑师提出的"建筑是为人服务的"如出一辙。谢英俊正是第一届

"中国建筑传媒奖"的获得者之一,其因在灾区和贫困乡村的实践,被称为"人民的建筑师"。

"中国建筑传媒奖"的评选区别于以往建筑专业的评奖,以一种"大众参与评价+学术讨论"的形式进行,目的是打破长期以来的专业界限,让建筑的最终使用者——社会大众参与到建筑评价中来,同时提醒建筑工作者,摒弃以往对建筑外观形式、空间操作以及商业价值的过分关注,倡导建筑的社会意义与人文关怀。其给出了"公民建筑"的定义:"指那些关心民生,如居住、社区、环境、公共空间等问题,在设计中体现公共利益、倾注人文关怀,并积极为时代状况探索高质量文化表现的建筑作品。"①

"公民建筑"的提法只是暂时的,很多建筑师对这个概念提出了自己的理解。饶小军认为"公民建筑"是与"公民社会"相关的,"代表大多数人利益的平民社会和生活场所"②;罗思维认为"公民建筑"在我国古代是没有建筑师的平民建筑,当下"走向公民建筑"即将建筑设计从聚光灯下的"建筑作品"推向公民的日常生活③。而"中国建筑传媒奖"终身成就奖获得者冯纪忠先生认为,所有建筑都应为"公民建筑"。因此,可以简单将"公民建筑"的特点概括为三点:

(1)将社会、文化以及使用者的需求作为设计的出发点;

(2)让使用者充分参与到房屋的规划设计以及实际建设过程中;

(3)广大公民为建筑的使用者,强调建筑与使用者的关系,强调建筑设计是为普通人服务的价值观。

谢英俊的杨柳村重建工作重新展示了何谓"公民建筑",如图 5-137 所示,其家屋体系可以总结为两方面:建造模式和建造技术体系。建造技术体系主要包括简化房屋构法,让非专业人员也能参与建房;采用适用科技手段,对部分构建进行精细化大量生产,实现住宅产业化的快速复制;构建开放系统,材料和工法开放组合,房屋的结构与围护系统适配,以实现多样性。

① 南方都市报等.走向公民建筑[M].桂林:广西师范大学出版社,2011.

② 饶小军.公共视野:建筑学的社会意义——写在中国建筑传媒奖之后[J].新建筑,2009(3):42-45.

③ 罗思维.从集群建筑到公民建筑[J].城市建筑,2013(2):211.

建造模式包括四个核心观点:①自主营建,即让房屋使用者可以选择自己盖房子,也可以决定自己的房屋形式;②互为主体,即在建设过程中,外来建筑师与房屋使用者为共存关系,同时保证建筑师的专业指导和使用者的创作空间;③协力造屋,即房屋使用者与建筑专业人员共同完成房屋的实际建造;④开放系统,建造模式上的开放系统包括设计研发、加工制造和施工组织三个层面,设计研发层面还未能实现开放,但其最终的目的是实现"集约化平台的全民设计",在加工制造层面,通过开放的平台整合材料供应、产品加工、本地工匠、传统工艺等产业资源,实现多样化的产业化标准,在施工组织层面,则是实现施工建设上的全民参与[①]。

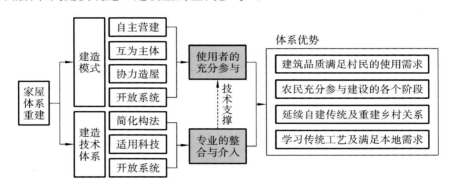

图 5-137   谢英俊家屋体系

其中互为主体是其核心,由此价值观决定了相应的技术选用和过程组织。谢英俊的家屋重建体系通过专业的整合介入与使用者的参与,建造了走向使用者的平民建筑。一是建筑品质满足村民的使用需求;二是充分实现村民在各个阶段参与到自己居住的房屋建设中,并拥有一定程度上的选择权利;三是重建村民合作自建体系,将建筑工人本地化,解除村民对专业人员的绝对依赖,让濒临消失的文化仪式得以延续,也是在进行乡村关系的重建;四是充分利用本地村民的劳动力和创造力,在相互磨合与学习的过程中,专业人员能够真正地关注和了解传统民居与乡村工艺,设计建造真正适宜本地需求的房屋系统。

---

①   杨晓丹.试论"常民建筑"引发的当代建筑价值与创作反思[J].新建筑,2017(2):93-97.

关注普通人的建筑在勒·柯布西耶的《走向新建筑》中也曾呼吁过："现代的建筑关心住宅,为普通的人关心普通的住宅,它任凭宫殿倒塌,这是时代的一个标志。"[①]然而深受此书影响的建筑行业,一方面,在建筑设计上受权力和资本的支配,成为服务于少数人的设计工具;另一方面,城市建筑陷入对技术与美学的追求而背离了建筑本源。王冬教授认为离开民间自我建造系统的建筑学逐渐发展成为一种专业的技术与高雅的艺术,形成了远离人民的价值观。[②]　近年来,这种价值观也被带到了乡村,很多建筑师在乡村完成的建筑更应该被称作建筑"作品",是为了实现个人的设计理想,而不是满足村民的实际使用需求,互为主体。谢英俊的乡村实践走向了"平民建筑",或许是实现"走向公民建筑"的开端。

　　获得 2016 年普利兹克建筑奖的智利建筑师亚历杭德罗·阿拉维纳领衔的 Elemental 事务所是一个着眼于公共利益和社会影响的"行动库",表现在其公共社会项目设计中的创新与优质。Elemental 事务所非常擅长开发复杂的项目,胜任其中对协调公共与私人关系的要求,并参与决策的各个过程。Elemental 事务所还参与到城市基础设施、公共空间、运输和住宅项目的建设中,在城市中充分发挥其能力,创造财富,提高生活质量,开辟通向平等的捷径[③]。Elemental 事务所增量住宅体系建成的系列住宅,是一个关于确保"底层高密度(没有过度拥挤现象)和扩建可能性(从社会住房到中产阶级住房)"之间平衡的问题(图 5-138)。让阿拉维纳与众不同的,是他对社会保障住房的投入。只造"一半"住宅,另一半请人们自己来完成。"采用经济类型之一,并用额外的资金去完成,填补家庭期望完成的空白部分。但我们重新考虑应用增量构造的原则和更复杂组件的优先次序,无论是初期方案还是最终方案,都具有更高的标准。"[④]如图 5-139 金塔蒙罗伊住宅左边为得到财政资金支持的"半成品房子",右边为居民自己动手实现的中产阶层生活标准。

　　①　勒·柯布西耶.走向新建筑[M].陈志华,译.西安:陕西师范大学出版社,2004.

　　②　王冬.乡村,作为一种批判和思想的力量[J].建筑师,2017(6):100-108.

　　③　Elemental,Chile.Elemental 建筑事务所(智利)[J].谢超,译.新建筑,2015(6):70-71.

　　④　José Tomás Franco. ELEMENTAL 施工详图大揭秘,每一个细部都让人心动[Z].韩爽,译.ArchDaily,2017-06-22.

图 5-138　智利 Elemental 事务所增量住宅体系蒙特雷住宅(2010 年,墨西哥蒙特雷)①

图 5-139　金塔蒙罗伊住宅(2004 年,智利伊基克)②

　　第 15 届威尼斯建筑双年展聚焦"建筑与公民社会之间的关系"这个课题。在近数十年里,公民社会一方面把建筑转化成奇观,另一方面又与建筑密不可分。阿拉维纳认为,建筑师的最大问题在于他们总是试图解决一些

---

① 图片来源:Elemental 事务所网站 www. elementalchile. cl。
② 同上。

只有同行才感兴趣的问题,"但建筑师最大的挑战应该是应对那些非建筑的问题——贫穷、污染、拥堵、隔离,并贡献我们的专业知识"。也正因为此,普利兹克评委会认为,正在寻找机会影响变革的年轻一代建筑师和设计师都可以向阿拉维纳学习,承担多重角色,而不仅是一名营造住房项目的设计师。通过这一方法,阿拉维纳给建筑师职业赋予一个应对建筑学领域当前要求和未来挑战所必需的全新维度。正如乡村建筑师不仅仅要解决造房子的问题,也应向阿拉维纳学习,将建筑作为中介,介入社会,用创意和专业智慧解决社会问题。

四、建筑中介,激活社会

建筑师在乡村建设中已不仅是关注如何设计建造一个好的建筑作品,其工作内容和身份都发生了不同程度的变化,以一种社会性的方式介入乡村建设中。让建筑成为一种中介,成为建筑师介入乡村社会,或是呈现乡村社会意识的重要途径和手段。在这种工作模式及理念下完成的乡村建筑,显示出不同于以往的社会性功能,实现乡村产业升级转型、组织关系和文化重构的深度参与[①],让我们重新思考建筑的作用与价值。

浙江松阳县的传统村落保护和利用以及乡村建设形成的模式,在全国已经广为人知。松阳县四面环山,中部为松古平原,位于山里的山地村由于交通不便,保持着较好的传统风貌,但人口大部分流失,形成了空心村(图 5-140)。位于平原的平地村交通便利,产业发展良好,但传统风貌因经济发展受到较大的破坏(图 5-141)。几十年来乡村形成"强政府、弱社会"的权力格局,同时各种社会资源不断渗透进乡村,形成了多样的当代乡村社会关系[②]。但随着乡村的衰败,无论是传统型村落还是产业型村落,其文化脉络与社会组织关系都在逐渐瓦解,如何提高乡村的凝聚力也是乡村建设必须面临的挑战。

---

① 张晓春,李翔宁.我们的乡村:关于 2018 威尼斯建筑双年展中国国家馆的思考[J].时代建筑,2018(5):68-75.

② 王冬.乡村的融入与品性的淡然:徐甜甜的松阳实践评述[J].时代建筑,2018(4):144-149.

图 5-140　山地村平田村①

图 5-141　平地村兴村②

　　不同于新农村建设过程中的"贪大求洋",松阳县提出"文化引领、乡村复兴"的建设理念和"中医调理、针灸激活"的实施策略③。在此背景下,众多建筑师团队与政府、村民协作,提炼每个乡村最为重要的文化传统和乡村产业,以建筑的微小介入为触媒激发整个村落的活力。同时建立村与村之间的联系,实现整个县域生态、经济、文化和组织结构的共同发展。兴村的策略便是建设新型乡村产业建筑红糖工坊,在"硬件"条件相对薄弱的情况下,通过仍然活跃的人文"软件"激活乡村④。2015 年,该村在县政府的协助下新建了一座红糖工坊,通过整合兴村现有的几家红糖家庭作坊,成立了统一种植、加工、销售以及管理的生产合作社。

　　新建的红糖工坊位于兴村一条主要道路旁,介于居住区和田地之间(图5-142)。基址的选择基于四方面的考虑(图 5-143):一是远离集中的居住区,避免生产活动所造成的影响;二是临近甘蔗田以满足生产需求;三是位于村民进行田间劳作的必经之地,可为居民提供生产和生活之余的休息场所;四是达成乡村的展示效果。

　　受到乡村空间场所复合性特点的启发,红糖工坊兼具多种功能:首先是主要的红糖生产空间;其次可作为村民活动中心,同时兼具村委会办公及赡养老人等功能;再者作为文化展示中心,向村里人也向外来人展示传统的红

---

　　①　图片来源:建筑学院网。
　　②　图片来源:谷德设计网。
　　③　胡卫亮.松阳县历史文化村落保护发展的实践与思考[J].新农村,2014(7):14-15.
　　④　DnA 建筑事务所.红糖工坊,松阳[EB/OL].(2018-07-03)[2021-04-25].https://www.gooood.cn/brown-sugar-factory-by-dna_design-and-architecture.htm.

糖工艺与文化①。工坊的功能空间和交通空间的划分便适于这些考量（图 5-144、图 5-145）。

图 5-142　红糖工坊项目选址

图 5-143　红糖工坊周边环境②

图 5-144　红糖工坊功能分区

图 5-145　红糖工坊内部参观廊道③

　　红糖工坊的建筑形式是在现代工业厂房的基础上进行的设计优化，建筑形体与立面形式追随流线设置与功能需求，实现分区明确和开放的空间效果。建筑师充分利用材料实现丰富的表现形式，并且注重光线设计，例如生产空间屋顶的条形窗及射灯设计，既满足生产过程中的光照需求，又通过有韵律的开窗设置和灯光布局形成良好的生产氛围和展示效果。玻璃幕墙

---

　　①　徐甜甜,汪俊成.松阳乡村实践——以平田农耕博物馆和樟溪红糖工坊为例[J].建筑学报,2017(4):52-55.
　　②　图片来源:谷德设计网。
　　③　图片来源:谷德设计网。

与本地的白描文化墙相结合，成为建筑整体设计中文化展示的精彩一笔。清华大学张昕博士的照明设计烘托了生产的氛围和空间的透视感，不仅具有戏剧性，而且文化气息扑面而来（图5-146）。

图 5-146　红糖工坊建筑外观（左）及内部光线设计（右）①

　　红糖工坊的设计建造背后，无处不体现出一种强烈的社会组织意识，而这种意识从设计之初就渗透进了建筑理念里。首先是资源整合，红糖工坊通过整合兴村原有的传统家庭式工坊，促进原来分散的作坊工人之间的相互合作与联系。其次是集体建设，村民协助进行工坊的建设，培养了村民的合作意识，增加了村民对新工坊的参与感及认同感。红糖工坊由徐甜甜团队和当地村民协作建设，其中熬制红糖的灶台就是由当地的红糖师傅自己建造，建设工作充分调动了村民的积极性，增加了团体意识。再者通过场地营造促进了乡民的联系。场地基址选择在村民日常生活的必经场所，是一种叙事空间地景策略②，如同传统乡村中位于村口的望兄亭，目的在于通过日复一日时间的流逝，红糖工坊能够逐渐发展成为兴村村民叙事的公共空间，选址同时也是游客容易到达的地点，可以促进兴村与外来游客的联系。最后，在功能策划上进行多元功能的复合，最大化激活了传统文化的价值，建筑及内部的多元活动成为兴村的"活态博物馆"，使不同的人群之间产生更多的交集，同一空间在生产性季节和非生产性季节进行时间线上的功能

---

　　①　图片来源：谷德设计网。
　　②　王维仁.村落叙事空间再思考：从浙江松阳樟溪红糖工坊谈起[J].时代建筑，2017（1）：78-83.

叠加，如生产性季节作为红糖生产工坊，其他季节作为乡村文化礼堂，举办村民大会及各类文化活动，强化作为新的公共文化中心的活力与凝聚力。建筑竣工后的艺术展示活动，邀请本地村民家的儿童参与玻璃幕墙上的白描绘图活动，目的是弥合新建红糖工坊与本地村民之间的鸿沟，让兴村的红糖文化以一种社会参与的方式在地传承和互动传播。

浙江松阳县樟溪乡兴村红糖工坊的建成，满足了兴村的生产活动需求，还产生了一系列连锁式的社会性作用。在环境方面，改变了传统家庭式作坊的卫生状况，引导自然乡村景观的恢复。在产业方面，实现了传统红糖加工的产业化升级，提高了红糖的品质、产量及价格，形成"吃住行游购娱"一体化的"红糖旅游"新型乡村产业体验。在经济方面，传统产业的升级和新型产业的发展均增加了本地村民的收入。在文化方面，激活和继承了兴村传统文化工艺，同时红糖工坊作为综合生产、生活、展示体验功能的复合性乡村公共空间，也孕育了新的红糖文化。甚至通过工坊，村民对本地的材料与建筑重拾信心。

红糖工坊更深层次的作用在于对社会组织关系的重塑，包括乡村内在维系系统的重新建立和城乡关系的重新调整。在乡村内部，常住人口重新投入甘蔗种植产业中，外出的年轻人和外地人开始进乡创业，围绕古法红糖发展起来的第一、第二及第三产业，培养村民共同的生产、生活内容和文化习俗，形成兴村强有力的维系力量，兴村与城市之间从以往疏离的单向关系变成紧密的双向互动协作关系。这些作用的产生，一方面源于红糖工坊所承载的兴村内核文化传统元素，另一方面在于充分发挥建筑"社会性功能"的新的建筑理念。

不仅是红糖工坊，建筑师徐甜甜在松阳进行的一系列建筑实践都是这一理念的应用，并产生了良好的社会效果（表5-16）。在当地政府与民众的帮助下，徐甜甜团队深入挖掘和研究各个村落的各类乡村资源、发展现状与生活需求，总结出针对传统村落进行遗产保护和文化保育，针对非传统村落进行产业发展和文化再生的两套行动策略，以小体量建筑为物质载体，实现"建筑针灸"，包括平田村农耕博物馆、石仓契约博物馆、王村王景纪念堂、蔡宅村豆腐工坊等，形成了8条艺术创造路线，其中红糖工坊属于后者，平田村农耕博物馆属于前者①。

表 5-16　松阳实践的社会组织作用

项目名称	建筑功能	文化承载	社会作用	建成效果
兴村红糖工坊	红糖生产工坊、村民活动中心、文化展示中心	乡村传统红糖产业文化及古法制糖工艺	①延续传统工艺和饮食文化；②优化品质,提高产量,增加乡村收入及就业；③形成重要的生产空间和公共活动空间,增加乡村凝聚力；④文化体验及展示,以乡村旅游促进城乡互动	
平田村农耕博物馆	村民中心、文化展示中心、艺术家工作室、手工作坊	展示农耕文化,延续乡村手工艺	①保护传统民居建筑风貌；②传统文化的展示与延续；③置入新的公共功能,促进村民之间、乡村与外部的交流；④重建村民的文化自信和对乡村传统文化的价值肯定	
石仓契约博物馆	乡村记忆馆、现代祠堂	客家契约文化,本地建筑遗产	①延续对规则的尊重和敬畏；②修复本地建筑遗产,培养出技术娴熟的石工,保护发展本地建筑文化；③作为热门景点,促进了本地乡村旅游的发展	

---

① 支文军,何润.乡村变迁:徐甜甜的松阳实践[J].时代建筑,2018(4):156-163.

续表

项目名称	建筑功能	文化承载	社会作用	建成效果
横坑村竹林剧场	戏剧舞台、村社轶事、生活道场	古老汉族戏曲——松阳高腔	①拓展自然景观资源,促进乡村旅游业发展; ②发扬式微的戏曲文化; ③形成乡村公共交流场所,增加村民联系与乡村凝聚力	
王村王景纪念馆	文化展示中心、现代祠堂	历史名人承载的文化自信	①重建乡村的文化自信,进行优秀民俗美德的传承; ②作为重要的公共活动空间,增加乡村凝聚力; ③通过名人效应带动乡村产业及文创产业发展	
横樟村油茶工坊	油菜生产工坊;游客体验;休闲活动	乡村传统油茶产业文化	①延续传统食品工艺和饮食文化等非物质文化遗产; ②优化产业,促进乡村经济; ③形成重要的生产空间和公共活动空间,增加乡村凝聚力; ④促进文化体验和城乡互动	
大木山茶园竹亭	景观小品、观景平台、服务设施	松阳主要产茶农作区,传统茶产业与茶文化	①展现自然材料和本地工艺价值,展示松阳古村落文化; ②为茶工、居民和游客提供歇脚观景场所,增加茶园的公共活动区域,促进不同人员的交流互动	

363

续表

项目名称	建筑功能	文化承载	社会作用	建成效果
大木山茶园大木山茶室	休息茶水简餐区、茶艺培训教学空间、茶艺雅集等活动空间	松阳主要产茶农作区，传统茶产业与茶文化	①促进传统茶产业升级、业态拓展和乡村经济增长；②展示传承松阳传统茶文化；③建立公共文化交流空间；④作为起点串联松阳传统村落，"针灸式"激活乡村发展	
蔡宅村豆腐工坊	豆腐加工生产区、工艺参观、生产体验	乡村传统豆腐产业文化	①将分散的家庭工坊优化为全链条产业，强化村民联系；②主副产业的集中销售；③促进本地第一、第二及第三产业发展；④参与式乡村旅游景点，促进城乡互动	
山头村白老酒工坊	白老酒生产酿造区、品味交流、窖藏鉴赏	乡村传统白老酒产业文化	①乡村经济发展和文化传承；②产业优化，建立标准化工坊；③促进本地第一、第二及第三产业发展；④参与式乡村旅游景点，促进城乡互动	

浙江松阳的众多建设点成为串联松阳传统村落的起点,实现以点带面的"针灸激活"。松阳实践以建筑为载体,融合本地文脉及当代艺术,集结多种功能,面对多样需求,从各个层面充分发挥建筑的社会性功能,带来乡村发展的新动能。徐甜甜说:"建筑不是某种形式或地标,不是简单的空间营造或地方建造,也不是建筑师的个人签名,建筑要成为历史、文化的承载者和讲解员,连接过去和未来。"松阳实践利用建筑凝聚人心,塑造文化自信,重构社会组织关系,连接乡村村民、乡村与乡村、城市与乡村,实现区域的全面发展。

第六章 余论:基于当代乡村建设实践的建筑学思考

无论建筑师是否介入乡村建设,当代中国乃至世界的乡村建设都值得我们思考其对建筑学的意义。

一、建筑学内涵的丰富与外延的拓展

建筑学的内涵是建筑从业者一直在思考的问题,却不太可能有最终答案。建筑学本身就是一个不断完善的体系,其内涵在不断丰富。建筑师参与当代乡村建设,关注点从城市向乡村的转移势必引出一些新的思考。

1. 回归建筑学主流的乡村建筑

我国乡村建筑自古处于主流建筑学之外,传统社会时期主流建筑学服务于殿堂、坛庙等官式建筑,乡村建筑是被忽略的一部分,以至于历史上都少有记载。正如李凯生在《乡村空间的清正》中所述,乡村具有"之外"和"之中"两个特点,其中"之外"指乡村处在城市之外,也处在建筑学之外。[①] 20世纪50至60年代,我国开始了第一次较为全面的民居调研,并在后期出版成册,建筑界才逐渐认识到中国建筑传统文化与技艺不仅存在于主流官式建筑中,还存在于大量的民间建筑中。近年来建筑师介入的乡村建设,让乡村建筑重新得到主流建筑学的关注,开始从价值认知层面及知识体系层面回归建筑学主流。

2. 乡村建筑的深厚内涵与价值

无论是我国近代时期对"民族固有形式"的探索,还是20世纪50年代提出的创造"民族形式",建筑界都不约而同地向广大乡村的民居建筑学习。然而乡村建筑的强大生命力不只在于建筑类型与样式,同样在于材料、结

---

① 李凯生.乡村空间的清正[J].时代建筑,2007(04):10-15.

构、工艺、建造模式等一系列建筑要素。朱竞翔设计的新芽小学中新型轻钢结构体系的诞生,源于对当地木构体系的深入思考;穆钧的乡村民居示范项目马岔村村民活动中心的建成,从传统材料工艺中发掘潜力;谢英俊的杨柳村重建与乡村社会组织关系的重构,传承和借鉴了乡村传统的互助自建模式。乡村建筑的深厚内涵与价值不断被发掘和证实,不仅是乡村建设的重要支撑,更是我国建筑系统和建筑语言的增量。

3. 乡村建筑类型和乡土遗产拾遗

现代化建设改变了人们的生产和生活方式,在新建筑类型产生的同时,也有一部分建筑类型逐渐消逝,而这些建筑类型的价值常常被我们忽视。不仅传统的手工业被重视,也有因历史文化街区建设工程而重新受到关注的蚕室建筑,还有用地方建筑材料建设的用于现代生产的砖窑,还有更多乡村工业化发展的见证,都是我国重要的乡土工业建筑,这一建筑类型的价值不止在社会文化层面,还在于其承载的乡村生活原型、空间原型和其独特的建筑形制,是我国现代化初期乡土工业建筑的重要研究资料。随着社会的发展、历史信息的叠加以及对文化遗产概念的认识不断提升,越来越多的乡土遗产被发现,这不仅丰富了遗产类型,也是乡土文化承继的重要方面。

4. 建筑学外延拓展与建筑师的多元角色

乡村是村民世代延续,生活、生产的地方,乡村建设是涉及政治、经济、文化、生态发展等一系列问题的复杂议题,同时乡村与城市之间存在各种资源力量的相互作用。建筑师作为众多介入乡村建设的力量之一,其工作内容渐渐与其他学科交叉,专业界限逐渐模糊,对建筑师自身及学科的发展都产生了一定的外延作用。

信息时代的到来,新技术、新工具的发展,给建筑行业的发展带来许多机遇和挑战。市场需求对建筑师提出了更高的要求,建筑师需要接受多学科、多方面的能力训练,而社会的分工使大多数建筑师扮演着"绘图工"和"螺丝钉"的角色,很难真正对建筑师的角色有全面的认识,也未能充分发挥职业的作用。当下建筑学科也在寻求新的变化,提出"EPC 总承包建设模式"和"建筑师负责制"等工作方案,试图通过建筑师的全过程服务提高建筑

的品质①。而这一想法似乎无意中在乡村建设中部分实现了,面对乡村这一并不熟悉的领域,再加上超出技术层面的复杂性以及建设体制的缺失,建筑师需要完成许多以往工作范围以外的事情,这对建筑师的身份、工作内容、职业态度以及工作方式都是一种突破和再认识。

二、乡村建筑师工作的转变

1. 建筑师身份多重性的体现

建筑师徐甜甜在接受采访时表示,团队要以一种社会接受的方式介入乡村建设,建筑师在参与过程中,不断"解锁"新的技能和身份②。项目前期要做调研工作和项目研究的组织者,项目中期要担任专业技术指导者、各项工作的协调者和建造活动的参与者,项目后期还要转变为活动项目的运营者和乡村关系的建构者,同时要保证村民的建设主体身份,建筑设计将整个过程贯穿连接起来,多重的身份转换也让建筑师对自身职业有了更加全面的认识。

2. 建筑师工作边界的拓展

如同"EPC总承包建设模式"要求建筑师完成"项目管理、项目设计、材料采购、项目施工、试运行"等全过程服务,乡村建设项目对建筑师也有很高的要求。在杨柳村重建项目中,从业务、设计、生产到施工的全部工作几乎均由谢英俊团队完成;徐甜甜团队不仅要完成建筑建造的相关内容,甚至还需要与其他团队共同完成项目策划、资金控制、商业运营、组织教学、文化交流等工作。这是对建筑师能力的考验,也是对建筑师工作边界的拓展。

3. 建筑师设计态度的转变

以往被动接受项目任务的城市建筑师,对于建筑设计的态度也发生了极大的转变。本书深入研究的项目中,建筑师均开始主动从理论层面和现实层面认识乡村,充分尊重乡土文化,关注现实生活,应对真实问题,关心平民要求,回应社会需求。

①　李武英.行业变革与未来建筑师的职业状态[J].时代建筑,2017(1):6-10.
②　支文军,何润.乡村变迁:徐甜甜的松阳实践[J].时代建筑,2018(4):156-163.

4. 对建筑师工作方法的冲击

乡村建设问题的复杂性对程式化的城市建设工作方法造成巨大的冲击,建筑师以往手术刀式的工作方法,难以产生效用,必须充分调动村民、政府及其他学科的资源力量,在实践中摸索新的工作方法。徐甜甜在松阳的建设工作中,常常需要在与村民的观念发生分歧时采用"反复沟通"的工作方法,在建造方向出现问题时采用"积极引导"的工作方法,在各方利益产生冲突时采用"斡旋"的工作方法。这是对建筑师解决问题能力的训练,也是对建筑师服务意识的培养。

三、建筑学基本问题的隐现

建筑是空间操作还是形式语言,是艺术美学还是技术科学,是生活日常还是诗意表达,是建筑学一直讨论的基本问题。在权力和资本充斥的城市建设环境下,时间和效率推赶着建筑师往前走,这一问题变得越发难以解答,在既有模式下也少有人停下来真正思考答案。建筑师介入乡村或社区让建筑学的一些基本问题逐渐清晰起来。乡村是离自然环境及人们的真实生活最近的地方,在这一特殊环境中,经济、适用、坚固等成为建筑师首要关注的问题,环境、气候、生活需求等成为重要的考虑因素。"乡村空间的义理不外来自两个方面:一是场地和物候所表征的自然秩序,一是生活本身的运转。"①在乡村这一特定环境下,建筑学开始回溯本源,回归基本问题的探讨。

1. 结构、材料、建造等基本问题的强化

一般的建筑项目工作逻辑多为场地调研后对设计概念及建筑形式进行推敲,再经过功能布局、空间组合便完成了方案设计,结构、材料等问题最后考虑,或直接套用已有的材料工艺等模式。许多学校建筑学专业的教学中,或者是很多建筑学专业的学生也认为,结构与材料等内容只是辅助性的理论课程,学生大多只用完成漂亮的建筑方案表现图和似是而非的工程图纸就可以了,这是导致材料建构等基本问题越来越模糊的原因之一。其实在乡村建设中,需从结构、材料、建造等建筑基本要素出发,去解决建筑质量、

---

① 李凯生.乡村空间的清正[J].时代建筑,2007(4):10-15.

性能等主要问题,而建筑形式是上诉基本要素共同作用的结果,回归了对建筑基本问题的思考。

2. 关注生活基本需求的建筑本源

人类最初的建造源于遮风避雨的需求,进而追求房屋的使用性能和居住品质,这一需求仍在日益增长,因而技术设备等问题变得更为突出。快节奏的城市生活逐渐让人们的感觉变得迟钝,在设备包围的人工环境中,人们对采光、通风、舒适度等建筑品质变得“无感”,更多时候是“求而不得”。但上文提及的众多成功的乡村建筑案例,都是在严峻的条件下,建筑与自然环境、气候条件和生活需求之间的关系是首要考虑的本源问题,而蚕室建筑更是展示了乡村建筑注重环境调控的建构逻辑,这对于当下现代建筑单纯追求形式和效率的建设目标是一种启示。

3. 直面现实问题的方法和态度

无论是回归建筑基本问题,还是回归人民生活需求的本源,乡村建设实践出的建筑设计建造最重要的方法和态度是“直面现实问题”[①]。朱竞翔的新芽小学致力于同时满足下寺村房屋安全性能要求、迫切的使用需求、居住舒适性要求以及情感弥合需求等;谢英俊的杨柳村灾后重建项目努力实现快速低成本建造、少数民族传统文化的延续、破碎的乡村组织关系的重组、良好的房屋品质与外观等。这都是乡村现实条件下最需要解决的问题,也是建筑学最应该关注和直面的问题,无论是材料还是结构,都是致力于解决现实问题的建筑整体系统中的一部分。

四、走向平民的价值观与社会建构

建筑师汤桦在其《营造笔记》系列中提出:原本我们像很久以前的工匠一样建造平凡朴实的房子,后来它们慢慢变成一种复杂的技术、高雅的艺术和一种高级的理论。当建房子成为建筑学的时候,它就离普通人越来越远了。在城市中,资本、权力、社会分工成为横亘在建筑与人民之间的巨大屏

---

① 王冬,谭雅秋.现代性中的“地方”——记忆与遗忘、认同与想象[J].城市建筑,2018(22):35-38.

障,建筑学自然也难以直接服务于人民群众。建筑师介入乡村建设的时候是离乡村居民最近的时候,建筑学也在这时走向了平民建筑。建筑师在直面乡村真实的自然和生活环境,以及村民的现实需求、苛刻的建造条件时,受到触动并反思之后,身份、态度、方法都发生了极大的变化,但都趋近于同一个目标——"真正地服务于村民"。

1. 建立服务于平民的建筑师立场

穆钧为乡村居民探索适应性的生土建造技术与模式,朱竞翔为乡村研发新型房屋建造体系,谢英俊长期关注贫困地区的民居建设,建筑师普遍开始关注为普通人建造坚固、美观、实用的房屋。其中谢英俊在杨柳村灾后援建工作中,通过对乡村民居自建系统的关注与学习,对震后建设矛盾的深入研究,从建造模式和建造技术体系两方面出发,为村民建造快速低价、延续传统、性能良好的房屋,同时试图重构乡村组织关系。谢英俊不仅身体力行"服务于平民"的建筑师立场,也展示了对这一观念更深的理解,即不仅在于建筑师自身的意识,还在于让村民参与到设计建造的过程中来,这对于建筑学的发展,对建筑本源的明晰都是有极大意义的。

2. "专业垄断"问题的深思

建筑师在乡村建设中表现出的为村民考虑、与村民交流、和村民一起建造,都成为当下城市建造活动的直接对照,也成为建筑学现状的一面镜子。而无论是城市还是乡村都普遍存在不同层面的"专属"或"垄断"问题。第一,建筑设计成为局限于建筑师群体的话题;第二,建筑建造只能由专业人士完成;第三,建设的权力掌握在小部分人的手上。那么当下的建筑学发展是否能像过去的乡村建造一样,形成一种与真实生活相关的建筑文化? 多元而充满活力,这是当下的乡村建设对城市建设和建筑学发展提出的重要要求。乡村建设需要建筑师具有更全面的能力,甚至"全知全能",但过程又是开放包容的,设计者提供技术支持,建造者及使用者共同参与,在不同阶段、不同层面都有公众参与。

3. 明晰建筑的社会建构功能

建筑师在乡村建设中服务于平民("常民"),也在尽量让村民参与到自家房屋的建设中。大部分建筑师的本意是在充分利用乡村的建设力量的同时学习传统文化与技术。除此以外,谢英俊的"永续设计、协力造屋"所要实现的是给予村民参与房屋设计建造的权利。

建筑原本是一种社会性活动的成果,乡村目前仍延续着村民互助搭建房屋的传统,这不仅是一种建设模式,也起到维系和加强乡村社会关系的作用。传统乡村中公屋由村民共同搭建,既是乡村的行政中心,也是乡村的精神纽带。建筑师在实践过程中深刻认识到乡村内在经络的重要性,在努力组织重构的过程中,也重新发现和明晰建造及建筑本身对于乡村社会产生的建构作用。

建造层面的社会建构功能可以延续传统乡村的邻里互助建设等模式。一方面,充分利用村民的创造能力;另一方面,在集体建设过程中实现一定的社会建构功能,建立村民之间的联系,促进乡村自建体系的重构。建筑承载着乡村的传统产业文化,从资源整合、场地关系、功能复合、空间设计等各个层面重构乡村的产业形态、组织关系等,以及重新建立乡村精神中心。还通过建立城乡之间的联系,通过社会的使用来真正让建筑得以确立。李翔宁在 2008 年的建筑中国年度点评中说道:"建筑学的价值不仅仅在于美学和设计方面的创造。同时在更宏观的层面上,建筑设计是参与社会变革和促进文化演进的重要力量。"①当下乡村发展成为国际关注的重要话题,这让我们看到了建筑学的强大社会力量,我们今后要充分重视和挖掘建筑学在乡村建设过程中的作用。

五、建筑设计方法的突破

现代建筑学已形成了较多程式化的设计方法,常常关注建筑美学与技术方面的问题,而脱离了场所环境及使用者需求。建筑师在乡村建设过程中,突破了过去对方法的局限,通过具体实践形成了一些新的建筑设计方法,如基于实践研究、环境要素、社会建构、民众参与等设计方法,促进现有僵化的建筑设计方法的改变和发展。

---

① 李翔宁.2008 建筑中国年度点评综述:从建筑设计到社会行动[J].时代建筑,2009(1):4.

1. 基于实践研究的设计方法

"实践研究(Participatory Action Research)"原本是相对"理论研究"而言的，本书借用这一概念总结出一种通过系列实践不断研究问题、实施方案、总结经验、进一步反思问题的设计方法。基于实践研究的设计方法，同时也是一种建筑设计教学方法。在本书探讨的乡村建设案例中，建筑师大部分都应用了"基于实践研究的设计方法"。在真实的乡村实践过程中，系统性的研究不断为设计提供创新的思维和方法，以实践检验方法并提出新的问题来指导进一步的设计，实践和研究形成"循环往复、不断演进"的系统，共同针对某一类问题或某一个目标，获得持续的进步和发展。

因2008年汶川地震灾后的援建工作，朱竞翔教授团队开始研究"轻型建筑系统"。经过长达7个月的研发及试验，开发了"新芽复合体系"以适应乡村的环境、气候、地质条件，满足灾后一系列的建筑使用需求，并在2009年完成了第一个实践项目——下寺村新芽小学，自此开始了系统性的"轻型建筑系统"实践研究工作。其中"新芽复合体系"同系列的实践项目包括2010年的达祖小学和2011年的美水小学，朱竞翔教授团队在每个项目完成后都会进行长期的使用追踪测试评估，总结经验并应用到下一次的实践项目中，而每个新的项目也会在应对场地环境、建筑自身性能、房屋结构体系、施工建造技术等方面取得不同的进展。朱竞翔教授团队一系列的实践研究还包括"新芽复合体系"之后的"箱式建造系统""板式建造系统"和"框式建造系统"。项目的研究、实践、总结、反思、再研究实践形成螺旋推进的链条，不断检验既有的研究，指向新的发现、更好的建造品质和更广泛的应用领域①。

除项目的实际建造以外，朱竞翔教授还建立了项目实践、研究、教育三者之间的紧密联系，让高校的建筑师生、企业的职业建筑师以及社会人士等各种力量在各自发挥专业能力的同时相互支持协作，实现建筑学科、知识传播、问题研究的共同发展，同时有效解决具体问题，并产生良好的社会影响。基于实践研究的设计方法是经得起时间考验的方法，也是建筑学应该广泛推广的方法。

---

① 朱竞翔.新芽学校的诞生[J].时代建筑，2011(2)：46-53.

　　穆钧的现代夯土建筑乡村实践也是采用基于实践研究的设计方法进行的。其在 2007—2016 年的一系列乡土实践项目中,阶段性地从循环往复的研究和实践过程中取得材料优化层面、技术革新层面和建筑设计层面的突破,在满足更加多元化和更广泛领域的设计需求的同时,极大地推进了我国现代夯土建筑的发展。与朱竞翔相同的是,穆钧同样积极地将前期的实践研究同建筑学的教学实践联系起来,一方面促进乡村现代夯土建造技术的发展,另一方面使乡村的夯土建筑营建传统得到传承和演进。

　　2. 基于环境要素的设计方法

　　环境要素指构成人类生活整体环境的各种基本要素,包括自然的和人工的,在本书中主要指空气、阳光、水分等自然环境要素。建筑师查尔斯·柯里亚曾提出"建筑追随气候"的主张,极大地推动了印度传统居住建筑空间形式的发展。而鲁安东老师在研究蚕室建筑的基础上开设了主题为"扩散:空间营造的流动逻辑"①的设计课程,引导学生探索环境要素在建筑空间形式及构造方式上的作用,将环境应对问题从技术层面重新拉回到建筑设计层面,产生了丰富的设计成果。基于环境要素的设计方法帮助我们更加深入地认识"使用者"的环境需求,让"使用者"更好地通过建筑感受环境,同时对于实现建筑发展的多样性和提升建筑使用品质都有极大的价值。

　　3. 基于社会建构的设计方法

　　这是一种以建构社会组织关系为核心目标的设计方法,这一目标从设计之初贯穿到整个项目的设计建造逻辑里。徐甜甜的兴村红糖工坊就是采用的这一设计方法。红糖工坊项目设计在充分了解场地文脉、历史、传统之后,衍生出了新的建筑功能,在实现延续乡村文脉的同时满足当下的使用需求。在此基础上,还有更深层次的设计思考。其在整个设计过程中实行的零散家庭作坊的资源整合、场地选址的针对性、功能的复合性、空间的开放性、结构的灵活性以及材料的选用标准等,都有意识地实现建筑的社会性功能,主动回应当下的乡村需求,最终也实现了关于环境、产业、经济、文化等层面的社会性功能。这一设计方法让建筑实现重建乡村社会关系的重要作

---

　　① 　鲁安东."扩散:空间营造的流动逻辑"课程介绍及作品四则[J].建筑学报,2015(8):72-75.

用,也让建筑师不断地发掘建筑的价值与作用。

4. 基于民众参与的设计方法

"民众参与"这一概念最初源于社区营造,本书指让民众参与设计建造过程的设计方法,需要依靠技术体系的支持和流程的规范。谢英俊的杨柳村灾后重建项目是这一设计方法的最好体现之一,建筑师等专业人员完成村民无法完成的技术部分,通过研究给村民提供开放的建造体系,并降低建造难度,让村民能够参与设计建造,按照自身的条件和需求替换主体结构以外的构件及材料,甚至在一定程度上改变建筑的形制。最终建成的民居既满足了品质、性能及安全需求,又实现了美观多样的建筑形制和外观。

过去的乡村传统民居由村民和工匠自行建设,充满了现实的美感和生活的百态。如今拥有丰富现代建筑设计理论的建筑师,却在"千城一面""千村一面"的洪流中难以脱身,谢英俊在乡村实践中采用的"基于民众参与的设计方法"实现了一种"生长性"的创作,对于丰富我国的建筑文化有着极其重要的价值和意义。

六、设计的介入及其内容方式的改变

乡村建设热潮也影响到建筑学的教育,相关院校不仅在课程设置和相关的研究中引入了乡村建设的专题,也让更多的教师和学生走入乡村进行教学实践,尤其是一系列建造节和乡村营建活动的大量开展,也引发了对建筑学教育的思考。

1. 乡村建设人才的缺乏与再向匠人学习

如上文所讲,乡村建设对建筑师的要求其实是更加全面的,但我们在乡村经常碰到这些情况:设计人员不懂构造,材料商不懂施工,施工人员不会看图纸……在学校的教学中也暴露出同样的问题,本科毕业的建筑学专业学生对房屋的基本结构和构造比较清楚的并不多见。随着乡村建设的广泛开展,乡村建设人才缺乏的问题逐渐暴露出来。

首先是介入乡村建设的建筑师的学科背景与生活经历问题。目前大多数建筑师接受的是现代建筑设计方法和理论教育,其所熟悉的规范、原则、建设模式多应用于城市,他们对于乡村建筑营造是不熟悉的。另外,乡村建设的复杂性是"麻雀虽小,五脏俱全"的问题,还有社会生活和文化问题,然而仅有一部分建筑师有乡村生活的经历,对乡村的热情也在城市繁忙的工作和乡村更加低廉的设计费中逐渐磨灭。如果我们不重视乡村建设人才的培养,今后的情况还会更加糟糕。湖南大学卢健松老师在一次本科设计课程研究中发现,2015 级的 130 名建筑本科生分别来自 27 个省、市,其中只有13％的学生来自乡村,另外 87％的学生中仅有不到 10％拥有乡村生活经历(图 6-1),这是未来发展的普遍趋势,而我国未来的乡村建设正是要依靠这些缺乏乡村生活经验的建筑师群体,我们能做的便是从人才培养上作出改变。

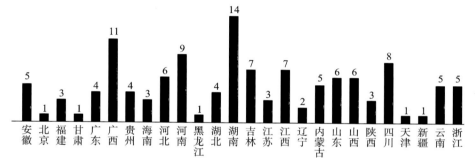

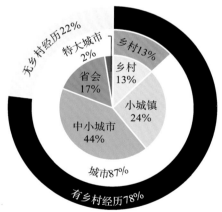

图 6-1　湖南大学 15 级建筑本科生生源地(上)及乡村生活经历统计(下)①

———————

　　①　2018 年中国高等学校建筑教育学术研讨会现场汇报《乡村营建的理论与方法:湖南大学建筑学本科教学中的当代乡建专门课》。

其次是介入乡村建设的人才数量问题。尽管当下参与乡村建设的建筑师数量比以往增加了很多,但相对于乡村的现实需求和建筑师的总体数量而言,仍然属于少量。培养专业的乡村建设人才和引导建筑师关注乡村建设问题,是今后乡村良好发展的重要工作。中国建筑学会成立大会上张稼夫提出的"向祖国各地的民间匠人学习",有两个问题,即"为什么"和"学什么",这是首先要弄清楚的。我们知道,乡村匠人拥有丰富的源于现实生活的建造智慧,是千百年来乡村发展的传承与积累,我们要向其学习的不只在于技术层面、空间形制层面,还在于建造逻辑与乡村生产生活、文化风俗和自然物候之间千丝万缕的联系,如今更应该意识到这些乡村智慧原本就应该是我国建筑学科中的一部分,那么理解学习并将其重新吸纳便也是今后建筑学科的重要工作内容(图 6-2、图 6-3)。

图 6-2　向乡村匠人学习传统竹工艺

2. 建筑教育系统待完善

乡村建设人才的培养需要系统的学科教育,而我国目前的建筑教育系统中并未设置与乡村建设相关的专门课程,这对于面临大量乡村问题的中国显然是不合适的。目前乡村建设知识的传播与教学大多依靠企业、设计院所、杂志社以及新型学院等社会机构组织的培训与考察。建筑教学系统内的乡村建设知识教育还处在摸索阶段,对于建筑学属于陌生领域的乡村建设,其教学内容和方式都是需要研究和讨论的。需要强调的是,乡村建设的标准同样需要确立。

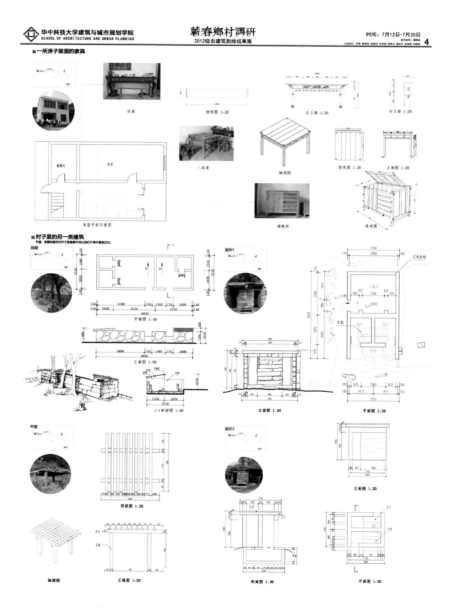

图 6-3　调研测绘乡村建筑空间形制及材料构造①

————————————

　①　图片来源:华中科技大学 2012 级蕲春测绘组学生。

在教学内容上,有别于城市建设的分工明确和建设模式的系统化,乡村建设课题的设计教学需要在建筑专业材料、结构等基础知识的基础上,增加关于社会层面的知识,例如土地政策、自然生态、乡村产业、乡村经济、地域文化、集体制度等,同时还要增加方法和价值观层面的教育,在帮助学生正确认识乡村现状与需求的同时,也要帮助他们以合适的方法、态度和身份去介入乡村。

　　在教学方式上,乡村建设课题的设计教学目前有理论教学和实践教学两种方式。湖南大学 2018 年的本科教学中,"当代乡建专门课"理论课程取得了良好的反响,学生反馈也强调了实践的重要性。部分学校在尝试开展结合乡村真实实践的设计课程,例如东南大学 2018 级研究生一年级的建筑设计课程就是结合湘赣边界大仓村的真实建设项目展开的,学生在这一过程中完成了调研、研究、实践等整个过程(图 6-4、图 6-5),对于认识乡村、理解乡村及学生各方面能力的培养都有极大助益。乡村建设课程的设置不仅可以为我国培养当代乡村建设的专门人才,也可以促进建筑教学系统的完善。还有西安建筑科技大学段德罡教授的乡村规划与建设的教学实践也取得了非常好的实效。

图 6-4　东南大学 2018 级研究生　　　　图 6-5　大仓村讲习所建造过程图①
　　一年级建筑设计课程汇报

3. 突破形式、传统与现代之争

　　"传统"还是"现代"是我国乡村发展中持续了近百年的争论,也是乡村实践探索最主要的两条路径。过去建筑师及学者关注乡村是为了向广大乡

_____

　　①　图片来源:"中大院"微信公众号(东南大学建筑学院官方平台)。

村的民居建筑学习，研究"民族固有形式"，创造"民族形式"，以及探索"中国现代性"建筑，而现在似乎更多的是单纯的"继承传统"和"回到传统"，且不论过去探索"中国现代性"建筑的方法是否正确，但其发展的眼光是值得肯定的。乡村的现代化是改革开放以来不变的话语，所以我们应该面向乡村建设现代化的真实诉求，但绝不是输入城市价值观，也不是在建筑形式上的简单创新，而应该是在尊重乡村生产、生活模式和环境的同时，引入现代理念和现代化手段改善居民的生活品质。"普通乡村"论坛中提出的"找到普遍的乡村共性，研究出每个乡村发展都需要的现代化基础设施及服务"是基本的要求。发现乡村建筑的基因和深层逻辑，充分理解传统，其后才能真正地"传承"。我们应该突破传统与现代范式进行发展，走出"传统"和"现代"在建筑类型、样式等方面带来的范式限制，真正关心建筑与乡村现实生活之间的联系，从而营建当下的乡村建筑。

4. 建设主体与内容：个体与社会的协同

"个体"与"社会"的关系是应该被建筑学所关注的。

"村民主体论"及"乡建共同体"："乡村建设的主体"即参与乡村建设的成员。必须建立起村民是乡村建设核心和主要力量的意识，建筑师等社会各界力量及政府不能过度地介入乡村建设而取代村民的核心位置及作用。仅仅依靠村民自身的力量并不能顺利实现乡村振兴，政府也提出要加快培育新型职业农民，鼓励和引导社会各界人员广泛加入"新农民"队伍中，建筑师作为专业人员，要充分发挥自身能动性，引导建立起政府、企业、村民、建筑师形成的"乡建共同体"，充分调动各方资源力量，共同实现乡村发展。

个人的建筑意识：张雷先生认为，"乡村建设为建筑学带来建筑和人之间的亲密联系"。这里的"人"应该包括建筑的使用者和建筑师自身。太多的建筑设计中，建筑师面对的是自己臆想的使用者而非真实的使用者，而且建筑师的工作是在电脑和图纸上完成的，几乎不会接触到真实的场地和建造，但乡村要求建筑师必须去关注使用者和建筑建造，在有限的条件下也必须让使用者参与到建筑建造过程中。这是一次珍贵的机会，让建筑和人亲密联系起来，也让建筑师觉醒关注"个人"的意识。

关注社会的建筑态度：当下建筑师在乡村的工作已不局限于做一个满

足乡村及村民使用需求的建筑，而在试图完成很多建筑学范围以外的事情。通过建筑空间的营造，重新连接起被切断的传统与现代之间的发展关系；通过集体建造过程，重构乡村破碎的社会组织关系；通过功能的创新，促进乡村的产业发展，连接起城乡之间的桥梁；通过乡村公共空间的建设，实现乡村文化的复兴；通过研究新型建筑体系，解决贫困地区人民的居住问题，并试图重新建立村民的文化自信，促进乡村社会的发展。

　　建筑学在乡村成为具有社会意识的学科，会观察、思考和发现问题，这一变化源于乡村建设问题的复杂性，也源于过往乡村建设经历的经验总结。20 世纪 80 年代，建筑学作为技术雇佣介入乡村，村民并未按照设计图纸建设，设计的介入是失效的；后来建筑师主动介入乡村建设，但仅关注物质层面，依然不能阻挡乡村人口流失、产业荒废的衰败趋势，设计的介入从乡村建设本质上来说依然是失效的。在这些经验的基础上，我们得出了当下建筑学的建设态度，不仅要关注建筑、关注个人，也要关注当下的社会问题，从而成为发现、解决社会问题的重要力量。正如梁漱溟先生在 1937 年提出的"所谓建设，不是建设旁的，是建设一个新的社会组织构造"①。

---

　　①　梁漱溟.乡村建设理论［M］.上海：上海人民出版社，2011.

结　　语

　　安居乐业是乡村建设的美好图景。乡村建筑是乡村建设的重要内容和最具表现力的部分,乡村建设的热潮则是探讨建造——建筑的本体问题的一个重要契机。建筑设计实践的起点是建造而并非理论,建筑的定义等于建造的材料、方法、过程和结果的总和①。在乡村实践中探索适宜技术和建造模式应该有更广的时空视野,同样超出乡村建造本身,既要面对和解决乡村的建造需求和技术问题,也要解决与乡村和行业相关的复杂问题。

　　1. 从生活原型到空间原型、结构原型

　　不论是传统古村的风貌破坏,还是新村为了特色而"风格化",都造成乡村风貌单一和新民居的雷同,更有乡土景观的破坏与乡村生态的失衡……这是当代乡村建设的现实境遇。乡村风貌遭受着一次次的"自毁"和"他毁"。这背后有传统村落价值的认同和认同,有因为生活方式的变化、城乡结构的矛盾、文化自信的缺失等造成的今日村民居住行为的巨大变化和转型共存。我们需要探寻传统乡村内生的基因与智慧,来适应时代的发展与创新,源自历史,面向未来。

　　民居直接反映了村民的生活模式,其原型具有相对的稳定性。而随着村民生产、生活模式和价值观的变化,居住空间格局需求亦发生了变化。空间原型是生活原型的表现,是结构原型的基础。不论是对地方民居的类型研究、保护更新,还是对装配式或集成式新民居建筑的研发,生成的功能模块都应适于不同的空间和生活使用上的需要,以新的技术和形式完成从空间原型到结构原型的转化。

　　基于生活原型转变的传统民居的空间组织与类型演化的研究,是探索新时期民居从生活原型到空间原型转化的必要过程。空间是基于建筑的物质性——结构和材料构造才得以实现的。伴随科技的发展、社会的变迁,适

---

　　① 张永和.平常建筑[M].北京:中国建筑工业出版社,2002.

应空间原型的变化使得人们有更多的建筑技术和更丰富的结构类型可以选择,民间传统的墙承搁檩式、穿斗式、插梁架等结构形式被弃用或混用,以"框架＋围护"为主的现代结构思维使得建筑的开放性更加凸显,传统的或地域性的材料不同程度被替换。有的是空间原型存续,但采用新的材料和结构体系来重新演绎,从而出现新的结构类型;有的因空间原型发生演化,则顺承地采用新的结构类型。基于结构原型的新旧结构材料迭代并存的建造技术体系,形成村落"和而不同"的面貌,而非当下新村建设的"同而不和"。新的乡村建筑可在类型上承古续今,功能上承前启后,形态上推陈出新,实现类型的承续与范式的突破。

从空间原型到结构原型,在方法策略上也与传统建筑技术的"样""造""作"一致。"样式形制"是从生活原型到空间原型的演化,"造"与"作"是从结构原型到工法的延续与更替。通过适宜的技术模式,完成结构体系、材料构造等技术的新旧共存和文化表达。

2. 从迭代共存到预制装配、开放集成

当我们建造乡村时,我们应当知道在建造什么。我们可以有田园乌托邦的畅想,更需要回到本源,思考何为乡土(建筑),明确乡村建设的设计伦理。乡村建造应秉持低技术、低成本、低影响的"三低"理念。只有良好的自然和社会生态,才能保证高品质的"永居"和可持续发展。

当代乡村建造的现实是传统结构的弃用、材料工具的骤变、匠作体系的崩溃。建造模式和技术体系呈现出转型与迭代共存的特点——传统匠作传承和现代装配并行的建造模式以及适于地域和乡村的适宜性建筑工业化的发展。探索新型乡村适宜技术与建造模式是"母语建造"——传统继承与再生之必须,是时代和技术发展之必然,是生态文明应对、持续发展之必要。

乡村建造,首先是"能建(可行性)",这与乡村建设的运作机制、建造成本直接相关;其次是"建好(可控性)",要保证基本质量和长效寿命(相比现状问题来讲);最后是"易建(普遍性)",也就是技术相对成熟、大众化,便于推广应用。适宜的工程模式应该具备技术运用的在地性,以及工程管理、施工操作与生产制作的适应性。因此,乡村的建造模式选择与建造技术的内在要求和建筑所处的外部环境条件限制相关,应该是全过程的可控性,其中最基本的还是建造技术的选择。建造技术的乡村适宜性主要表现在乡土技

术的科学转化、现代技术的低技调适、乡土材料的产业优化、现代材料的地域适配。通过乡土材料的新生、旧物的拼贴与活用，探索"广域"的地域性，实现新乡土建筑的适宜建造。乡村建筑逐步由"建造"向"制造"过渡，其实更适合乡村的实情和需要。乡村建设量巨大，在传统的匠作体系崩溃和施工技术普遍低下的情况下，"制造"型乡村建筑能更好地保证建设品质，以及生产更经济、环保的"建筑"产品。即使完全沿袭传统的材料工艺，今日乡村建筑的环境调控品质也难以尽如人意。探索装配与地域特色、特色与批量定制相融的设计和建造模式，使得乡村广泛采用开放装配式的构造体系和开放开源的乡村建造成为可能。

　　各种结构、构造和材料迭代共存的状况本身也反映出结构和建造技术发展的趋势。预制装配式建筑本身符合开放建筑与可逆循环的理念，可搭起"建造"与"制造"之间的桥梁。乡村住宅建筑从建造到制造，首先是流程的设计，从市场需求到产品研发，从加工生产到现场施工，从营销到购买，从交付到后期维护，提供全流程的服务。这其中最关键的当属"农宅"这种产品类型的研发、生产流程的组织以及现场装配施工的技术等。与传统建筑相比，装配式或集成式建筑的设计充分考虑与建筑结构、围护系统、设备与管线系统、装饰装修等要素进行协同设计，使建筑的各系统之间有机整合，设计集成，装修一体，生产工厂化，施工装配化，管理信息化。

　　通过开放装配式的构造体系、主体结构材料的轻质化和模块化、主体结构和构造的优化、开放装配式建筑的围护结构等，可实现乡村建筑乡村装配适用性的设计和建造，还可实现建设过程的开放性与二次建造，或是进一步的部品集成设计和运用。

　　尽管乡村装配式建筑的推行遇到很多的困扰（主要是来自村民观念认知，以及建筑工业和市场机制的转型阻力），但在地域性、技术性和经济性上实现突破并非难事，毕竟是技术和时代发展大势所趋。

　　3. 从匠作传承到互为主体、全民设计

　　在乡村建造中引入开放建造的模式，可以提高乡村居住舒适度和建筑质量，传承乡村地域性的风貌和工艺，给村民提供自主生产、设计、建造房屋的新机会，由过去匠作传承、消退甚至崩塌，发展到多元介入，构建乡村建设的"行动者网络"，还原村民（常民、平民）作为乡村建设主体的地位，村民与传统的匠师和今日的建筑师互为主体，回归和重构乡村协力互助的社会关系结构。

中国是一个以农立国的国度，自古就在不断探索乡村建设和乡村治理模式，近代以来，在社会的大变革中更是将其视作国家兴亡、民族复兴的路径进行探索，涌现出大量的实践模式探索与建设理论研究。数次"设计下乡"的历史路径也给今日的建筑师介入乡村建设提供了参照，由被动变为主动，调整对城乡关系的认识，将城乡之间的牵制转化为互助的动力，促进共同发展。建筑师作为专业群体已然成为乡村建设中不可缺少的重要力量。建筑师应突破传统和现代范式的束缚，关注乡村及村民真实的使用需求，建设回应传统、面向未来且适应当下的乡村建筑；建筑师需要充分利用个人与社会的协作力量，关注个人需求和社会发展，帮助乡村实现更好的发展。

众多成功的乡村建设案例都体现出超越"建筑"的思考和实践。如村民自主营建和设计参与、协力造屋和用户组织等，呈现出平民建筑的特点——互为主体。建筑更是一种中介，激活和再塑社会组织关系。这也包括乡村工业、集体形制等非典型的或新的乡村传统与乡土建成遗产需要我们再认识，基于"泛遗产化"的思维提出保护活化策略。

当代乡村建设的实践也促使对建筑学自身的思考，乡村建筑回归建筑学主流，其内涵与价值再次被发掘和唤醒。建筑学外延拓展也决定了建筑师的多元角色，包括身份的多重性、工作边界的拓展、设计态度的转变、工作方法的变化。建筑师更加关注结构、材料、建造等基本问题，关注从生活需求出发的建筑本源以及直面现实问题的方法和态度；建立服务于平民的建筑师立场，再向匠人学习，突破形式、传统与现代之争，实现建设主体与内容、个体与社会的协同。乡村建设还真应了那句著名的口号，即"from the people，by the people，for the people"。

中国拥有大量的乡村和人口，乡村是我国文化发展的起源和保育之地，也是社会稳定的"蓄水池"和国家发展的基础。乡村建设的背景、内容和方式在不断发展、变化，对乡土社会、乡土建筑和乡土价值的认知、保护、转译和增益是建筑行业和学科必须面对的问题，建筑学应该如同面对其他新技术（互联网、虚拟仿真、人工智能等）一样，进行学科的反思、自省与回应，这样才能获得自身的进步。

参 考 文 献

[1] 李允鉌.华夏意匠:中国古典建筑设计原理分析(修订版)[M].香港:广角镜出版社,1984.

[2] 拉普卜特.宅形与文化[M].常青,徐菁,李颖春,等,译.北京:中国建筑工业出版社,2007.

[3] 亚历山大,伊希卡娃,西尔佛斯坦,等.建筑模式语言:城镇·建筑·构造[M].王听度,周序鸿,译.北京:知识产权出版社,2002.

[4] 陆元鼎,魏彦钧.广东民居[M].北京:中国建筑工业出版社,1990.

[5] 罗家德,孙瑜,楚燕.云村重建纪事:一次社区自组织实验的田野记录[M].北京:社会科学文献出版社,2014.

[6] 黑格,奥赫-施韦克,富克斯,等.构造材料手册[M].袁海贝贝,译.大连:大连理工大学出版社,2007.

[7] 住房和城乡建设部村镇建设司,无止桥慈善基金.抗震夯土农宅建造图册[M].北京:中国建筑工业出版社.2009.

[8] 穆钧,周铁钢,王帅,等.新型夯土绿色民居建造技术指导图册[M].北京:中国建筑工业出版社.2014.

[9] 谭刚毅.两宋时期的中国民居与居住形态[M].南京:东南大学出版社,2008.

[10] 谭刚毅,杨柳.竹材的建构[M].南京:东南大学出版社,2014.

[11] 郑小东.传统材料　当代建构[M].北京:清华大学出版社,2014.

[12] 陈晓扬,仲德崑.地方性建筑与适宜技术[M].北京:中国建筑工业出版社.2010.

[13] 梁漱溟.乡村建设理论[M].上海:上海人民出版社,2011.

[14] 李秋香,罗德胤,陈志华,等.浙江民居[M].北京:清华大学,2010.

[15] 阎海军.崖边报告:乡土中国的裂变记录[M].北京:北京大学出版

社,2015.

[16] 姚承祖.姚承祖营造法原图[M].陈从周,整理.上海:同济大学出版社,1979.

[17] 聂洪达,郄恩田.房屋建筑学[M].北京:北京大学出版社,2012.

[18] 刘光忱.土木建筑工程概论[M].大连:大连理工大学出版社,2012.

[19] 廖惟宇.游击造屋:参与谢英俊512四川震灾重建纪录[M].台北:田园城市文化事业,2016.

[20] 陈志华,李秋香.乡土建筑遗产保护[M].合肥:黄山书社,2008.

[21] 孙大章.中国民居研究[M].北京:中国建筑工业出版社,2004.

[22] 李晓峰,谭刚毅.两湖民居[M].北京:中国建筑工业出版社,2009.

[23] 中村好文.去山里盖座小屋吧[M].陈文娟,译.海口:南海出版公司,2016.

[24] 隈研吾,三浦展.三低主义[M].刘朔,译.重庆:重庆大学出版社,2019.

[25] 马虎臣,马振州,程艳艳.美丽乡村规划与施工新技术[M].北京:机械工业出版社,2015.

[26] 弗兰姆普敦.建构文化研究——论19世纪和20世纪建筑中的建造诗学[M].王骏阳,译.北京:中国建筑工业出版社,2007.

[27] 莫斯塔第.低技术策略的住宅[M].韩林飞,刘虹超,译.北京:机械工业出版社,2005.

[28] 褚智勇.建筑设计的材料语言[M].北京:中国电力出版社.2006.

[29] 帕帕奈克.为真实的世界设计[M].周博,译.北京:中信出版社.2012.

[30] 帕帕奈克.绿色律令:设计中的生态学和伦理学[M].周博,赵炎,译.北京:中信出版社,2013.

[31] 赵辰.对当下中国乡村复兴的认知与原则[J].建筑师,2016(5):8-18.

[32] 杨宇振.歧路:20世纪20～30年代部分农村研究文献的简要回顾[J].新建筑,2015(1):4-8.

[33] 侯丽.亦城亦乡、非城非乡:田园城市在中国的文化根源与现实启示[J].时代建筑,2011(5):40-43.

[34]　朱竞翔.轻量建筑系统的多种可能[J].时代建筑,2015(2):59-63.

[35]　朱竞翔.轻型建筑系统的实验及其学术形式[J].城市环境设计,2013
　　　(8):246-251.

[36]　朱竞翔.木建筑系统的当代分类与原则[J].建筑学报,2014(4):2-9.

[37]　史永高."新芽"轻钢复合建筑系统对传统建构学的挑战[J].建筑学
　　　报,2014(1):89-94.

[38]　朱竞翔,夏珩,张东光,等.轻型建筑塑造的教育场所:云南大理陈碧
　　　霞美水小学新芽教学楼[J].时代建筑,2013(6):68-75.

[39]　朱竞翔.新芽学校的诞生[J].时代建筑,2011(2):46-53.

[40]　朱竞翔,夏珩.下寺村新芽环保小学,广元剑阁县,四川,中国[J].世界
　　　建筑,2010(10):48-56.

[41]　穆钧.生土营建传统的发掘、更新与传承[J].建筑学报,2016(4):1-7.

[42]　王骏阳.当建造成为建筑学的核心——也谈朱竞翔团队的"新芽"轻
　　　钢复合体系[J].建筑学报,2015(7):1-6.

[43]　李海清.20世纪上半叶中国建筑工程建造模式地区差异之考量[J].
　　　建筑学报,2015(6):68-72.

[44]　李海清.建造模式:作为建筑设计的先决条件[J].新建筑,2014(1):
　　　15-17.

[45]　李海清.工具三题——基于轻型建筑建造模式的约束机制[J].建筑学
　　　报,2015(7):7-10.

[46]　李海清.为什么要重新关注工具?——基于建造模式解析的建筑学
　　　基本问题之考察[J].新建筑,2016(2):4-9.

[47]　陈浩如.乡野的呼唤:临安太阳公社的自然竹构[J].时代建筑,2014
　　　(4):132-135.

[48]　魏秦,王竹.地区建筑可持续发展的理念与架构[J].新建筑,2000(5):
　　　16-18.

[49]　翟辉.乡村地文的解码转译[J].新建筑,2016(04):4-6.

[50]　谭刚毅.绿色建筑乃人本"日常性"建筑[J].城市环境设计,2016(3):
　　　330-331.

[51]　谭刚毅,钱闽,刘莎,等.虚心谷(谦益农场客栈)[J].城市环境设计,
　　　　2016(3):332-339.

[52]　韩冬青.在地建造如何成为问题[J].新建筑,2014(1):34-35.

[53]　吴珊珊,谭刚毅.基于阿卡汗奖获奖作品——印多尔市阿兰若小区住
　　　　宅论"开放小区"[J].住区,2013(1):137-141.

[54]　谭刚毅.中国传统"轻型建筑"之原型思考与比较分析[J].建筑学报,
　　　　2014(12):86-91.

[55]　谢龙,沈乐.乡建小品实验——聚落缩影之村碑[J].华中建筑,2018,
　　　　36(10):109-112.

[56]　谭刚毅,谢龙,丹尼尔,等.低技可逆性建造实验——以谦益农场活动
　　　　中心为例[J].城市建筑,2017(26):17-20.

[57]　刘震宇.基于贫困地区装配式房屋的应用与设计研究——以杏勒村
　　　　定点帮扶新农宅建筑设计为例[J].城市建筑,2017(8):122-125.

[58]　黄增军,宋昆.质料转义与建造手段[J].建筑师,2012(6):22-28.

[59]　吴钢,谭善隆,于菲,等.安徽省黄山休宁县双龙小学[J].时代建筑,
　　　　2013(2):94-101.

[60]　李墨,小孔."巴顿的纽扣"——谢英俊的开放体系及其适应性问题
　　　　[J].新建筑,2014(1):10-14.

[61]　王路,卢健松.湖南耒阳市毛坪浙商希望小学[J].建筑学报,2008(7):
　　　　27-34.

[62]　华黎.云南高黎贡手工造纸博物馆[J].城市环境设计,2011,91(1).

[63]　Opal Emma,何崴,齐洪海,等.西河粮油博物馆及村民活动中心[J].
　　　　设计,2016,93(4):38-45.

[64]　王铠,赵茜,张雷.原生秩序——乡土聚落渐进复兴中的莪山实践[J].
　　　　建筑师,2016(5):47-56.

[65]　王铠,张雷.时间性:桐庐莪山畲族乡先锋云夕图书馆的实践思考[J].
　　　　时代建筑,2016(1):64-73.

[66]　单德启.中国乡土民居述要[J].科技导报,1994(11):29-32.

[67]　吴良镛.乡土建筑的现代化,现代建筑的地区化——在中国新建筑的

探索道路上[J].华中建筑,1998(1):9-12.

[68] 林少伟,单军.当代乡土——一种多元化世界的建筑观[J].世界建筑,1998(1):64-66.

[69] 叶俊麟.台湾地区近代庙宇建筑匠师陈天乞的传承、技艺与作品之研究[C]//近代建筑史学术委员会.中国近代建筑史国际研讨会论文集.北京:清华大学出版社,2008:780-789.

[70] 佚名.上山下乡知识青年住宅设计[J].建筑学报,1974(2):32-34.

[71] 阪茂.走向建筑设计与社会贡献的共存[J].动感(生态城市与绿色建筑),2014(2):42-53.

[72] 林箐,郁聪.钢木结构景观构筑物的结构节点细部形式探讨[J].中国园林,2013(8):86-92.

[73] 谢欣.低技术中的设计伦理价值——坂茂纸建筑研究[J].艺术生活-福州大学厦门工艺美术学院学报,2016(2).

[74] 王力,颜舒婷.浅析低技术绿色生态建筑理论[J].城市建筑,2014(2):208.

[75] 高宏波.低技术建筑节能设计浅析[J].华中建筑,2007(3):95-96.

[76] 刘莹.由坂茂的"纸建筑"看低技术设计在建筑中的应用[J].装饰,2009(8):94-95.

[77] 五十岚太郎,司马蕾,钱芳.论坂茂:用合理的思考开拓建筑的可能性[J].世界建筑,2014,(10):20-23.

[78] 何人可,唐啸,黄晶慧.基于低技术的可持续设计[J].装饰,2009(8):26-29.

[79] 颜宏亮,罗迪.可拆卸式建筑探讨[J].住宅科技,2015,35(10):24-28.

[80] 姜松荣."第四条原则"——设计伦理研究[J].伦理学研究,2009(2).

[81] 王蔚.乡村营造的零策略——关于低技实践的再思考[J].建筑技艺,2017(8):74-79.

[82] 顾磊,张国昕.低技术生态建筑的形态设计分析[J].建筑与文化,2016(9):129-131.

[83] 王昌兴,徐珂,田立强,等.洛阳隋唐城明堂遗址保护建筑施工可逆性

设计实践[J].建筑技艺,2011(11):240-244.

[84] 何斌,陈寅,贺怀建.武汉大学老理学院的可逆性加固设计[J].建筑结构,2007(S1):37-40.

[85] 周博.维克多·帕帕奈克论设计伦理与设计的责任[J].设计艺术研究,2011(2):108-114.

[86] 李忠东.为穷人盖房子——记2016年普利兹克建筑奖得主亚历杭德罗·阿拉维纳[J].建筑,2016(8):54-57.

[87] 青锋.从胜景到静谧——对《静谧与喧嚣》以及"瞬时桃花源"的讨论[J].建筑学报,2015(11):24-29.

[88] 李兴钢.静谧与喧嚣[J].建筑学报,2015(11):40-43.

[89] 李兴钢,张玉婷,姜汶林.瞬时桃花源[J].建筑学报,2015(11):106.

[90] 董功.介入自然——昆山悦丰岛有机农场采摘亭设计[J].建筑学报,2012(10):60-61.

[91] 周榕.三亭建构迷思与弱建构、非建构、反建构的诗意建造[J].时代建筑,2016(3):34-41.

[92] 席俊洁,陆祥熠,周子玉.小型可拆卸式公共建筑的使用功能评估[J].装饰,2016(4):89-91.

[93] 杨雪蕾,张舒.从孔斯蒂图西翁重建项目探析亚历杭德罗·阿拉维纳的建筑设计理念[J].建筑与文化,2017(5):115-116.

[94] 王竹,王静.低碳乡村的"在地设计"策略与方法——安吉县景坞村营造实践[J].城市建筑,2015(31):34-37.

[95] 贾建设.公众参与建筑设计的探讨[J].科技信息,2009(17):282.

[96] 黄杰,周静敏.基于开放建筑理论的建筑灵活性表达[J].城市住宅,2016(6):32-36.

[97] 鲍家声,鲍莉.动态社会可持续发展的开放建筑研究[J].建筑学报,2013(1):27-29.

[98] 宫婷,杨健,徐峰,等.WikiHouse装配式住宅中连接节点刚度分析[J].建筑技术,2017(8):822-825.

[99] 王维仁.澎湖合院住宅形式及空间结构转化[J].台湾大学建筑与城乡

研究学报,1987(3):87-118.

[100] 贾毅.新芽轻钢系统及其轻钢骨架几何形态演变研究[D].西安:西安建筑科技大学,2012.

[101] 林永锦.村镇住宅体系化设计与建造技术初探[D].上海:同济大学,2008.

[102] 曾伊凡.在地建造——当代建筑师的乡村建筑实践研究[D].杭州:浙江大学,2016.

[103] 李政.工业化介入中国乡村建造的案例解析[D].南京:南京大学,2015.

[104] 潘幼建.当代建筑师在中国乡村建造中结构体系的运用研究[D].南京:南京大学,2016.

[105] 崔杨波.建构视野下的新乡土建筑营造研究[D].西安:西安建筑科技大学,2015.

[106] 吴杏春.建构视野下的乡土建筑改造研究[D].杭州:浙江大学,2016.

[107] 罗丽.现代主义建筑的技术本质[D].西安:西安建筑科技大学,2005.

[108] 陈丽莉.当代建筑师的中国乡村建设实践研究[D].北京:北京建筑大学,2014.

[109] 刘彤昊.建造研究批判[D].北京:清华大学,2004.

[110] 石绍聪.当代低技术设计策略初探[D].南京:东南大学,2017.

[111] 聂晨.乡村生态建筑的理论与实践[D].大连:大连理工大学,2006.

[112] 武玉艳.谢英俊的乡村建筑营造原理、方法和技术研究[D].西安:西安建筑科技大学.2014.

[113] 王月露.震后重建中的轻型建筑设计研究[D].广州:华南理工大学,2014.

[114] 姚彦彬.1980年代中国江南地区现代乡土建筑谱系与个案研究[D].上海:同济大学,2009.

[115] 李政.工业化介入中国乡村建造的案例解析[D].南京:南京大

学,2015.

[116] 刘肇隆.轻型钢构建筑物构体与外壳组合型态之探讨[D].台南:成功大学,2013.

[117] 陈丽莉.当代建筑师的中国乡村建设实践研究[D].北京:北京建筑大学,2014.

[118] 吴秀娟.从永续营建的观点检视台湾协力营造案例实践经验[D].台北:台湾大学,2005.

[119] 刘书帆.921震灾灾后非正式住宅重建探讨——以台中县石冈乡为例[D].台北:铭传大学,2010.

[120] 季正嵘."竹构"景观建筑的研究[D].上海:同济大学,2006.

[121] 潘幼建.当代建筑师在中国乡村建造中结构体系的运用研究[D].南京:南京大学,2016.

[122] 曾伊凡.在地建造——当代建筑师的乡村建筑实践研究[D].杭州:浙江大学,2016.

[123] 聂晨.乡村生态建筑的理论与实践[D].大连:大连理工大学,2006.

[124] 石绍聪.当代低技术设计策略初探[D].南京:东南大学,2017.

[125] 曲沐同.坂茂建筑作品创意理念的多维性解析[D].哈尔滨:哈尔滨工业大学,2015.

[126] 宋昀.坂茂(Shigeru Ban)作品中的轻型设计思想与手法研究[D].广州:华南理工大学,2015.

[127] 郑洪光.扣件式钢管脚手架稳定极限承载能力的有限元分析[D].烟台:烟台大学,2009.

[128] 彭泽.基于快速建造下的临时性建筑设计方法研究[D].西安:西安建筑科技大学,2015.

[129] 于跃.建构视野下临时过渡性建筑的地域性探讨[D].成都:西南交通大学,2013.

[130] 姜松荣."第四条原则——设计伦理"研究[D].长沙:湖南师范大学,2009.

[131] 韩慧君.论西方现代设计中的人文思想[D].苏州:苏州大学,2008.

[132] 黄怡平.当代便携式可移动建筑设计策略研究[D].南京:东南大学,2016.

[133] 李佳.可移动建筑设计研究[D].南京:南京艺术学院,2015.

[134] 肖阅锋.乡村建筑实践中的"在地"设计策略研究[D].重庆:重庆大学,2016.

[135] 陈先杰.轻型结构在地震区灾后建筑设计中的运用研究[D].成都:西南交通大学,2015.

[136] 贾毅.新芽轻钢系统及其轻钢骨架几何形态演变研究[D].西安:西安建筑科技大学,2012.

[137] 唐颖.基于"开放建筑"理论的赣中地区农村住宅设计研究[D].武汉:华中科技大学,2011.

[138] 吴珊珊.阿卡汗奖与中国建筑传媒奖及其作品解读[D].武汉:华中科技大学,2012.

[139] 彭雯霏.当代乡村建筑中建造技术与建造模式研究[D].武汉:华中科技大学,2017.

[140] 谢龙.低技术可逆性的建筑设计实践及理论探究[D].武汉:华中科技大学,2018.

[141] 冯锦浩.当代乡村的开放装配式建筑及其技术研究[D].武汉:华中科技大学,2018.

[142] 周明珠.建筑师介入的当代乡村建设及其对建筑学的启示研究[D].武汉:华中科技大学,2019.

[143] 周冰.乡村低技术生态建筑的设计研究[D].武汉:湖北工业大学,2016.

[144] 刘俊.公众参与的灾后重建建筑设计研究[D].西安:西安建筑科技大学,2016.

[145] RAPOPORT A. House form and culture[M]. Upper Saddle River: Prentice-Hall,1969.

[146] ARAVENA A,IACOBELLI A. Elemental:incremental housing and participatory design manual[M]. Hatje Cantz,2012.

[147] OLIVER P. Encyclopedia of vernacular architecture of the world [M]. Cambridge:Cambridge University Press,1997.

[148] HUNT T,HUNT A. Tony hunt's structures notebook[M]. New York:Routledge,2003.

[149] BERGMAN D. Sustainable design:a critical guide[M]. Princeton: Princeton Architectural Press,2013.

[150] BROWNELL B. Material strategies:innovative applications in architecture[M]. Princeton:Princeton Architectural Press,2013.

[151] LOVEL J. Building envelopes:an integrated approach [M]. Princeton:Princeton Architectural Press,2013.

[152] HEGGER M, AUCH-SCHWELK V, FUCHS M, et al. Construction materials manual [M]. Berlin: Walter de Gruyter,2006.

[153] KOTTAS D. Architecture and construction in wood [M]. Linksbooks,2012.

[154] FRAMPTON K. So studies in tectonic culture:the poetics of construction in nineteenth and twentieth century architecture[M]. Cambridge:The MIT Press,1997.

[155] CORREA C. Space as a resource[J]. Building & Environment, 1991,26(3):249-252.

[156] ELIZABETH L, ADAMS C. Alternative construction— Contemporary natural building methods[J]. Architectural Review, 2005,208(1246):96-96.

[157] ARAVENA, ARTEAGA A, GARCIAHUIDOBRO G, et al. Conjunto de viviendas Lo Espejo:Lo Espejo,Chile[J]. ARQ,2008 (69):24-27.

[158] SMITH S. Wikihouse 4. 0:towards a smart future [J]. Iabse Symposium Report,2015,105(6):20-22.

[159] SCHULTZ T W. Transforming traditional agriculture [J].

Transforming traditional agriculture,1964.

[160] STRANGE H. Villa verde housing,Chile[J]. Building Design,2013 (2082):16-17.

[161] BIRKELAND J. Positive development:from vicious circles to virtuous cycles through built environment Design[J]. Routledge,2012.

[162] BELL B,WAKEFORD K. Expanding architecture:design as activism[J]. Metropolis,2008.

[163] WANG LIHUI, SHEN WEIMING, XIE HELEN, et al. Collaborative conceptual design-state of the art and future trends [J]. Computer-Aided Design,2002(34):981-996.

[164] PADUART A. Re-design for change:a 4 dimensional renovation approach towards a dynamic and sustainable building stock[D]. Vrije Universiteit Brussel,2012.

后　　记

出生于乡村，又在从事传统聚落和民居研究的我，在设计实践中自然对乡村建设情有独钟。不论是乡村遗产的保护与传承，还是美丽乡村建设，或是乡村的精准扶贫，多年来我一直在思考，也带领团队进行了一些探索和实践，在学中做，在做中学。鲜有满意的，也有不成功的。整体的思路是源于历史，面向未来，但不拘泥于历史，也不盲从于未来。

十年来我指导硕士研究生完成了相关的专题研究，主要包括基于"开放建筑"理论的（赣中地区）农村住宅设计研究（唐颖，2011）、当代乡村建筑中建造技术与建造模式研究（彭雯霏，2017）、低技术可逆性的建筑设计实践及理论研究（谢龙，2018）、当代乡村的开放装配式建筑及其技术研究（冯锦浩，2018）、建筑师介入的当代乡村建设及其对建筑学的启示研究（周明珠，2019）。彭雯霏、周明珠、冯锦浩、谢龙、唐颖、张敦元等参与了本书的撰写工作（部分章节在各自原学位论文的基础上进行了重写与完善）。我带领团队成员高亦卓、尚筱婷、刘震宇、张敦元、刘雅君等进行乡村建设和精准扶贫，书中未注明的图片和表格也都出自相应的同学。其间也得到华中科技大学院系自主创新基金（基于工业化及适宜性技术集成的装配式乡村住宅研究，项目编号：2016YXZD013）资助，参加的装配式乡村住宅的竞赛获过全国大奖，完成的相关乡村建筑作品和乡村规划也曾获得过各种省级、国家级和国际设计奖项。本书也算是将这十年来的一些思考和实践进行梳理和辑录。在此对团队小伙伴们的努力和付出表示感谢！尤其是对彭雯霏、周明珠、杨轶等同学对本书的贡献表示感谢！

本书虽有一些学术上的思考，但在具体表述上实难"两全"：与专业同行的交流需要规范用语和学术性的表达，面向包括过去结识的乡民工匠朋友在内的乡村读者，语言上则尽可能通俗易懂，甚至需要一些口语化的表述。本书也尝试创立专业人士与民间人士沟通的可能性，努力将本土的"经验"

置于更广阔的时空语境和更大的系统中进行分析和反思。感谢多年来给予我们设计实践机会的业主、村民、匠师和相关工作人员！一直以来，在乡村建设和学术交流过程中得到了朱良文、谢英俊、王竹、王冬、翟辉、戴俭、侯丽、朱竞翔、李海清、罗德胤、何崴、卢建松、任卫中等诸多前辈和同仁的帮助及启发，书中也引述了他们的观点和成果，不敢掠美，在此一并致谢！恐有错漏，还请见谅并不吝指正！感谢安道普合的伙伴们共赴田野，共建乡村！

　　研究和建议推行预制装配式的农村建筑设计和建造，并不是对传统的摒弃，而是基于生活原型，到空间原型和结构原型的演替，是更加善待历史、敬畏历史，让有价值的传统存续，各安其所；让新生的、有未来前景的设计和建造能够有更好的培育土壤。轻质预制装配、开放式乡村建造，是一个新传统的成长！少一些简单复制和粗制滥造，不论是传统的还是现代的；多一些社会思考和人文关怀，一个多元的、新旧并存、融古烁今的世界才是丰富多彩的世界。